JN287935

付加体と巨大地震発生帯
南海地震の解明に向けて

木村 学／木下正高──［編］

東京大学出版会

Accretionary Prisms and Megathrust Seismogenic Zones
Toward a Better Understanding of the Nankai Earthquakes

Gaku KIMURA and Masataka KINOSHITA, editors

University of Tokyo Press, 2009
ISBN 978-4-13-066709-8

■ はじめに

　1960年代に成立したプレートテクトニクス理論によれば，日本列島は太平洋側の海洋プレートが海溝からマントル深く沈み込む場所であり，そのことが原因となって，日本列島とその周辺の火山も地震も，日本列島の形成もすべて統一的に説明されるという，きわめて単純明解なものであった．しかし，その理論が登場した当時は，日本の大学の多くの，特に地質学関連の講義では，この「新しい地球観」を強く意識しつつ，古い考えの「地向斜造山論」が正当であることを強調していた．古い考えと新しい地球観との間に，日本のあちこちで大きな摩擦が生じた．（この頃の時代状況のエッセンスは，都城秋穂著『科学革命とは何か』（岩波書店），泊次郎著『プレートテクトニクスの拒絶と受容』（東京大学出版会）に紹介されている．）

　そのとき，西日本の地質帯を巡る議論は，日本の地質学史上最大の論争となった．それまで古生代とされていた地質帯の時代が，コノドントという化石によると中生代になるというのである．そしてさらに放散虫という微化石によると，ジュラ紀・白亜紀にまで新しくなるということがわかってきたのである．それまで，散在する大きな化石にのみに依存して決めていた地質時代と，それを根拠とし100年来の努力によって組み立てられていた日本列島の形成過程モデル（地向斜造山論）が音をたてて崩れ落ちていった．

　この古いモデルと新しい付加体モデルの論争は，地質学における科学のありかたの典型的な1つの型といえる．すなわち，古い「地向斜」モデルから演繹され予想される地層の年代と，付加体モデルの予測する地層の年代は違うはずなのである．ポパーの反証主義を発展させたラカトシュの科学プログラム方法論が示すように，どちらかが肯定され，どちらかが否定される天下の分かれ道であったのである．そして，軍配は付加体モデルにあがった．この論争と実証過程を経て，日本の地質学界においてついに古い「地向斜造

山論」のパラダイムは捨て去られ，新しいパラダイムが受け入れられることとなった．この時代決定の決め手は放散虫という微化石であったので，「放散虫革命」と言われるようになった．この革命は瞬く間に全国へ，そして日本列島のすべての地質帯へと適用された．ほんの数年のうちに日本列島の地質の枠組みは再編された．記載のための用語も変わった．新しい地質図はすべてこの新しいパラダイムに基づいて描き替えられ，高校地学の教科書も塗り替えられた．そして，やがて科学の革命が去り，精密にパラダイムを仕上げる，クーンのいう通常科学の時代となった．そして20年あまりが経過した．

この間に付加体の研究にどのような前進があったであろうか．付加体を形成する沈み込み帯の研究にはどのような前進があり，今，何が焦点なのであろうか．そのことを本書で記そうと思う．

序章では，世界の沈み込み帯全体を俯瞰する．放散虫革命が進行していた1970年代末～1980年代初頭，上田誠也と金森博雄は世界の沈み込み帯をマリアナ型とチリ型と2つのエンドメンバーの間に位置づけるものとして説明し，「比較沈み込み学」をやろうと呼びかけた．その研究の指針によってすべてが解けるかのような機運が世界中で盛り上がった．それはその後，どのような展開を見せているであろうか．また，SF小説『日本沈没』の理論的背景となった沈み込み帯での造構性浸食作用は，表層の物質が大規模にマントルへ還流することを示唆したが，その研究はその後，どのようになっているのだろうか．

世界の沈み込み帯を俯瞰した後に，第1章では，西南日本の沈み込み帯である南海トラフ域の最近の研究を取り上げる．なぜ，この地域なのか．私たちは日本に住んでおり，そこには日本海溝や琉球海溝，伊豆小笠原マリアナ海溝など，他にも重要な沈み込み帯がある．しかし，この西南日本沖の南海トラフのみに大規模に付加体が発達しているのは，なぜなのか．それは島弧同士が衝突する中部日本や西南日本の陸域が隆起を続け，浸食され，その削られた土砂が南海トラフに流れ込み，付加体を形成しているからである．そして，この海溝でのみ繰り返し巨大地震が発生してきた．その1300年に及ぶ地震発生記録は世界最長である．また，いまや本地域の観測網も世界最凋

蜜である．上田・金森流にいえばチリ型の典型的海溝であり，付加体形成，巨大地震，そして造山運動を研究する上で地球上の最もすぐれた研究対象である．その南海トラフ域の最新の地球物理学的・地質学的描像をこの章に記す．

第2章は，その南海トラフの直接観測の最新の情報を示す．百聞は一見にしかず．遠地で観測するより，生きた南海トラフと付加体を潜水によって観測すると，付加体からわき上がる湧水，変動によって作られた活構造地形，そしてそれらを舞台に生きる生命達のドラマがそこにある．海底で静かにせめぎあう生きた地球の姿の最新をこの章に記す．

第3章は，南海付加体の詳細とともに，陸上部に露出する過去の付加体の最新の研究結果を示す．特に現在の南海トラフに発達する付加体のすぐれたアナログとしての四万十帯の最近の研究結果を紹介する．この付加体は1980年代，先に記した放散虫革命の重要な舞台の1つであった．しかし，当時はその形成深度や，沈み込み帯で進行する地震の発生，大規模な流体の移動，そして土砂が再び岩石となり陸の地殻となる過程の定量的把握が不十分であった．この20年あまりの間，それらに関する研究は飛躍的な前進を遂げた．地下数kmから30 km程度に及ぶ沈み込み帯と付加体の実態，地震を発生するプレート境界断層の実態を推定する重要な情報が抽出された．これらを系統的に紹介する．また，付加体で生じた地震断層へはじめての掘削が実施された台湾の例を詳細に記す．

第4章は，付加体の形成と巨大地震発生に関わるモデル実験，理論的研究を記す．付加体の力学モデルは1980年代半ば，クーロンモールの破壊基準を用いた臨界尖形モデルが成功を収め，前弧域の地形や付加体の形状を説明することに成功した．また，そのアナログ物質である砂を用いた多くの実験が行われてきた．しかし，この理論は静力学的平衡モデルであり，地震発生を伴いながら動的に発達する付加体を説明するには不十分であった．また，付加体の形成と前弧海盆の形成や地震発生帯の成立の関係も説明はしなかった．そこで，動的に変化するプレート境界での摩擦や，付加体の内部摩擦の変化を考慮した動的臨界尖形モデルが提案されるにいたった．その現状について紹介する．

第5章では，以上に記した観測・観察，理論，実験を総合し，来るべき巨大地震発生帯での掘削による観測にいかにのぞむのかを記す．このような地球内部で進行する現象をモニターし診断することは，地球科学に求められている未来を知るために最も重要な科学でもある．
　さて，以上が本書の概要であるが，本書を通じて理解してほしいことの根幹に，地球科学における総合の方法ということがある．それについて少々述べておこう．
　地球の研究，とくにその未来を知りたいと思うとき，過去を調べるのが大事なことの1つである．また，その過去を調べるときに現在を知ることが大事である．そのような見方のことを「現在主義」(actualism)という．この見方は19世紀にイギリスのライエルによって強調され，「現在は過去の鍵である」という言葉で知られている．現在の地球上のどこかで起こっている現象は過去にも必ずあったに違いない，ということである．また現在の自然を支配する物理化学法則は地球の歴史を通じて変わらないということでもある．しかし，現在の現象が同じような速度や規模で起こっているとする，ライエルが強調した「斉一主義」(uniformitarianism)とは異なる．また，過去にあって現在にない現象を排除するということでもない．たとえば，小惑星衝突やそれに伴う大津波，全地球が凍結した事件など，現在では多くの激変事象が過去にあったことが知られている．19世紀に強調されたこの「現在主義」という考え方は，地球の過去を知る上で大きな武器となった．しかし，今，求められているのはこれから起こる未来を予想することである．現代科学は，19世紀までの古典力学の上に築かれた決定論的科学ではない．地球という複雑なシステムで起こる現象を解明することで，確率論的未来予測へつなげることができるかが問われている．そのためには「過去」に起こった現象も，「現在」起こっている現象も，時間と空間のスケールを超えて，「未来」へとつなげなければならない．
　プレートテクトニクス理論というパラダイムの成立が促した大きな特徴の1つは，地球を研究する際に，論理的には多様な方法によって帰納と演繹を分担し，もって検証の方法とする（すなわち証明する）ことが一般的となったことである．

たとえば，現在の沈み込み帯や付加体を研究するに際し，反射法・屈折法地震探査や電気伝導度，温度構造などの物理学的な観測方法を駆使して，その全体像を把握する．そして地下の地質学的実態や状態を予測する（すなわち演繹的モデルをたてる）．その後に掘削などによってその予測が妥当かどうかを検証する．このような方法の組み合わせによって，論理的に帰納と演繹過程を担うことが普通になったのである．単なるストーリーからの脱却である．地下深部で掘削などによる検証が不可能な場合は，実験的研究が重要である．地下深部に相当する温度・圧力などの条件下での実験が検証過程を担うこととなる．しかし，そのような場合はスケールが問題である．観測されるスケールと実験的に再現されるスケールの時空間の違いをどうするのか，が未だに残されている課題でもある．

　今後，付加体と沈み込み帯をどう研究するか．それは明らかである．現在を徹底的に調べ，過去の遺物を徹底的に調べ，それを持って巨大地震発生可能性を含む未来を予測するという常道があるのみである．地質学的手法，物理的手法，化学的手法が相互に補うことによって，仮説を構築し，その仮説を構築した手法とは異なる手法も含めて証明することができる．自然そのものに直接する地質学的手法や，物理化学的観測手法は，仮説の構築や検証においてきわめて重要であることはいうまでもない．これらを結集して「付加体と沈み込み帯の未来予測」へ，そしてそれを軸として，全地球ダイナミクスと物質エネルギーフラックス，そしてこの地球の進化する姿を描き出す道へとつなげる．そのようなことに本書が役に立てば著者らの望外のよろこびとするところである．

　2009 年 6 月

木村　学

■目次

はじめに　木村　学

序 ■ 世界の沈み込み帯と付加体……………………木村　学・山口飛鳥　1

　0-1　沈み込み帯の分類史と沈み込みパラメター　1
　0-2　付加作用と造構性浸食作用　10
　0-3　沈み込み帯海溝域掘削の歴史　15
　　（1）沈み込み帯掘削のフロンティア―DSDPからIPODへ　17
　　（2）沈み込み帯掘削の第2期―デコルマ貫通と沈み込み帯の流体挙動　20

1 ■ 地球物理学的観測から見た南海トラフ地震発生帯…小平秀一　26

　1-1　南海トラフ巨大地震　26
　　（1）南海トラフ巨大地震の発生周期と破壊域のセグメント化　26
　　（2）1944年東南海地震と1946年南海地震の破壊域分布　29
　　（3）1944年東南海地震と1946年南海地震の破壊域に関する問題点　35
　1-2　南海トラフ地震発生の場　37
　　（1）南海トラフ周辺の大局的構造　37
　　（2）地震によるすべり量分布を規定する構造要因　41
　　（3）電磁気学的構造とプレート間流体分布　53
　1-3　南海トラフ地震発生帯の固着域とその周辺の動的現象
　　　　―ゆっくり地震と低周波微動　56

2 ■ 南海付加体の海底観察・観測…芦　寿一郎・川村喜一郎・木下正高　65

　2-1　地形と地質から見た南海付加体の現行地質過程　65
　　（1）海底地形から見た付加体の形成　65
　　（2）活断層・活褶曲による変動地形　69

(3) 海底観察による活断層の探索　73
　　(4) 付加体形成と泥火山の発達　74
　2-2　付加体内流体移動と流体の起源　76
　　(1) 冷湧水の分布と付加体内流体移動　76
　　(2) 冷湧水の化学探査　81
　　(3) メタンハイドレートと冷湧水　85
　　(4) 巨大シロウリガイコロニーと流体湧出の履歴　86
　　(5) 化学現場観測への展望　87
　2-3　海底谷観察による南海付加体　88
　　(1) どこに行けば南海付加体が見えるのだろうか　88
　　(2) 天竜海底谷　90
　　(3) 潮岬海底谷　97
　　(4) 陸上付加体の露頭（房総・三浦）との比較　101
　2-4　南海付加体の温度構造と地震発生帯　103
　　(1) 海底熱流量の観測　103
　　(2) 南海付加体の温度構造と地震発生帯　105
　2-5　南海付加体の水理観測　110
　　(1) 水理地質学の概要　110
　　(2) 掘削孔を用いた水理観測　116
　　(3) 海底表層の温度構造と流体湧出　119

3　南海付加体と四万十付加体…斎藤実篤・木村　学・山口飛鳥・東　垣　123

　3-1　南海トラフ付加体―特にデコルマについて　123
　　(1) 南海トラフ掘削―これまでの成果　123
　　(2) 現世付加体に発達するデコルマの比較　129
　3-2　四万十付加体　134
　　(1) 付加体の教科書―四万十帯　134
　　(2) 四万十帯の大局的構造と付加体の急成長　137
　　(3) 四万十帯の内部構造　140
　　(4) 露出する四万十帯の形成深度　142
　　(5) メランジュの成因　144
　3-3　四万十付加体に見る地震発生断層と断層岩　148

(1) 付加体からのシュードタキライトの発見　149
　　(2) メランジュとシュードタキライト　151
　　(3) OOSTシュードタキライトと大規模な沈殿鉱物脈の発達　153
　　(4) 流体と断層弱化メカニズム　155
　　(5) 流体包有物温度・圧力計　157
　3-4　南海付加体の地震断層の描像　162
　　(1) 分岐断層反射面　163
　　(2) プレート境界の描像　164
　3-5　1999年台湾集集地震を解析する
　　　　―台湾チェルンプ断層掘削のコア試料　168
　　(1) 1999年台湾集集地震で揺れた大地　168
　　(2) 台湾チェルンプ断層掘削計画　173
　　(3) 掘削コア試料の解析結果　175
　　(4) 断層面における摩擦強度低下を引き起こしたメカニズム　180

4 ■ 付加体の理論と地震発生　………斎藤実篤・木村　学・堀　高峰　186

　4-1　付加体形成の古典的モデル　186
　　(1) 付加体の臨界尖形モデル　186
　　(2) 付加体アナログ実験　193
　4-2　付加体形成の水理学モデル　201
　4-3　付加体形状と地震発生サイクル　205
　　(1) 臨界状態と安定状態での応力場　206
　　(2) 地震発生に伴う場の変化と付加体形状　209
　　コラム・すべり速度弱化とすべり速度強化　212

5 ■ 観察・観測から予測へ　………………………………木下正高　214

　5-1　ODPの掘削孔観測研究　215
　　(1) 海底孔内モニタリングの夜明け　215
　　(2) 孔内温度・圧力モニタリング　216
　　(3) 孔内地震・地殻変動観測　230
　5-2　近未来の観測研究と南海トラフ掘削孔モニタリング　237
　　(1) NanTroSEIZEで目指す観測目標　237

(2) 次世代の孔内観測とネットワーク　240
(3) 新たな技術開発　243
(4) NanTroSEIZE 第 1 ステージ掘削調査を終えて　245
コラム・近未来の地震予測風景　250

おわりに　**木下正高**　　255
引用文献　　258
索引　　277
執筆者所属・執筆分担一覧　　282

序 ▪ 世界の沈み込み帯と付加体

　地球上には，地球一周とほぼ同じ総延長約 4 万 km に及ぶ海溝がある．この他にその半分，約 2 万 km の大陸と大陸の衝突帯がある．これらのプレート収束帯だけが地球表層の物質をマントル深部まで運び込むことのできる場所であるとともに，地球で起こる地震の全モーメントの 90% 以上を放出する場所でもある．また，プレートの沈み込みに伴う火成活動は，長い時間スケールで見ると，地球における物質の分化を促進し，この地球に大陸を作り上げてきた．

　本章では，まずそれらを大づかみに見て大局を理解するため，沈み込み帯の研究史について記し，次に，そのために蓄積されてきた海溝域での深海掘削の歴史を紹介する．そして現在南海トラフで行われている掘削が研究史の中でどのような段階のものであるのかを概観する．

0-1　沈み込み帯の分類史と沈み込みパラメター

　プレートテクトニクス理論が作られてすぐに，沈み込み帯や衝突帯で起こる現象の共通性を描き出し，単純化・一般化して理解しようとする試みが多くなされた．

　その代表的な例が，Uyeda and Kanamori（1979）による，マリアナ海溝とチリ海溝を 2 つの対照的な沈み込み帯として捉え，その両者の中間に他の沈み込み帯を位置づけて理解しようとの提案である（図 0-1-1）．この中で，マリアナ型は沈み込み角度が高角でプレート間の結合が弱く，チリ型は沈み込み角度が低角でプレート間の結合が強いものと理解された．その後，上田

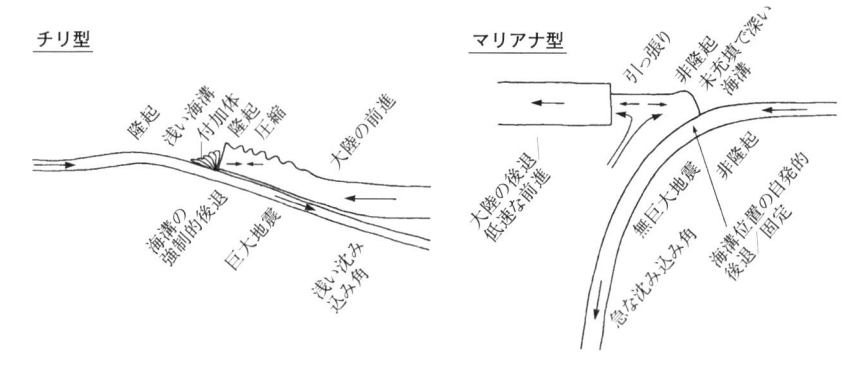

図 0-1-1　Uyeda and Kanamori（1979）によるチリ型，マリアナ型の提案

誠也は「比較沈み込み学」を提唱し，それぞれの沈み込み帯を詳細に研究しようと呼びかけた（Uyeda, 1981）．

また，陸上の研究をリードしたのは，それまでの造山運動論をプレートテクトニクス流に全面的に組み替えた，Dewey and Bird（1970）の造山運動論である．彼らは，プレート沈み込み帯に集積する海洋地殻物質や陸源堆積物が変成作用によって改変すると同時に，側方向の圧縮によって強く変形され，やがて沈み込み帯のマグマ活動によって大陸性の地殻が形成され，地形的な山脈も形成されるプロセスをまとめあげた（図 0-1-2）．

これらの一般化の試みは，1980年代前半までにほぼ出尽くした．そして，それ以降の研究，特に現世の沈み込み帯に関しては，詳細な観察と観測によって，一般化された描像が，どの程度当てはまったり，異なったりするかということを詳細に描き出すという研究が主となった．

『科学革命の構造』（Kuhn, 1970）に見られるトーマス・クーンの科学論は，通常科学は革命期の科学より価値の低いものという「雰囲気」を醸し出すが，クーン自身が指摘するように，パラダイムを精密に仕上げていく過程抜きに次の段階へ引き上がることはない．その意味で，プレートテクトニクスの成立を出発点とするパラダイムは，未だ精密に仕上がっていく過程にある．ただし，通常科学の段階では，精密な部分に取り組む科学は大局を見失いがちである．そこで，古典的な論文を今批判的に検討し，その歴史的意味を記しておくことは重要である．

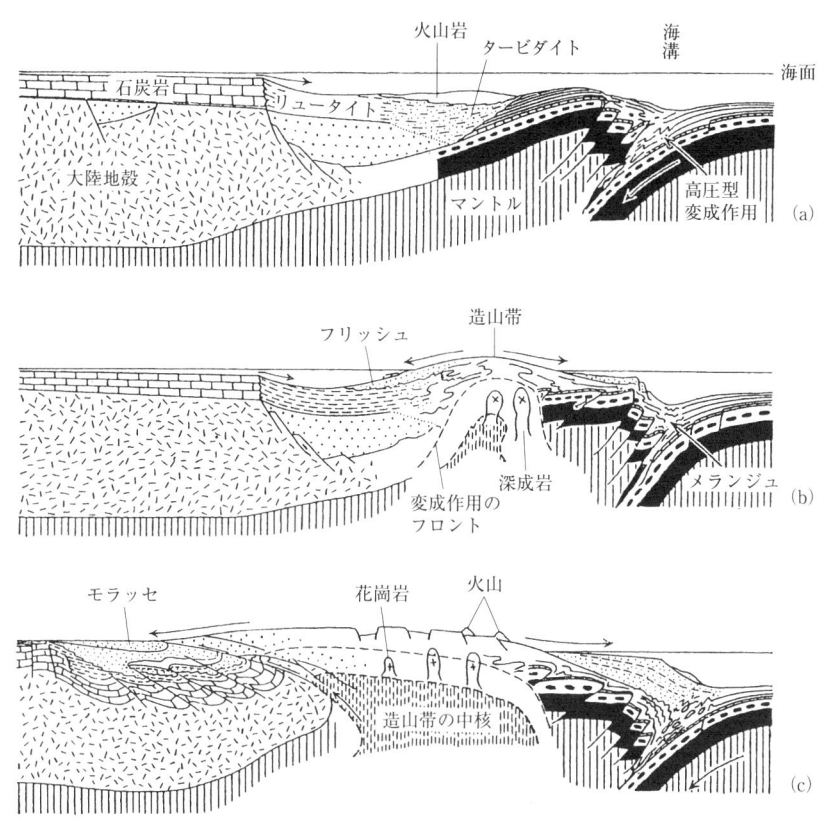

図 0-1-2 Dewey and Bird (1970) によって示されたコルディレラ型造山運動 (a) 大西洋型大陸縁から沈み込み帯へ変化した造山運動初期, (b) 造山帯中核での火成活動の開始と隆起, (c) 造山運動の最盛期と側方圧縮帯の形成.

　Uyeda and Kanamori (1979) は, "Back-Arc Opening and the Mode of Subduction" というタイトルに見られるように, 沈み込み帯における背弧海盆の形成の理解が焦点であり, そのために沈み込み帯全体を俯瞰してチリ型, マリアナ型を両極の型として提案したのであった. その中で, 本書の主題でもある付加体の形成と巨大地震はチリ型に特徴づけられると位置づけている. しかし, Uyeda and Kanamori (1979) の付加体の位置づけは, 1970年代という時代的背景をふまえて見なければならない.

　70年代は, プレートテクトニクスという新しいパラダイムが提案された

後，その中に各種の現象を位置づける作業が進んだ時代である．堆積物と海洋地殻-マントルの断片がオフィオライトとして造山帯に付加し，巻き込まれる様相は，Dewey and Bird（1970）によってモデル化されていた．そしてその基本過程は，プレート沈み込み帯の先端（すなわち海溝斜面の先端）で海洋地殻を引き剥がす付加作用であるとする見方（Seely et al., 1974; Karig and Sharman, 1975）が主であった．海洋地殻を引き剥がす作用は，プレート境界が強く結合し，海洋プレート側が破壊されないと起こらないわけであるから，強結合のチリ型を特徴づけるはずである，と考えたのは，70年代の考えからすれば自然なことであった．すなわち，この当時は，付加体の形成はプレート境界での強結合の1つの「結果」であって，他の現象を引き起こす「原因」ではないと考えられていた．今日でも地質学の世界で信じられている，付加作用が沈み込み帯における最も重要で本質的な現象であるとする見方は，この時代に作られたものである．結合の原因となる沈み込みパラメーターは，沈み込む海洋プレートの年代と収束速度であり（Ruff and Kanamori, 1983），さらに背弧海盆の形成を規定するのは上盤プレートの大陸が海溝から離れる向きの絶対運動を持つか否かであると整理されたのである．

この整理は一見，沈み込み帯のすべての現象を説明するかに見え，沈み込み帯研究に大きな影響を与えた．中でも日本の地質学はちょうど，四万十帯や美濃帯・秩父帯の成因が，それまで信じられてきた地向斜ではなく沈み込み帯で形成された付加体であることが提案され，地質学上の大転換が起こった時期であったので，一層の影響を受けた．

しかし，後に問題が浮上することとなる．1980年代に入り，70年代に提案された沈み込み帯における付加作用などの仮説を実際に検証しようと，現在の沈み込み帯を対象として地震探査や掘削による研究が大規模に開始された．日本海溝では村内（1972）によって，付加作用とまったく逆の，上盤プレートが沈み込むプレートによって削り込まれる，造構性浸食*作用（0-2節参照）が起こっているとの仮説が提案されていた．この仮説はUyeda and

---

* erosionに対する訳語には，浸食，侵食，浸蝕などがあるが，本章では，自然現象に対し限定して用いられる場合，「浸食」を用いる．

Kanamori (1979) にも取り入れられ，マリアナ型の現象と位置づけられていた．掘削の結果は日本海溝における造構性浸食作用を強く支持するものであり (von Huene and Lallemand, 1990)，Uyeda and Kanamori (1979) のシナリオは証明されたかのように見えた．

しかし，一方のSeelyらによって提案されていた「引き剥がし付加作用」仮説の原点となった地域，中米海溝グアテマラ沖での掘削では，その「引き剥がし付加作用」がまったくの夢物語であったことが証明されてしまった (0-3節(1)参照：Auboin et al., 1982)．そして，全世界を見ると，Dewey and Bird (1970) に記されたような，海洋地殻が海溝斜面の先端部で引き剥がされている場所など1つもないと見なされるようになったのである．陸上の例でも現在進行形の付加体でも，付加体の主体は海溝に堆積した堆積物であることが一層明瞭となった．そして南海トラフやアラスカなどでは，その海溝堆積物由来の付加体が厚さ10 kmを超えるものとなっていることがはっきりしてきた．そして20世紀の巨大地震の発生した場は，付加体が大規模に発達する沈み込み帯がほとんどであることが明瞭に見えてきたのである．

そして，Uyeda and Kanamori (1979) によって提案された，各沈み込みパラメターの因果関係の再検討が多くなされた．たとえば，Jarrard (1986) や Ruff and Kanamori (1983) 等では，沈み込むプレートの年齢と収束速度と，結合の強い沈み込み帯との関係のみが明瞭であると結論されている．「若く速い」とプレートの沈み込み角度が低角となり，浅部でのプレート境界の接触面積が広くなり，結合が強くなる．そして，そこに巨大地震が発生する，というわけである．しかし，若いプレートの沈み込み帯には堆積物を主体とする付加体が大規模に発達するという一致をどう説明するのか，という問題が依然として残されることとなった．

そこで逆転の発想，すなわち，付加体の発達はプレート境界の結合度の結果ではなく原因である，とする考えが提案された (Ruff, 1989)．海溝に大量の堆積物がもたらされると，沈み込む海洋プレートの上面の凹凸，特に海溝に入る直前に形成されるホルストグラーベン構造が堆積物により埋められてしまう．すると，小規模なアスペリティー（断層面上で，強度が高く地震時に大きくすべる箇所）となる凹凸はなくなり，沈み込むプレートの表面はス

ムーズになる．このことにより，中〜小規模の地震の発生は抑制される．しかし，凸部のみが支える点接触の境界から，広い面積で支える面接触の境界となることによって逆にプレート境界面の固着の度合いは強くなると考えられるのである．破壊域の幅（地震発生帯の深さ方向の長さ）は，地震発生帯の上限と下限に規定される．そして海溝方向の長さは，プレートのセグメント区分に一致する．各セグメントの長さは，トランスフォーム断層起源の断裂帯や巨大な海山（海台）などによって決まる．プレート境界の剛性率に大きな変化がないのであれば，破壊領域が広いほど地震の規模は大きくなる．

　この提案の時点では，スマトラやカスカディアなど，厚い海溝充填堆積物と付加体があるにもかかわらず巨大地震のないところは例外であるとされた．コスタリカ沖中米海溝なども，付加体があるにもかかわらず巨大地震のない例外とされた．しかし，スマトラでは2004年に巨大地震が起きたし，カスカディアでは地質学的記録と日本に達した津波記録から，かつて巨大地震の起こったことが明瞭となった（Satake *et al.*, 1996）．またコスタリカ沖では付加体がないことが明瞭となった（0-3節(2)；Kimura *et al.*, 1997）．ただし，付加体研究で有名なバルバドス付加体の発達する小アンチル海溝では，未だ巨大地震の観測や記録はない．そこはコロンブスによってアメリカ大陸が15世紀末に発見されるまで未開の地であり，その後も文明が持ち込まれるまでに時間を要している．カスカディアと同じように歴史記録が残されていないということなのかもしれない．

　しかし，この時点でも，付加体が堆積物の集積体であることが，プレート境界の上盤側を構成する岩石は何か？という問いに対して誤解を与えることとなる．たとえば，沈み込み帯の地震発生の空間分布を整理したByrne *et al.* (1988)の図（図0-1-3A）を見ていただきたい．ここで付加体は地震の発生しない非地震性のプレート境界の上にあり，それより深部の地震発生帯となるプレート境界の上盤は島弧地殻が位置し，その境界はバックストップであるとする図となっている．同様の図は，Pacheco *et al.* (1993)へも引き継がれる（図0-1-3B）が，このような図には説明が必要である．島弧地殻という場合，地質学者はそれがかつての付加体と火成岩の複雑な混合によって形成されていると理解する．しかし，そのような視点がなければ，この島

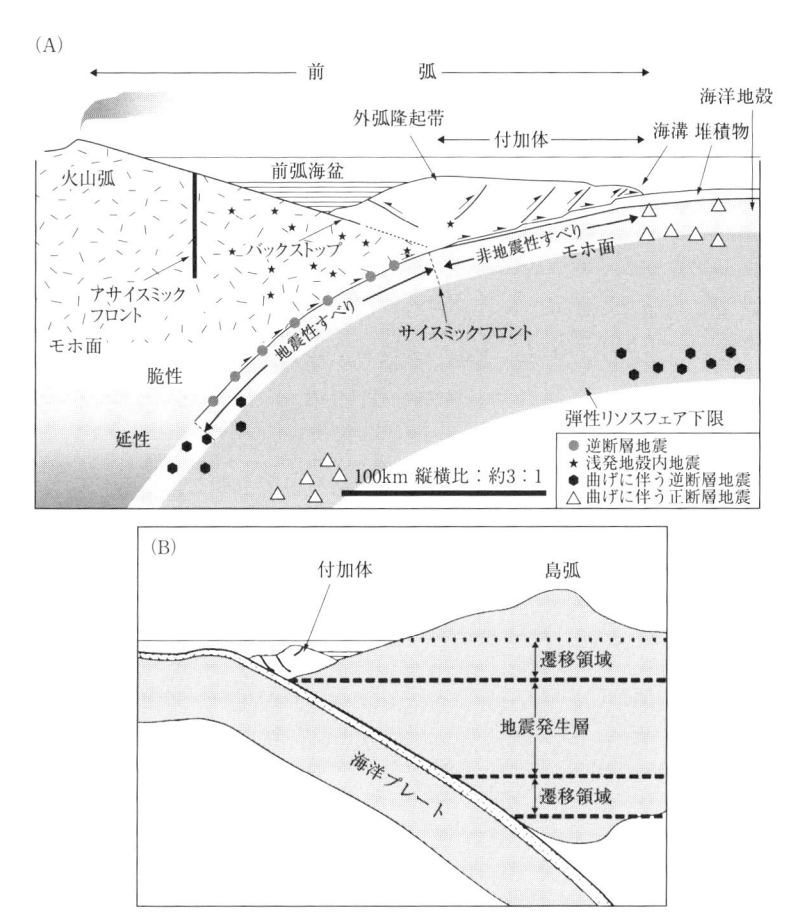

図 0-1-3 (A) Byrne *et al.* (1988), (B) Pacheco *et al.* (1993) による沈み込み帯の概念図
(B) の付加体は Byrne *et al.* (1988) を踏襲して上盤プレートの先端の非地震性の部分に描かれている.

弧地殻は何か付加体とはまったく別の種類の岩石であると思い込んでしまう. 南海トラフやアラスカの例でも, 地震発生帯の上盤は付加体であるが, それらは堆積物が完全に岩石化し, 弾性歪エネルギーを蓄積できるものとなっているのである. 岩石がどのような起源や構成からなるものであるかということと, それが弾性歪エネルギーを蓄積しうるかどうかは別の問題である.

Pacheco *et al.* (1993) は, 70 年代から 80 年代に繰り返された, 沈み込み

パラメターとプレート境界の結合の関係を再検討した．結合度とは，プレート収束の相対運動がプレート境界の地震性すべりによってどの程度解消されるかということで定義される．すべてが地震性すべりならば100%の結合である．その結合度と年代，収束速度，上盤の絶対運動との関係を再度コンパイルし整理したのである．Pacheco *et al.*（1993）の結果は，それまでの多くの指摘と異なり，それらの沈み込みパラメターと結合との関係は弱いか，関係があるとはいえない，というものであった．それよりも，プレート境界面の粗さという幾何学的特性，摩擦の特性を決めるその境界面での岩石や堆積物という物質構成，境界面での有効応力（間隙水圧の存在），そしてプレート境界の温度構造が重要であり，それらを取り除いたときはじめて，年代や収束速度のパラメターが見えてくるはずであると彼らは指摘した．しかし，たとえば温度構造は年代との強い関係があるし，それは同時に岩石や堆積物のレオロジーや，岩石や鉱物からの脱水作用にも大きな影響を与える．脱水による過剰間隙水圧の発生は有効応力に大きな影響を及ぼす．上記のパラメターは必ずしもそれぞれ独立ではないのである．

　地震発生帯の幅（沈み込み帯における深さ方向の長さ）は何によって決まるのか，すなわち地震発生帯の上限と下限は何によって決まるのかという問題は重要である．Hyndman and Wang（1993），Hyndman *et al.*（1995, 1997），Oleskevich *et al.*（1999）は温度構造と岩石構成を組み合わせて，そこに1つの仮説を与えた（図0-1-4）．地殻熱流量から推定される沈み込み帯の地震発生帯の上限は温度にして100-150℃程度，下限は350-450℃程度であると推定された．すなわち，沈み込み帯の温度構造が地震発生帯の上限・下限を規定しているという仮説である．温度構造は主に沈み込むプレートの年代と，プレートの収束速度によって支配される．

　では，その温度で具体的に何が変化するのだろうか？　地震発生帯の上限を規定する要因は，Moore and Saffer（2001），Kimura *et al.*（2007）等によって南海トラフを例として整理されている．海溝に堆積した堆積物は，沈み込んでいく過程で続成作用によって岩石化していく．それは圧密による間隙の減少とともに，溶解-沈殿プロセスによるセメンテーション，構成鉱物の相転移が進行することによって起こる．これらの変化が劇的に起こるのが約

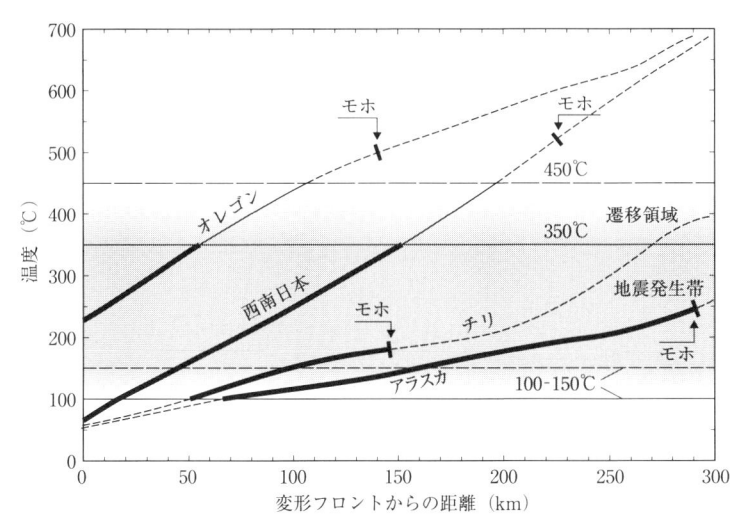

図 0-1-4 沈み込み帯の温度構造と地震発生帯（Hyndman *et al.*, 1997）

100-150℃の領域であり，そこでプレート境界は総体として不安定すべりの領域に入るというわけである．

　地震発生帯の下限の位置は，新しいプレートが沈み込む場合には，おそらく内陸の場合と同様に 350-450℃で鉱物が流動変形をはじめ，より延性的に振舞うこと，古いプレートが沈み込む場合には，上盤が地殻から蛇紋岩化したウエッジマントルに変化することにより規定されると考えられている（Hyndman *et al.*, 1997）．

　なお，地震発生帯の上限の位置は，前弧域での斜面傾斜変換点，付加体が順序外断層（out-of-sequence thrust）により厚化する位置などとおおむね一致する．すなわち，地質的・地形的な転換の場とも一致している（Kimura *et al.*, 2007）．

　今日，地震発生帯において，地震時の応力降下が大きいアスペリティー（Lay and Kanamori, 1981; Lay *et al.*, 1982）と，地震時にすべり残る領域であるバリアー（Das and Aki, 1977; Aki, 1979）の関係が盛んに議論されている（Seno, 2003）．沈み込み帯における地震発生帯の多様性を理解するためには，プレート境界の複雑な形状，そこにおける物質とその状態，特に流体の役割などの地質学的，物質科学的情報を含めて理解することが重要である．本書

ではそのような視点を含めて，沈み込み帯地震発生帯を見ていきたい．たとえば，堆積物が海洋プレート上面の凹凸を埋積し，それより上に顔を出した突起部，特に海山がアスペリティーとして機能するとの仮説は，Cloos (1992) およびCloos and Shreve (1996) によって提案された．この埋積がどの程度であればプレート間の結合に影響を及ぼすのかは，次節で詳しく見てみよう．

0-2　付加作用と造構性浸食作用

　沈み込み帯における付加作用と付加体の形成に関して，本書では多くの頁を割いて記している．しかし，木村（2002）で概観したように，世界の沈み込み帯の半分以上には付加体はない（図0-2-1）．そこで進行している造構性浸食作用こそ，沈み込み帯では主要な現象であり，堆積物が大量に海溝にもたらされたときのみに形成される付加体の存在は，むしろ例外的なのかもしれない．そのような視点で沈み込み帯を見てみよう．

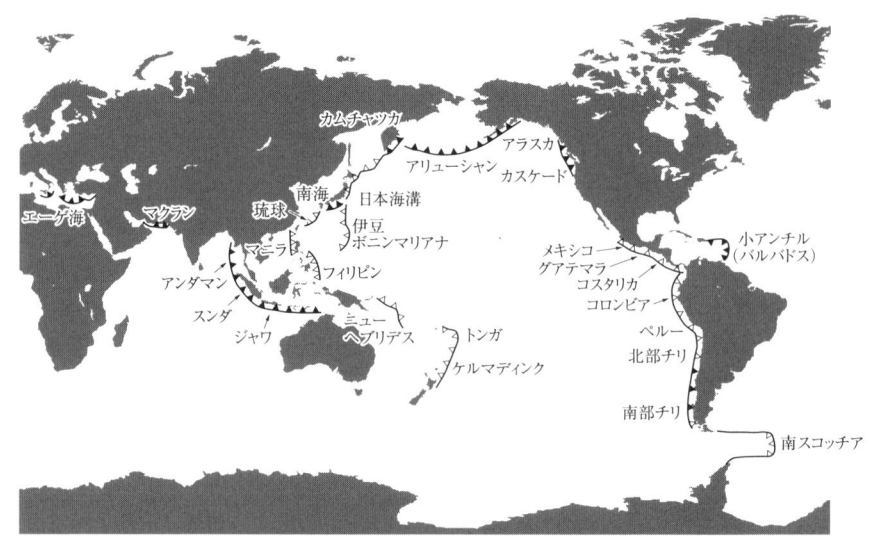

図0-2-1　世界の沈み込み帯と付加体の発達（Clift and Vannucchi, 2004）
▲：付加体の発達する沈み込み帯，△：造溝性浸食作用が卓越する沈み込み帯．

プレートテクトニクスが成立し，沈み込み帯の主要な作用は付加作用であるとの常識が変わりはじめ，造構性浸食作用が卓越的であると認識されはじめたのは90年代である（0-1節）．しかし，造構性浸食作用がどのように進行するのかは，von Huene and Lallemand（1990）と von Huene and Scholl（1991）によってはじめて包括的に整理された（詳しくは木村，2002を参照）．そして，造構性浸食作用に関する研究がおおいに進んだのは90年代以降である．それから10年あまりの研究結果は近年，Clift and Vannucchi（2004）によって改めてレビューされた．彼らはその中で付加や浸食に影響を与えると考えられるいくつかのパラメター間の関係をまとめ，それらの因果関係を論じている．以下にそれらを見てみよう．

　図0-2-2は，相対収束速度の海溝に直交する成分と，陸側へ50 km以内の海溝斜面の角度，上盤ウエッジの尖形角度との関係である．この図からは，収束速度が大きくなるとウエッジの角度は大きくなり，より急な斜面となることがわかる．また，付加体の有無と海溝斜面の形態には強い相関があることがわかる．付加体の発達する沈み込み帯は，相対収束速度が年間6-7 cmより遅いところでもある．ウエッジの形状を決めるのは，底面のプレート境界の摩擦と，ウエッジの内部摩擦であるので（Davis *et al*., 1983; Dahlen, 1984），浸食の卓越した沈み込み帯のウエッジの角度が大きいという特徴は，ウエッジの内部摩擦が小さいか，底面のプレート境界の摩擦が大きいか，またはその両方であることが推定される（第4章）．造構性浸食作用の卓越した沈み込み帯の前弧は，古い上盤側の地殻が沈み込むプレートと直に接することが多く，それらは付加体を構成する比較的新しい堆積物よりも大きな内部摩擦を持つと推定される．したがって，急な斜面や大きなウエッジの角度となるためには，底面の摩擦が大きくなければならない．この予想は，浸食の卓越する沈み込み帯は海溝の堆積物の厚さが薄く，沈み込む海洋地殻が直接上盤プレートと接することと関係しそうである．

　このことは，海溝斜面・付加体の形態を，海溝を埋積している堆積物の厚さとの関係でプロットすると，より明確となる（図0-2-3）．この図から，海溝充填堆積物の厚さが約500 mを超えるとはじめて付加体が形成されることがわかる．付加体が形成されるとそのウエッジ尖形角度は約10°以下と

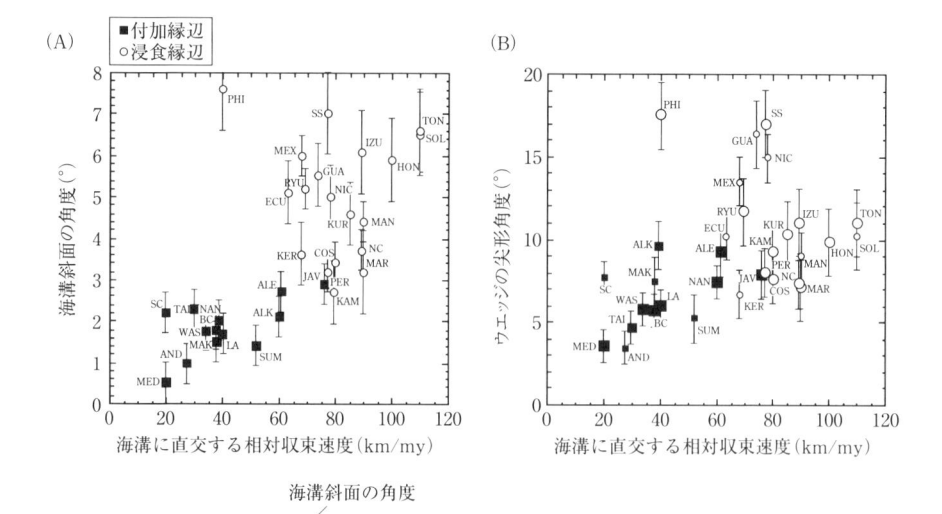

図 0-2-2 相対収束速度の海溝に直交する成分と，海溝から陸側へ 50 km 以内の(A)海溝斜面の角度，(B)上盤ウエッジの尖形角度との関係（Clift and Vannucchi, 2004）

　黒四角は付加体のある沈み込み帯，白丸は浸食沈み込み帯である．略号は，ALE：アリューシャン，ALK：アラスカ，AND：アンダマン，BC：ブリティシュコロンビア，COS：コスタリカ，ECU：エクアドル，GUA：ガテマラ，HON：本州（日本海溝），JAV：ジャワ，KAM：カムチャツカ，KER：ケルマディック，KUR：千島，LA：小アンチル，MAN：マニラ，MAK：マクラ，MAR：マリアナ，MED：地中海，MEX：メキシコ，NAN：南海，NC：北部チリ，NIC：ニカラグア，PER：ペルー，PHI：フィリピン，RYU：琉球，SC：南部チリ，SOL：ソロモン，SS：南サンドウィチ，SUM：スマトラ，TAI：台湾，TON：トンガ，WAS：ワシントン-オレゴン．

なり，斜面の傾斜も約3°以下と小さくなる．一方，海溝充填堆積物の厚さが500 m 以下の場合は付加体は形成されず，浸食型沈み込み帯となる．そして斜面傾斜・ウエッジの尖形角度はともに大きくなるのである．

　この結果は，海溝への堆積物の供給と収束速度のバランスで付加体が成長できるかどうかが決まることを示している．海溝への堆積物の供給が場所によらず一定であったと仮定すると，収束速度が小さい場合は海溝に厚く堆積することが可能であり，付加体が成長できるのである．その逆に収束速度が

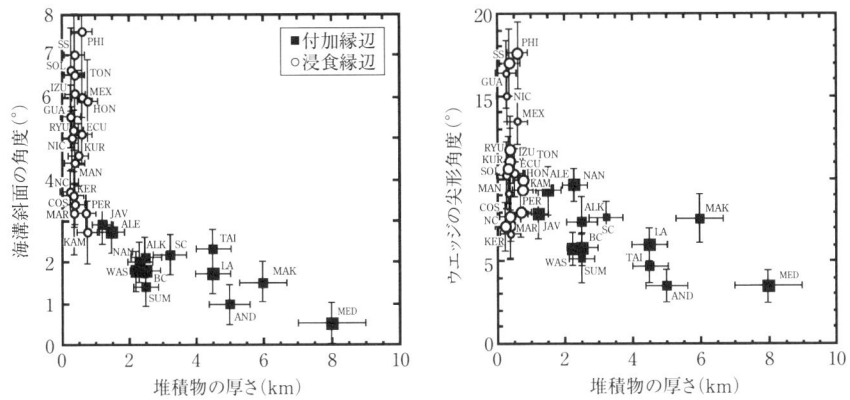

図 0-2-3 海溝充填堆積物の厚さと海溝斜面(A),ウエッジ尖形角度(B)の関係
(Clift and Vannucchi, 2004)
略号は図 0-2-2 に同じ.

大きい場合,海溝には厚く堆積する時間がなく,堆積物は深部へと沈み込んでしまうわけである.具体的には堆積物の供給速度が $50\ \text{km}^2/\text{my}$($= \text{km}^3/(\text{km}\cdot\text{my})$;海溝に沿った単位長さあたりの堆積物供給率)を超えると,付加体は成長をはじめる(図 0-2-4).しかし,それ以下であれば沈み込んでしまう.付加体が成長しても,収束速度が大きいと沈み込む堆積物も多くなる.

では,この分岐点となる海溝充填堆積物の厚さ 500 m は何を意味するのであろうか? これは,海溝近傍の地形を見ると明らかである.

図 0-2-5 に日本海溝外側の海底地形の断面を示した.比高 300 m ないし 500 m 以下の地形が表面を特徴づけている.すなわち,海溝を充填する堆積物の厚さが 500 m を超えると,これらの地形は覆われてしまい,それよりも高い比高の地形のみが突出することとなる.付加体の発達する多くの海溝での掘削が示す通り(3-1 節参照),変形のフロントのデコルマは海溝に堆積した堆積物中の力学的に弱い層準(不透水層に閉じ込められた高間隙層や弱い物質からなる)に形成され,それより上の地層は付加することとなる.

堆積物がこの 500 m の厚さに満たない場合,Hilde(1983)の指摘したように,凹部での堆積物はそのまま沈み込み,凸部はプレート境界でのアスペリティーとして機能し,大きな摩擦をもたらすこととなると想像される.そ

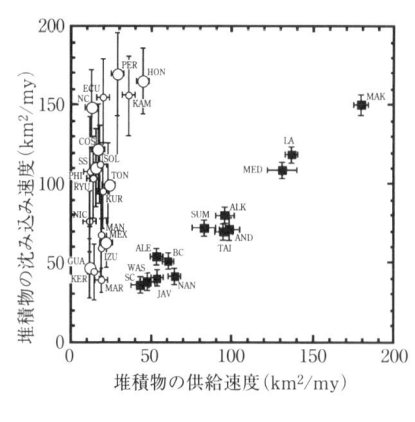

図 0-2-4 堆積物の沈み込み速度と供給速度との関係（Clift and Vannucchi, 2004）略号は図 0-2-2 に同じ．

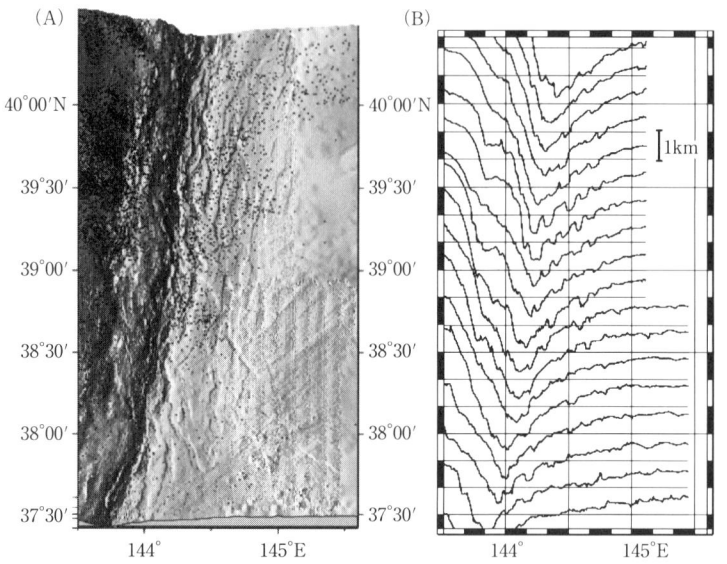

図 0-2-5 日本海溝外側の凹凸を表した(A)海底地形図と(B)断面図（海上保安庁海洋情報部ホームページ http://www1.kaiho.mlit.go.jp/KAIYO/sokuryo/jtprofile.eq.jpg より引用）

の深度が地震発生帯より浅い安定すべり領域では，この凹凸は前弧ウエッジの角度を大きくすることに作用し，地震発生帯では，限られた破壊領域を持つアスペリティーとなる．沈み込み帯において，Uyeda and Kanamori (1979) の指摘のように造構性浸食作用の場では巨大地震が発生しない原因

14——序　世界の沈み込み帯と付加体

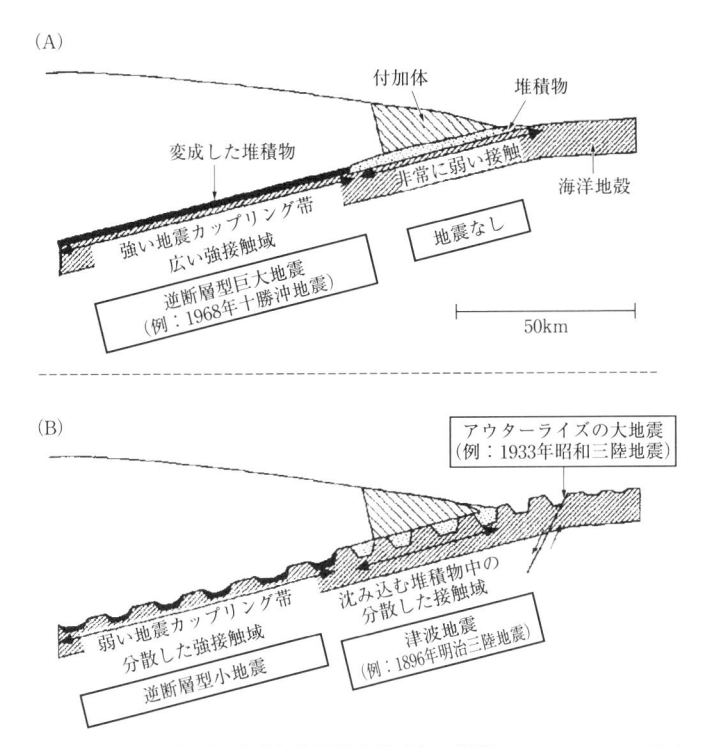

図 0-2-6 プレート上面の地形と地震発生様式との関係（Tanioka et al., 1997）
　　　　 堆積物，ホルストグラーベン構造は縦方向に強調してある．(A)境界面が平滑な場合は巨大地震が，(B)境界面の凹凸が多い場合は小さい地震が起こる．

は，この堆積物の少なさ故にプレート境界が平滑化されない，ということが関係しているように見えるのである．上に紹介した日本海溝においても，海底地形の凹凸が多い三陸沖は比較的浅い地震が多く，海底地形がより平滑な十勝沖では，より深部で逆断層型の巨大地震が発生することが知られている（図 0-2-6；Tanioka et al., 1997）．

0-3 沈み込み帯海溝域掘削の歴史

沈み込み帯の掘削は世界各地の海溝域で繰り返し実施されてきた．初期はアメリカ1国のプロジェクトとして1968年に開始されたグローマーチャレ

ンジャー号による深海掘削計画（DSDP; Deep Sea Drilling Project）によるものである．この計画の大目的はもちろん地球の深い理解であり，生まれたばかりのプレートテクトニクス理論の証明であった．大西洋-太平洋-大西洋（地中海）と世界の海を1周した後，再び太平洋に入ったグローマーチャレンジャー号は，人類史上はじめての沈み込み帯の掘削に取りかかった．まずはアメリカ近傍のバンクーバー沖のカスカディア縁辺，その後アラスカ縁辺へと向かった．1971年春のことである．もちろん目的はプレートが沈み込む最も劇的な現場を掘削することであった．

　しかし，時代が進むと目的はより詳細となってくる．それは世の常である．クーンのいう科学革命の時代が過ぎ，通常科学の時代へと移行したわけである．以下にその歴史をたどり，その時々に人々が何を知りたいと思い，何を明らかにしてきたかをたどってみよう．日本ではこれまで，それぞれの沈み込み帯掘削の科学的意義が整理され紹介されることがあまりなかったので，ここではそのすべてを簡潔に紹介したい（図0-3-1）．

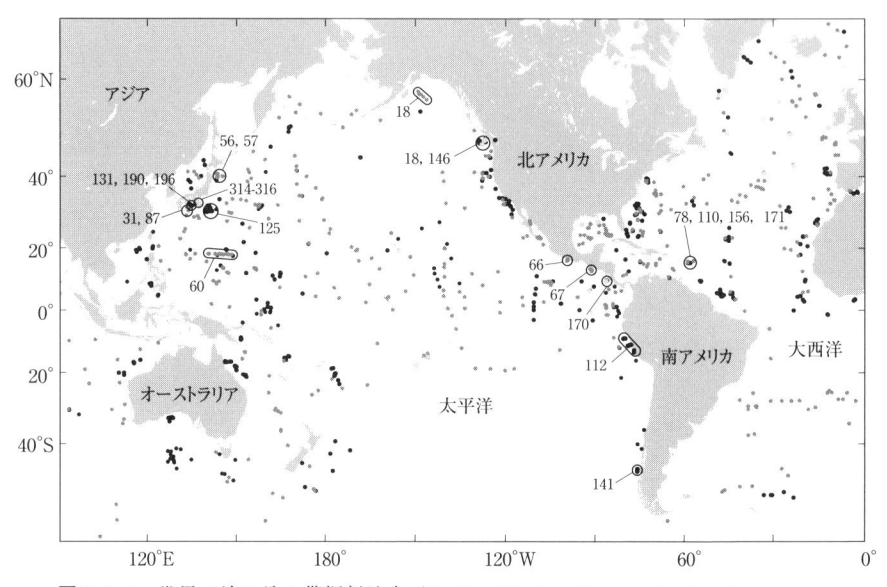

図0-3-1　世界の沈み込み帯掘削地点（IODP-USIO Expeditions Drill Site Maps, http://iodp.tamu.edu/scienceops/maps.html より引用・編集）
　　数字は本書で言及される航海の番号．

(1) 沈み込み帯掘削のフロンティア―DSDP から IPOD へ

世界で最初の沈み込み帯掘削

　世界で最初の沈み込み帯での掘削は，1971年，DSDP 第 18 次航海によるカスカディア縁辺の海溝充填堆積物であった．この縁辺は沈み込み帯であるにもかかわらず地震が少なく，一方で厚い堆積物の存在が確認されていた．掘削の結果，堆積速度が非常に速いことが確認された．また大きく広がる大陸棚の不整合を掘削し，そこが隆起の場であることを確認した．この時点ではまだ付加体を貫いてはいない．

　同じ航海によるアラスカ縁辺掘削が世界で 2 番目の沈み込み帯の掘削であった．更新世後半 40 万年前以降の海溝堆積物を掘削し，2 回の氷河期と 1 回の間氷期を確認した．また，掘削によって乱されたコアの変形と天然の変形との区別は難しいのであるが，この航海ではじめて，変形している堆積物，すなわち生きている付加体と確信できる試料を掘削した．これらの航海に参加した日本人研究者はまだいなかった．

南海トラフでの最初の掘削

　その後の沈み込み帯の掘削は，2 年後の 1973 年，DSDP 第 31 次航海による南海トラフであった（Karig *et al.*, 1975）．このときの掘削対象は足摺岬沖であった．この時点では現在のような精度のよい地震反射断面は存在しない．コアの回収率もよくなかった．したがって，海溝で堆積し付加したものを掘削したのか，それとも斜面堆積物なのかが不明であった．ここを再び掘削するのは 1982 年 IPOD の最後のステージの航海（第 87 次航海）においてである．

　深海掘削計画は 1975 年，アメリカ 1 国のものから日本，英国，ドイツ，フランス，ソ連の参加を得て国際計画（IPOD; The International Phase of Ocean Drilling）となったので，DSDP と異なり，日本人研究者も参加することとなった．

日本海溝における付加作用の否定と浸食作用の証明

　最初の日本海溝の掘削は，最初の南海トラフと同じ第31次航海の際に実施された．これは地理的に近いところにあるためである．その後の本格的な掘削は，1977年のIPOD第56次，第57次航海である．日本海溝掘削前の仮説は，ここには東北日本という火山性の島弧と，対をなす付加体があるというものであった．しかし，実際には付加体と呼べるものは，かろうじて海溝斜面の先端部のみにしかなかった．そして地形的に定義される海溝斜面変換点から採取された堆積物と岩石は，この前弧が地質時代を通して沈降していることをはっきりと示したのである．発見された不整合とそこでの島弧岩石の採集を根拠に，昔，海面から顔を出していた陸があったと推定され，それに対して親潮古陸と名づけられて一世を風靡した．そして，そこでは付加作用とは正反対の造構性浸食作用が起こっていたことを強く示唆したのである．日本海溝ではその後，1982年に再び掘削が実施される．

からっぽのマリアナ海溝

　日本海溝に引き続く沈み込み帯での掘削は，1978年IPOD第60次航海のマリアナ海溝であった．ここは「マリアナ型」の提唱者でもある上田誠也が首席研究員を務めた．掘削によって，マリアナ海溝には陸源堆積物がほとんどなく，遠洋性の堆積物のみがあることが確かめられた．「マリアナ型」の特徴であると指摘された，造構性浸食作用も示唆されたのである．ここでは後のODP第125次航海（1989年）においてODPのベストヒットと評価されることとなる高圧型の変成岩が蛇紋岩の中から発見された（Maekawa et al., 1992）．都城秋穂によって提唱された沈み込み帯における高圧型の変成岩の形成（Miyashiro, 1961）が，まさに生きている海溝からの発見という形で証明されたのである．この高圧変成岩は，マントルかんらん岩が水と反応してできた密度の小さい蛇紋岩とともに，ダイアピル状に上昇したものであった．

中米グアテマラ沖海溝における付加仮説の破綻

　第60次航海のマリアナ海溝の後に，海溝域での掘削は1979年，メキシコ

からグアテマラ沖中米海溝で実施された．IPOD 第 66 次，第 67 次航海である．メキシコ沖では付加作用を確認した（Watkins et al., 1981）．しかし，グアテマラ沖は Seely et al.（1974），Karig and Sharman（1975）以来，付加作用の教科書のように思われていたところであったが，予想に反して前弧域は日本海溝と同じように正断層でずたずたとなっており，浅い斜面堆積物の崩壊物で構成されていた（Auboin et al., 1982）．地震反射面が陸へ傾く衝上断層を想像させた Seely らのモデルは，その発祥の地においてついえ去ったのである．

　このときの首席研究者の一人 Auboin は，60 年代，"Geosyncline"（地向斜）という教科書を書いた有名な研究者であったが，プレートテクトニクス成立後はいち早く古い考えを捨てた．当時，日本では多くの高名な地質学者がプレートテクトニクスに激しく抵抗していたが，それとは対照的であった．

付加体の教科書バルバドス

　1981 年，大西洋の沈み込み帯，小アンチル海溝南部に発達するバルバドス付加体の最初の掘削が実施された．このときにはじめて付加体内部を深く貫いた．IPOD 第 78 次 A 航海（Biju-Duval et al., 1984）である．この付加体とプレート境界のイメージが，長く付加体の発達する沈み込み帯の標準モデルとなった．

　DSDP から IPOD 第 1 期の 80 年代前半までに，世界の主要な沈み込み帯の掘削は一巡した．1980 年代までの沈み込み帯の掘削は，沈み込み帯で進行するダイナミクスを焦点とし，華々しい成果を挙げた．具体的にはそこで付加作用が進行しているのか，あるいは造構性浸食作用が進行しているのかが大きな科学目的として進められた．そして前章で記したように，世界の沈み込み帯の過半は浸食作用が卓越していることが明らかとなったのである．

　この時期は，日本の地質学コミュニティーがようやく付加体を巡る論争を抜けて，プレートテクトニクスを受け入れはじめた時期と一致する．これらの沈み込み帯における深海掘削に少なくない日本人が関与していたこと，掘削の成果を含めた相次ぐ国際会議が開催されたことなどは，この変化に大き

な影響を与えた．

(2) 沈み込み帯掘削の第2期—デコルマ貫通と沈み込み帯の流体挙動

　第1期において世界を巡った沈み込み帯掘削は，2巡目に入る．当然時代は前へ進んで，大局をつかむことが目的で事前の調査技術も十分ではなかった第1期の掘削に対し，第2期では反射法などによる事前探査を詳細に行い，狙いを定められるようになる．また，技術的にも向上し，ガスハイドレート対策なども完備してくる．沈み込み帯であるのだから，当然プレート境界断層（デコルマ）を貫通したいと強く思うのは当然である．そして，それが第2期には実現した．90年代に入り，そのプレート境界断層における流体挙動とダイナミクスとの関係が大きな焦点として浮上した．研究にはより高い精度が求められるので，研究対象としての沈み込み帯もいくつかに限定されるようになり，そこで集中的に繰り返し掘削が実施されるようになった．

ハイライトのバルバドス掘削

　1975年以来国際計画となっていた DSDP（IPOD）は，1983年さらに衣替えをして，19カ国の参加を得て，海洋掘削計画（ODP; Ocean Drilling Program）として新たな科学計画を実施することとなった．

　ODPによる沈み込み帯での最初の掘削は1986年，付加体の典型的な姿を見せていたバルバドスでの第110次航海による再度の掘削であった（Mascle et al., 1988）．この掘削では世界ではじめてプレート境界たるデコルマの貫通と採集に成功し，そこが長距離におよぶ流体の通路にもなっていることが明らかにされた．また，デコルマより下位の堆積物はまったく変形しておらず，デコルマによって応力場も分離していることが明らかとなった．

　そして，このさらに8年後の1994年，バルバドスでは3回目の掘削が行われた．ODP第156次航海である．このときにはじめて掘削の前に3次元反射法地震探査が実施された．その結果は驚くべきデコルマの姿を描き出した．デコルマの反射面の極性が負になるところが広がっており，あたかもデコルマに沿って流体の流れる大河があるかのように見えたのである．当然，掘削のターゲットはその極性の負の部分と正の部分の両方が選ばれ，両者の

違いを描き出すことであった.特に負の極性の部分はデコルマに沿って異常間隙水圧が発生し,プレート境界を弱いものとしている,との仮説を掘削によって検証しようというものであった.間隙流体の化学組成などはそこが流体の移動路であり,深部より流体が上がってきていることを示唆した.しかし,プレート境界たるデコルマにおいて世界ではじめて過剰間隙水圧が観測されたのは,この掘削の4年後に再度の掘削が行われ(第171次航海),デコルマ貫通の掘削時検層に成功したことによってであった.

舞台を室戸沖に変えた南海掘削

南海トラフにおける1970年代と80年代の2度の掘削は足摺岬沖であったが,そこは砂が多く,コアの回収率の悪いところであった.そこで,1990年に実施された第131次航海では,室戸岬沖に掘削の主舞台を移すこととなった.そして,ここで世界で2番目のデコルマ貫通に成功する.デコルマを境として見事に物性が変化すること,沈み込む堆積物はほとんど変形していないこと,デコルマに沿っての流体移動は間欠的であり,それはどうやら地震時に関係すると予想されることなど,数多くの成果を上げた.そして,ここでも掘削に先立って3次元反射法地震探査が実施された.2000年の第190次航海ではデコルマのコアが回収され,そして2001年の第196次航海では掘削時検層(LWD; Logging While Drilling)が実施された.そこには同時に間隙水圧をモニターする装置が設置された.2005年に発生した紀伊半島沖でのフィリピン海プレート内地震に際して,付加体内部でゆっくり地震が発生し,生きている付加体の姿が世界ではじめて捉えられた(Ito and Obara, 2006)が,そのときに孔内に設置したACORKが地震時の間隙水圧変動を記録していたことがわかり,大変注目されている(Davis et al., 2006).南海掘削の成果については3-1節に詳しく述べる.

カスカディア付加体における流体挙動

上記のバルバドス付加体は泥質堆積物の卓越した付加体である.それに対して砂の圧倒的に卓越している付加体では,流体は断層に沿って流れるのであろうか,あるいはより広い範囲を拡散的に流れるのであろうか.その解明

を科学目的として掘削が実施されたのが，1992年，第146次航海によるカスカディア縁辺であった．

　ここでは，砂層が卓越しているにもかかわらず，やはり付加体内部の断層に沿って流体が移動することが明らかとなった．また，バルバドスと比べて砂の多い海溝堆積物はそのほとんどすべてが付加している，すなわち沈み込む堆積物はほとんどないことも明らかとなった．

浸食縁辺として確定したコスタリカ沖中米海溝
　1997年に実施されたコスタリカ沖の第170次航海においては，付加作用が進行する沈み込み帯か，浸食作用の卓越するところか，相対立する仮説の検証（あるいは反証）を目的として掘削が実施された．掘削の結果，前弧域を構成する岩石は，付加体仮説から予想されるものではなく，造構性浸食作用が期待するコスタリカの陸上に露出する岩石と同じものであった（Kimura et al., 1997）．

ペルー海溝とチリ三重会合点掘削
　南米のペルーチリ海溝にはじめて掘削がほどこされたのは，1986年第112次航海と1991-1992年の第141次航海である．ペルー沖では，海溝斜面が中新世まで大規模に沈降しており，そこでは造構性浸食作用が進行していたことが明らかにされた．その造構性浸食作用が海嶺の沈み込みと密接に関連し，海嶺-海嶺-海溝の三重会合点の成立がこの造構性浸食作用の原因ではないかと推定された（Suess et al., 1988, 1990）．

　上の仮説は，第141次航海でも確かめられた．世界で2例しかない海嶺の沈み込む海溝，チリ三重会合点ではじめての掘削が実施されたのが第141次航海である．ここでは他に比べて異様に狭い前弧，海溝に接近するオフィオライトの存在など，他の海溝にはないセッティングの興味深い対象であった．掘削の結果，海嶺の接近する前弧では，造構性浸食作用が活発に進行し，海嶺通過後付加作用が起こるようになっていることが確認された．また，熱いプレートの沈み込みによる活発な熱水循環も観測された（Lewis et al., 1995）．

　以上の南米の沈み込み帯掘削の結果は，Uyeda and Kanamori (1979) で

提案された．チリ型は付加作用で特徴づけられるというモデルほど実際は単純なものではないことを強く印象づけることとなった．

南海掘削が世界をリード

　ODPの時期の掘削を通じて，沈み込み帯の研究はさらに前進したが，沈み込み帯のダイナミクス，中でも地震を発生するプレート境界断層を理解するためには，どうしてもより深部への掘削が不可欠であり，それを可能とするライザー掘削を求める声が大きな流れとなったのである．そして21世紀初頭の沈み込み帯の掘削として，地震発生帯を直接掘削することを最大の目玉の1つとして掲げて，IODP（Integrated Ocean Drilling Program; 統合国際深海掘削計画）が2003年にスタートした．そして，2007年いよいよ南海トラフの紀伊半島沖で掘削が開始された（NanTroSEIZE 第314-316次航海）．その結果，世界ではじめて分岐断層，そして，世界で4例目の付加体先端部でのプレート境界断層の採集に成功したのである（Kimura et al., 2008a）．

NanTroSEIZE プロジェクト

　静岡県から宮崎県にかけての沖合に位置する南海トラフは，100年から200年に一度，巨大地震や津波が発生している．そこはフィリピン海プレートが西南日本弧の下に沈み込む場所であり，境界上盤の西南日本弧側は，ふだんは海側プレートと一緒に西北西方向に動いている．海溝型巨大地震は，このようにふだんは固着した震源域で，歪が蓄積されて限界を超えると一気に破壊にいたる過程である．破壊を起こし，大きくすべる領域はアスペリティーと呼ばれ，その大きさが地震の規模（M）とよく対応し，その場所はほぼ一定，すなわち同じ場所が繰り返して破壊するということがわかってきた．

　このような海溝型巨大地震発生までの仕組みを理解することは，最終的には地震や津波の予測につながるだろう．そのための基礎研究として，固着域そのものの精査が必須であるとの認識に立ち，IODPでは，NanTroSEIZE（Nankai Trough Seismogenic Zone Experiments; 南海トラフ地震発生帯掘削研究，ナントロサイズ）プロジェクトを開始した．地球深部探査船「ちき

ゅう」を用いた掘削による地震断層試料採取と断層近傍の物性の計測を行う一方，孔内観測所を設置して断層付近での地殻変動などの長期モニタリングを行うことが目的である．最終目標地点は，紀伊半島沖合 100 km，水深 2000 m，海底から 6000-7000 m 下の，東南海地震の震源断層固着域である（図 0-3-2）．

掘削は 4 つの段階をふんで行われる．ステージ 1 として，熊野沖付加体の前縁断層系から付加体斜面の巨大分岐断層出口，前弧海盆の地震発生断層固着域上部まで，ライザーを用いない浅部掘削を実施した．まず掘削同時検層を行い，岩石や地層の分布，応力状態の把握，そしてデコルマ（すべり面）や巨大分岐断層の特徴を理解する（5-2 節参照）．

ステージ 2 では，ライザー機能を利用した大深度掘削を実施する．目標は東南海地震固着域の真上である．掘削には 4 カ月間を要するため，掘削クルーや研究支援スタッフだけでなく，研究者も途中で交代して断層到達を目指す．国際的かつ協力的な競争が行われるであろう．

ステージ 3 では，M 8 地震断層の固着域に到達するため，海底下 6000 m までの超深度ライザー掘削を行う．ステージ 2 までの掘削で明らかにする固着の海側（浅い側）や真上での挙動や性質と対比することで，固着の実態が解明されるであろう．

ステージ 4 は NanTroSEIZE の最終段階である．本計画では，固着域の物質と状態を把握することに加えて，その場で長期孔内計測を行って，地震準備過程での地震活動や歪蓄積過程，空間分配の程度，断層内物質の間隙水圧などを現場モニターすることが重要な目的である．ステージ 4 が終わるま で

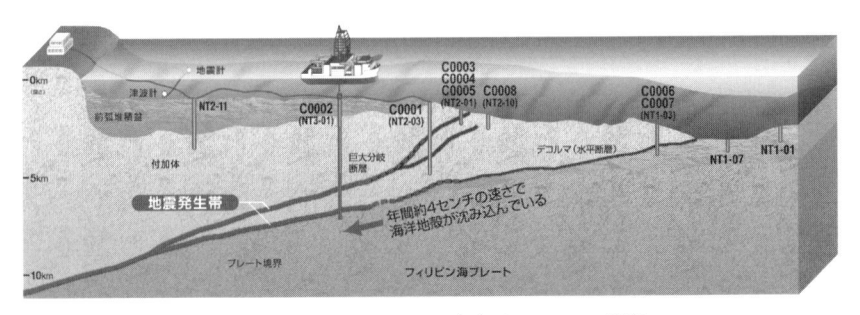

図 0-3-2　NanTroSEIZE の全容（JAMSTEC 提供）

に，海底下7000mのプレート境界断層固着域を含めた数ヵ所に，孔内観測所群を設置する．

1 ▪ 地球物理学的観測から見た南海トラフ地震発生帯

　本章では南海トラフ地震発生帯の地球部地理学的特徴を概観するため，地震，津波，地殻変動観測から明らかにされた1944年東南海地震，1946年南海地震のすべり量分布の特徴，地震学的・電磁気学的手法で見た地震発生帯の高精度地下構造イメージをまとめる．また，最近の高感度地震観測網等によって発見されたさまざまなスケールの低周波微動・地震とその発生メカニズムに関して述べる．

1-1　南海トラフ巨大地震

(1) 南海トラフ巨大地震の発生周期と破壊域のセグメント化

　地震の繰り返し周期を明らかにするためには，ある一定の領域内で過去に繰り返し起こった複数の地震から学ぶのが最も直接的な方法である．しかしながら，マグニチュード8クラスの巨大地震の繰り返し周期に比べると，地震計による地震観測の歴史は浅く，日本においては最も初期の地震計による観測ですら，せいぜい明治時代に行われただけである．南海トラフの巨大地震に関する地震計による記録は，昭和の1944年東南海地震と1946年南海地震のみである．

　一方で，南海トラフ地震発生帯は古くからの人口集中域に近いため，多くの歴史資料に地震に関する記述が残されており，少なくとも7世紀までさかのぼることができる．これらの資料に残されている，有感範囲や建物の被害から予想される揺れの強さ，津波の分布やその遡上高，さらには遺跡に残さ

れた液状化痕などから，南海トラフで発生した巨大地震のおおよその破壊域（地震による破壊により断層面にずれが生じた領域）分布と発生時期が明らかにされている．世界の巨大地震発生帯の中でもこのような歴史資料が残されているところは他にはない．いい換えると，南海トラフ地震発生帯は地震の繰り返し周期と破壊域分布が世界で最もよくわかっている地震発生帯といえる．

このようにして求められた南海トラフ地震発生帯での地震の繰り返し周期と破壊域の広がりは，いくつかの研究においてまとめられている（たとえば，Ando, 1975；寒川，1998；石橋・佐竹，1998）．ここでは，図 1-1-1 に石橋・佐竹によってまとめられた結果を示す．比較的資料の整っている 15 世紀以

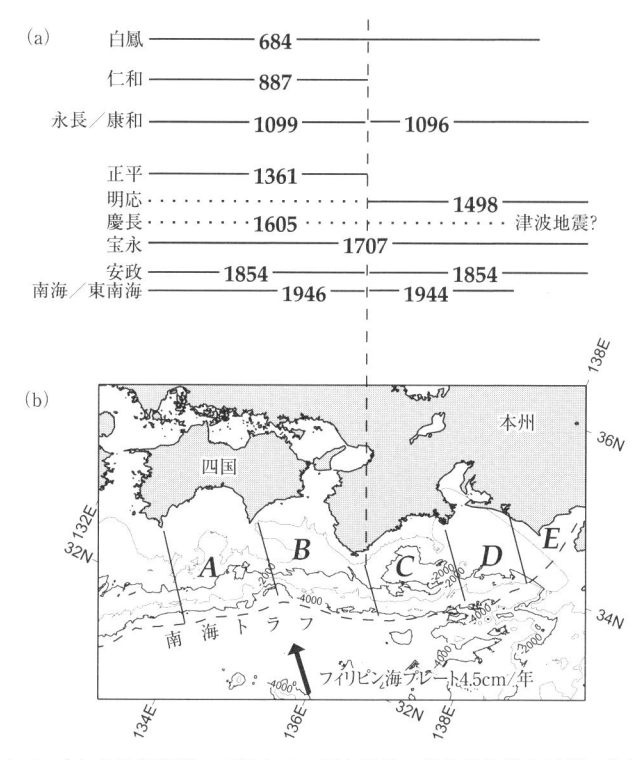

図 1-1-1　(a) 7 世紀以降の南海トラフ巨大地震の発生域と発生時期．(b) 前弧海盆の分布による破壊域のセグメント．（石橋・佐竹，1998；Cummins ほか，2001 を修正）

1-1　南海トラフ巨大地震――27

降の記録に限ってみると，おおよそ100年から150年間隔で地震が発生していることがわかる．一方で，これら歴史資料は，各々の地震による破壊域は必ずしも南海トラフ全域に分布しているわけではないことを示している．

石橋・佐竹（1998）では，Sugiyama（1996）に示された前弧海盆の分布をもとに，破壊域をAからEの領域（セグメント）に分け記述している．これによると，南海トラフほぼ全域を破壊したと考えられる地震は684年白鳳地震，1498年明応地震，1605年慶長地震，1707年宝永地震である．ただし，15世紀以前の資料では，A-Bセグメントに比べC-Eセグメントに関する情報が不十分のため，684年白鳳地震，887年仁和地震，1361年正平地震に関しては，潮岬より東側を破壊する地震が発生していたか十分議論できない．また，1605年慶長地震は地震動による被害がほとんどなく，津波による被害のみが示されている．このため，地震動を生成せず，津波のみを生成した「津波地震」である可能性も指摘されている．

それ以外の地震はセグメントBとC，すなわち潮岬沖を境界とし東西に分かれて起きている．また，その境界を境に東と西の地震が短い時間間隔で対をなし発生しているものも多くあることがわかる．たとえば，1096年永長地震と1099年康和地震，1854年安政地震，1944年昭和東南海地震と1946年昭和南海地震，がそれに当たる．その間隔は1096年永長地震と1099年康和地震で3年，1944年昭和東南海地震と1946年昭和南海地震では2年，1854年安政地震にいたっては約32時間後といわれている．さらに，歴史資料からの南海トラフ地震の発生の特徴として，東西のセグメントに分かれて地震が発生した際は，必ず東側（C-Eセグメント）が先に破壊し，短い時間間隔をおいて西側（A-Bセグメント）が破壊していることがわかる．

地震発生間隔や破壊域の広がりに関してこのような規則性が認められることから，この規則性が単なる偶然か，何らかの原因により必然的に起きているのかを定量的に評価し，今後起こりうる地震が過去のどのパターンに類似した地震となるか（あるいは，まったく異なるパターンか）を予測することは，単なる地震発生予測にとどまらず，被害予測や復旧計画を策定する際，きわめて重要な要因となる．

(2) 1944 年東南海地震と 1946 年南海地震の破壊域分布

　前項で述べたように，1944 年東南海地震，1946 年南海地震に関しては，地震計による地震動の記録，験潮所による津波の記録，測量による地殻変動の記録などの観測データが残されている．しかしながら，それらは戦中・戦後の混乱期の中でとられた記録であり，必ずしも精度よい記録とはいえない．また，それぞれの観測記録の時間分解能も大きく異なる．地震記録はおおよそ秒・分のオーダー，津波記録は時間のオーダー，測量記録は年から数十年のオーダーの変動を見ている．そのために，1944 年東南海地震，1946 年南海地震の破壊域に関して，さまざまなモデルが提案されている．ここでは，津波，地震，地殻変動データからそれぞれ提案されている破壊域モデルを紹介する．

津波波形データに基づく解析

　津波データを用いた，1944 年東南海地震，1946 年南海地震の断層面および地震時のすべり量分布の推定は，古くから多くの研究者によってなされている．1944 年東南海地震に関しては，相田（1979）によってそれまでに地殻変動や地震記録から推定されているさまざまな断層モデルが検討され，津波波形を最もよく説明する最適な断層面およびすべり量分布が提案された．それによると，断層面は熊野灘および渥美半島沖の 2 つとし，各々 2.15 m，1.4 m のすべりを推定している．ただし，これらは当時のコンピュータの能力等の制約から，一様な傾斜を持つ矩形によって断層面を表現し，そこに一様な食い違い（すべり）を与えたのみの単純なモデルであった．

　その後，Tanioka and Satake（2001a）では津波波形の「インヴァージョン解析」によって断層面上のすべり量分布を求めている．ここでいう「インヴァージョン解析」とは，多くの観測記録を同時に説明する最適なすべり量を求める計算手法である．具体的には，プレートの大局的構造を用いてそれに沿うようにいくつかの小断層をおいて，そこでのすべり量をインヴァージョン解析によって求めた（図 1-1-2a）．これによると，大きなすべりを起こしているのは，熊野灘中央部および渥美半島沖であり，各々 3 m 強および

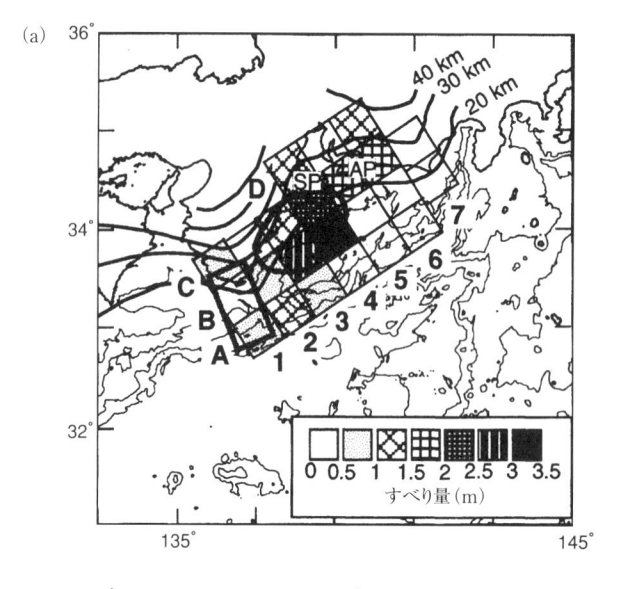

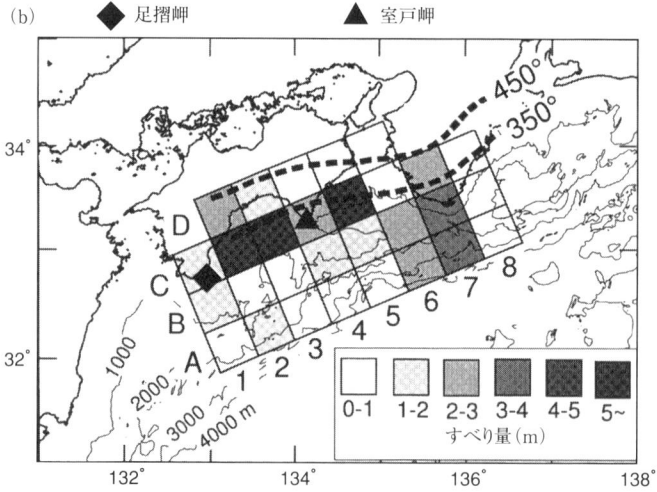

図1-1-2 (a) 津波データに基づく1944年東南海地震の破壊域分布 (Tanioka and Satake, 2001a). (b) 津波データに基づく1946年南海地震の破壊域分布 (Tanioka and Satake, 2001b).

1.5m程度である.大局的には,この分布およびすべり量は先に述べた相田 (1979) と整合的である.

その後,南海トラフ域の構造研究の進展によって,より詳細なプレート形

状が求まってきた.さらには,コンピュータの能力が飛躍的に増大したこともあり,詳細な構造を考慮し非常に小さな小断層を与えて,詳細なすべり量分布が求められるようになってきた.ここでは,その一例としてBaba and Cummins (2005) による最新のすべり量分布を図1-1-3に示す(カラー図はカバーそでを参照).これも大局的には先の2つの研究と同様な特徴が見られる.すべり量の大きい領域は2カ所あり,1カ所は熊野灘北部,もう1カ所は渥美半島沖である.各々のすべり量は最大で約4mおよび約2mとなっている.また,熊野灘の海側の縁にもすべり量の大きい領域が確認できる.

1946年南海地震に関しても,同様な津波データによる断層面およびすべり(断層面のずれ)量分布の推定がなされている.Ando (1975) では地殻変動データによって推定された断層面を津波データにより検証・修正した.この研究でも東南海地震の相田(1979)の解析と同様に,地震による断層面と単純な矩形で表現し,観測された津波データを満足するような断層面の傾斜とすべり量を求めた.それによると,2つの断層面を紀伊半島沖および四

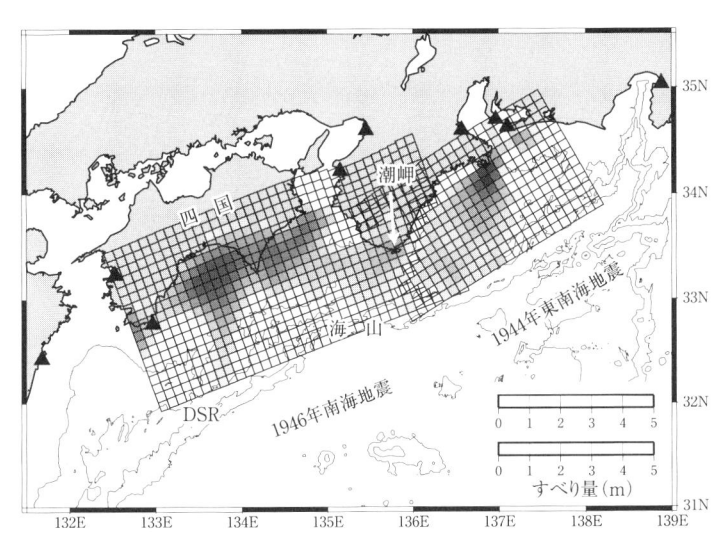

図1-1-3 津波データを用いた1944年東南海地震(青色),1946年南海地震(赤色)に伴うプレート間すべり量分布(Baba and Cummins, 2005)(カラー図はカバーそでを参照)
2つの地震の発生域に明瞭な境界が確認できる.

国海岸線下におくことによって，津波データがよく説明できるとした．また，この2つの断層面は紀伊半島沖のものがより南海トラフ海溝軸付近まではりだし，四国下の断層面はプレート境界深部のみのすべりがあったとしている．断層面上のすべり量は四国海岸線下で6m，紀伊半島沖で3mとしている．

その後，Tanioka and Satake（2001b）では東南海地震の津波インヴァージョン解析と同様な方法で，図1-1-2bのようにより詳細な破壊域分布とすべり量を求めている．この結果からも破壊域は大きく2つの領域に大別できる．1つは紀伊半島沖であり，この部分では南海トラフのトラフ軸付近まで破壊が及び，最大で3m強のすべりを示している．もう1つの領域は室戸岬から足摺岬にかけての領域である．この領域ではすべりがプレート境界深部（20-30 km）のみに集中しており，紀伊半島沖のようにトラフ軸付近まですべりが及んでいることはない．この領域のすべり量は最大で5m強である．より詳細な小断層を用いたBaba and Cummins（2005）の結果でも同様な特徴が見られる．大局的に見ると，小断層に分割した解析をしたTanioka and Satake（2001b）およびBaba and Cummins（2005）の結果も，Ando（1975）による結果と同様な傾向を示していることになる．

しかしながら，Baba and Cummins（2005）による詳細な解析による最も重要な結果は，1944年東南海地震と1946年南海地震は紀伊半島沖で明瞭な破壊域分布の境界（セグメント境界）を形成していることを示した点である．図1-1-3の青い領域が1944年東南海地震の破壊域で，赤い領域が1946年南海地震の破壊域を示すが，その両者は紀伊半島沖で接しており，2つの地震による破壊域が決して重複していないことがわかる．

地震波形データに基づく解析

地震波のデータを用いた震源メカニズムおよび破壊域分布の研究は，遠地の地震記録（世界各地で記録されたデータ）や日本国内の強震計の記録から解析がなされている．Kanamori（1972）では，遠地地震波の解析から1944年東南海地震と1946年南海地震の震源メカニズムおよび破壊開始点を求めている．これによると，双方の地震ともプレートの運動方向にすべり面を持つ低角逆断層を示しており，破壊開始点は東南海地震が潮岬から約40 km

北東，南海地震が潮岬南方約40km付近であるとした．その後，東南海地震に関しては遠地地震記録および近地地震記録を用いた地震波形のインヴァージョン解析により，断層面上の破壊域分布を求めている．

1944年東南海地震についてKikuchi et al. (2003)では，近地強震記録から断層面上のすべり量分布を求めている．これによると熊野灘全域で破壊が認められるが，志摩半島南東約50km付近で極大値を示しており，そのすべり量は約4mである（図1-1-4）．また，破壊開始点東方にも3.5km程度のすべりを示す極大値が確認できる．一方，Ichinose et al. (2003)では近地地震記録と遠地地震記録双方を用いてすべり量分布を求めている（図1-1-5）．これによると志摩半島沖にすべりの集中が見られる点はKikuchi et al. (2003)と同様であるが，最大値は渥美半島直下で，すべり量は約3mとなっている．また，熊野灘付近はすべり量が小さく，熊野トラフの海側の縁にすべりの集中域が見られる．

1946年南海地震に関しては，上記のような地震データを用いて詳細な破壊域分布を求める研究はなされていない．しかしながら，地震波形記録からこの地震が連続するいくつかの地震（サブイベント）によって形成された可能性が示唆されている．このサブイベントの発生の仕方から，破壊の進行順序が求められている．橋本・菊地（1999）によると，1946年南海地震は潮岬

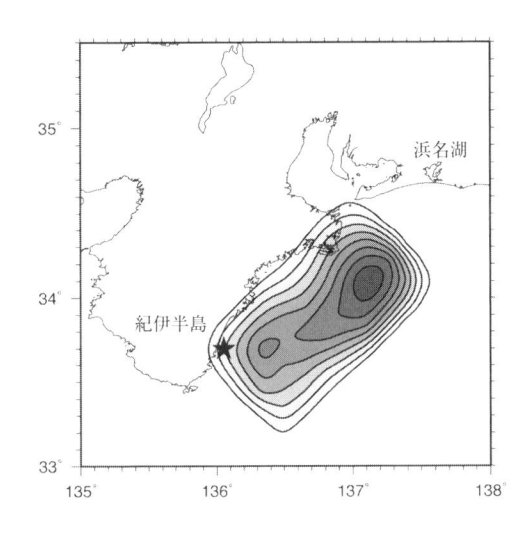

図1-1-4 日本国内で記録された強震記録を用いた1944年東南海地震に伴うすべり量分布 (Kikuchi et al., 2003)
　コンター間隔は0.5m，星印は破壊開始点．

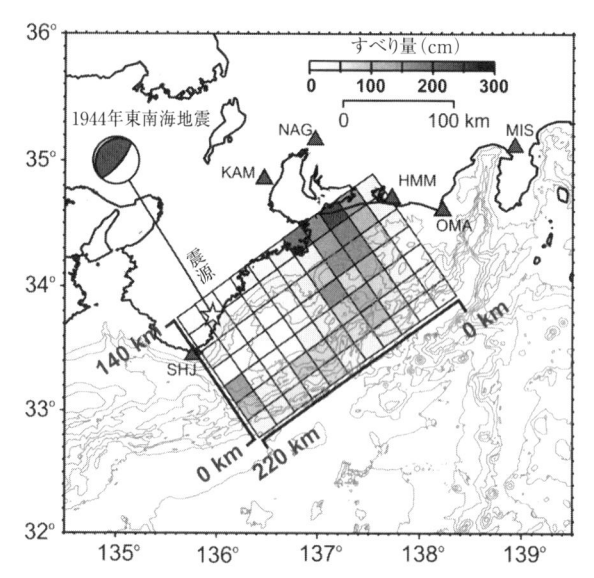

図 1-1-5　遠地地震記録および近地強震記録を用いた 1944 年東南海地震に伴うすべり量分布（Ichinose et al., 2003）

南方約 50 km 付近で開始し，破壊は北北西に進行し，約 16 秒後に大きな地震が潮岬直下で発生した．その後，約 1 分後に土佐湾下でも同様な大きな地震が発生したと結論づけた．Cummins ほか（2001）でも遠地地震記録を用いて同様な結果を得ている（図 1-1-6）．

地殻変動データに基づく解析

地震前後の地殻変動データからも，1944 年東南海地震，1946 年南海地震に伴う断層面のすべり量分布が求められている．古くは 1970 年代に単純な断層面と仮定して地殻変動データからすべり量を求めていたが（たとえば，Fitch and Scholz, 1971; Ando, 1975 など），Sagiya and Thatcher（1999）では南海トラフから日本列島にかけて深さ約 30 km までの地震発生帯を 30 枚以上の小断層で表現し，地殻変動データから 2 つの地震によるプレート間のすべり量分布を求めた（図 1-1-7）．ただし，陸上の地殻変動データからは海域での変動を見積ることは困難なため，トラフ軸付近の小断層に関しては，津波データの解析から得られたすべり量を与えた．この解析では地震前後に

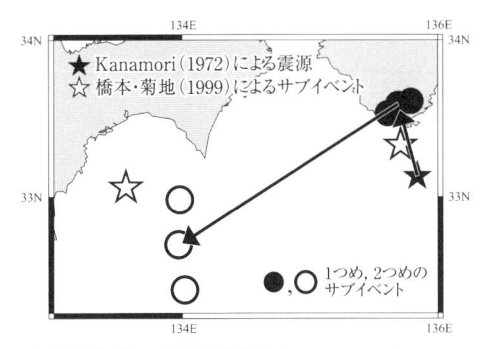

図 1-1-6 1946 年南海地震の破壊伝播過程（Cummins ほか，2001; Cummins et al., 2002）
地震記録の到達時間に基づいたサブイベント（初期破壊に次いで起こる大きな破壊）の位置を示す．黒星が初期破壊点，黒丸，白丸は各々1つめ，2つめのサブイベントの位置を示す．各々のサブイベントについて可能性のある3カ所を丸で示した．矢印は破壊の順序，白星は橋本・菊地（1999）によるサブイベントの位置を示す．

　西南日本で行われた三角測量および水準測量のデータを用いた．これら地殻変動データは2つの地震を挟んだ前後に得られたものであるので，結果として得られたすべり量分布は2つの地震時のすべりの積算値と考えられる．Sagiya and Thatcher（1999）の結果によると，すべりの最も大きい領域は四国沖で，そのすべり量は約12 mにまで達する．また，熊野トラフにもう1つのすべりの集中域がある．そこでのすべり量は約4 m程度である．この最大すべり量12 mというのは，四国沖でのプレート収束速度を考慮すると約270年でたまったプレート間運動を解放したことに相当する．しかしながら，この領域での地震発生間隔は100年から150年程度であるので，それに比べ12 mのすべりは大きすぎる．そこで，Sagiya and Thatcher（1999）ではすべり量はプレート形状に大きく依存するとし，四国海岸線付近にトラフ軸と平行で約30度の傾斜を持つ分岐断層を導入することによって，四国付近のすべり量は約6 m程度まで減少するとした（図1-1-7）．

(3) 1944年東南海地震と1946年南海地震の破壊域に関する問題点

　このようにして津波，地震，地殻変動から求められたすべり量分布は，各々整合的な部分と，相容れない部分がある．東南海地震に関しては，津波

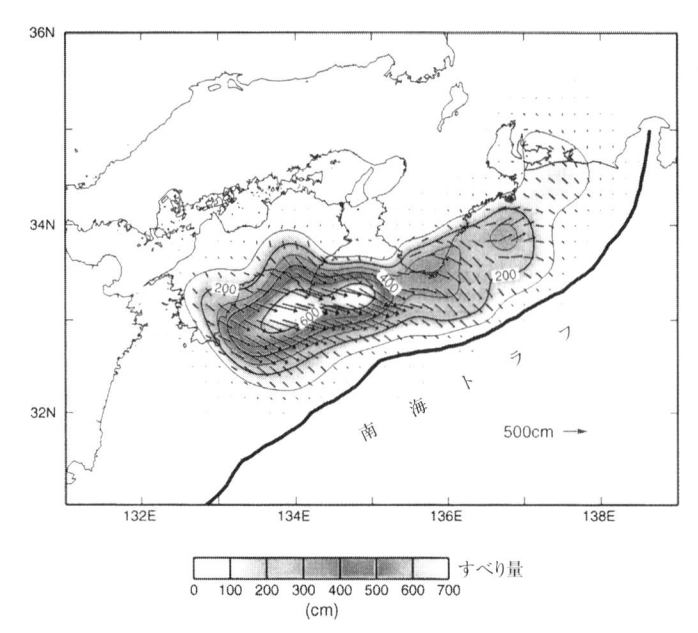

図1-1-7 西南日本で行われた三角測量および水準測量のデータに基づく1944年東南海地震，1946年南海地震の前後でのプレート間すべり量（Sagiya and Thatcher, 1999）
　この図ではプレート境界に加え，四国海岸線付近にトラフ軸と平行で約30度の傾斜を持つ分岐断層を導入したモデルですべり量を計算した結果を示す．等値線はすべり量を示す．

データによるすべり量分布と地震データによるすべり量分布は細かい部分の不一致はあるものの，大局的なすべり量分布の特徴は共通の傾向が見られる．共通の特徴としては，潮岬から渥美半島沖にかけての熊野灘全域にすべりが分布していること，志摩半島から渥美半島付近にすべりの極大値がある点，また熊野灘の南側縁にすべりの大きい領域が存在する点，などである．特に，断層面を小断層に分割したBaba and Cummins（2005）による津波データを用いた結果と，Ichinose et al.（2003）による地震データを用いた結果は非常によく似た分布を示している．このことは，地震動を励起した変動と津波を励起した変動は同一の領域で起こったことを示している．
　しかしながら，最近になって，山中（2006）によって従来と異なったすべり量分布が提案された．山中（2006）ではKikuchi et al.（2003）と同様な地

震記録を用いたが，一部の記録の地震波到来時刻の読み取りを修正した．この結果，すべりの極大値は渥美半島沖からさらに東にずれ，東海沖に移った．また，熊野灘ではほとんど地震時のすべりがないとした．ただし，東海道沖の南海トラフ軸近傍は分解能がないため，東海沖のすべりは沿岸域のみであろうと結論づけている．この結果の重要な点は，東南海地震の破壊域が従来の断層モデルでは破壊しなかったとされている東海沖まで伸びていることを示した点である．しかしながら，山中（2006）による熊野灘ですべりがない分布では津波データや地殻変動データが説明できない，との指摘もあり，今後のより詳細な検討が必要とされている．

一方，1946 年南海地震に関しては，地震データによる詳細なすべり量分布はまとめられていないが，津波による破壊域分布と地震波の解析によるサブイベントの進行の仕方は整合的といえる．また，地殻変動データから見積られた四国海岸線付近の大きな破壊域は地震，津波データと整合的である．

さらに，山中（2006）では，地震，津波，地殻変動とも 1944 年東南海地震の際は，浜名湖より東側の東海沖では地震時のすべりがほとんどないことを示している．

1-2 南海トラフ地震発生の場

(1) 南海トラフ周辺の大局的構造

地震学的手法を用いた南海トラフ周辺の地下構造研究は，1980 年代の日仏 KAIKO 計画，ODP など国際プロジェクトや，日本の地震研究に関係する調査として精力的に行われてきた．特に，90 年代後半からは海洋研究開発機構（JAMSTEC；当時，海洋科学技術センター）の深海調査研究船「かいれい」の運用開始に伴い，大容量エアガン，長大マルチチャンネルストリーマー，海底地震計などを組み合わせた大規模地下構造探査が実施されるようになった（写真 1-2-1）．ここで，エアガンとは圧搾空気（通常 140 気圧程度）を発振し人工的な地震波を生成する装置，マルチチャンネルストリーマーとは海面付近を曳航する圧力センサーの列（「かいれい」では長さ約

写真 1-2-1　「かいれい」システム（JAMSTEC 提供）
　　（a）JAMSTEC 深海調査研究船「かいれい」，（b）「かいれい」搭載のエアガン，（c）地下構造探査用海底地震計，（d）「かいれい」搭載ハイドロフォンストリーマーケーブル．

5000 m）で地下で反射した地震波を記録する装置，海底地震計とは海底に設置し地下で屈折・反射した地震波を記録する装置，である．

　一般に地下構造イメージングのための海域構造探査は，エアガンから発振され地下の地層境界から反射してくる地震波を用いる反射法地震探査と，同じくエアガンから発振され地下で屈折あるいは広角反射してきた地震波を用いる屈折法・広角反射法の2つが用いられる（図 1-2-1）．実際の調査・解析では，両者の特性を生かすように研究ターゲットによって手法を使い分けたり，2つの手法を組み合わせて行っている．以下では南海トラフ域の大局的地下構造を示すため，屈折法・広角反射法の結果と，それらから決定された沈み込む海洋地殻の深度分布について述べる．

　Nakanishi *et al.*（2002）では 90 年代以降に南海トラフ域で行われた屈折法・広角反射法の結果をまとめることによって，大局的なプレート沈み込み

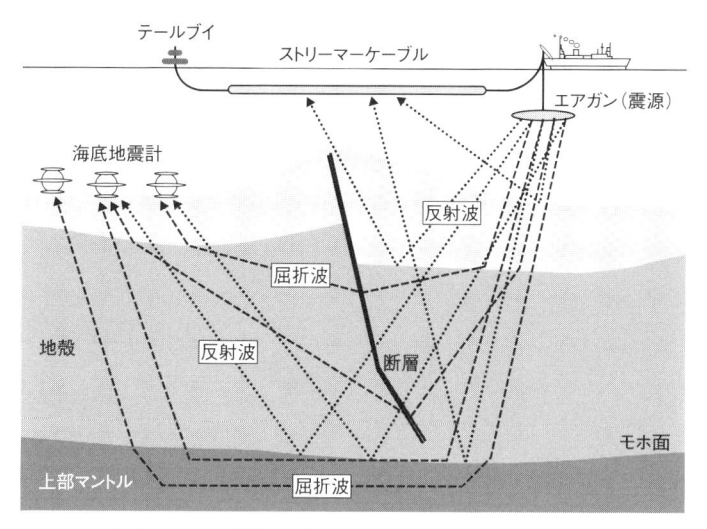

図 1-2-1 屈折法・広角反射法の概念図
「かいれい」搭載のエアガンで生成された地震波は地下で反射（点線），屈折（破線）し，「かいれい」で曳航するハイドロフォンストリーマーおよび海底に設定された海底地震計で記録される．この伝わり方から地下の構造イメージを得る．

形状や陸側地殻構造を明らかにした（図1-2-2）．この際，特に上盤側（沈み込む海洋地殻の上に存在する陸側地殻）に存在するP波速度5 km/s以上の地殻の分布と形状に関して議論した．図1-2-2に示すように，この地殻は楔状に存在している（図1-2-2の灰色部分）．南海トラフ域全体でコンパイルした結果を見ると，この5 km/s以上の地殻は紀伊半島付近でトラフ軸付近まで及んでいるのに対し，東海および四国沖では陸側に湾曲した形状をしていることがわかった．興味深いことはこの5 km/s以上の地殻の分布と津波インヴァージョンによって求められた1944年東南海地震，1946年南海地震でのプレート境界すべり域分布がよい一致を示す点である．すなわち，津波データを用いた東南海・南海地震のすべり量分布を示したTanioka and Satake（2001a, b）によると，すべり域は紀伊半島沖でトラフ軸付近まですべっているが，四国および東海沖ではトラフ軸付近ではほとんどすべりがないとしており，これと5 km/s地殻の形状は大局的にはあっている．このことはすべり域の大局的パターンは，沈み込む海洋地殻とその上盤側に存在す

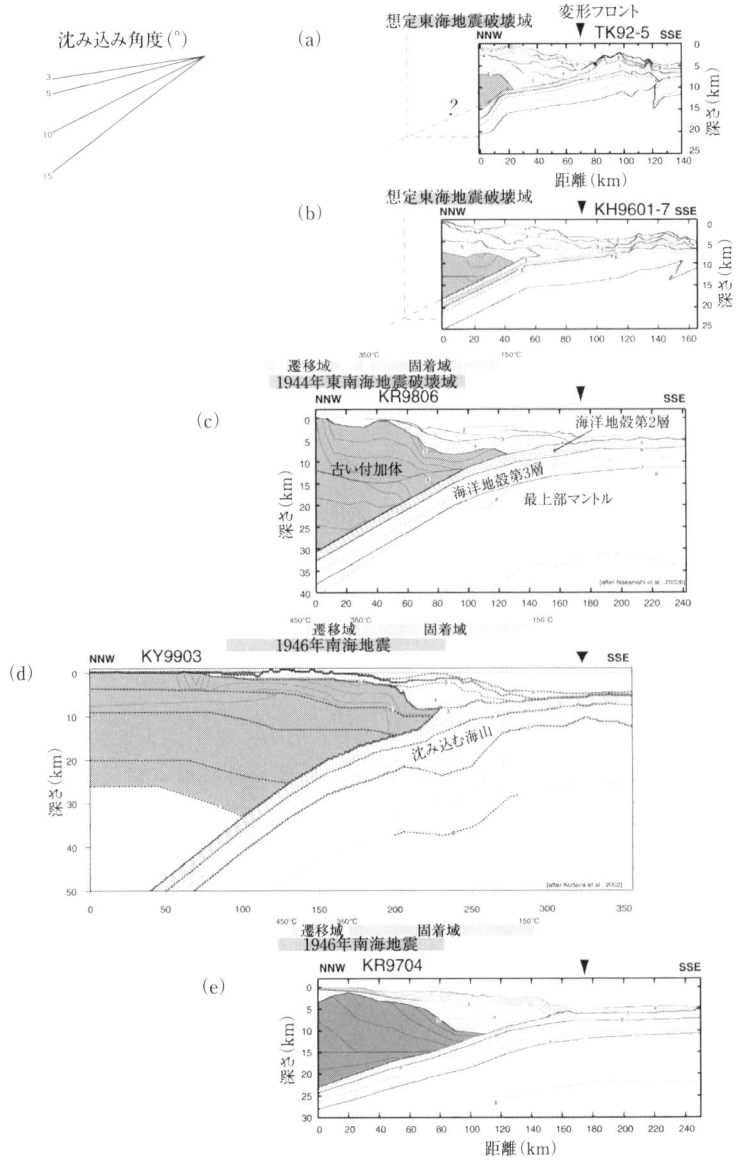

図 1-2-2　東海から室戸沖にかけての大局的地震波速度構造（Nakanishi et al., 2002 によりまとめられた図）
　（a）東海沖東部，（b）東海沖西部，（c）紀伊半島沖，（d）室戸岬沖東部，（e）室戸岬西部．灰色は P 波速度 5 km/s 以上の地殻で，新第三紀以前に形成された付加体と解釈される領域．

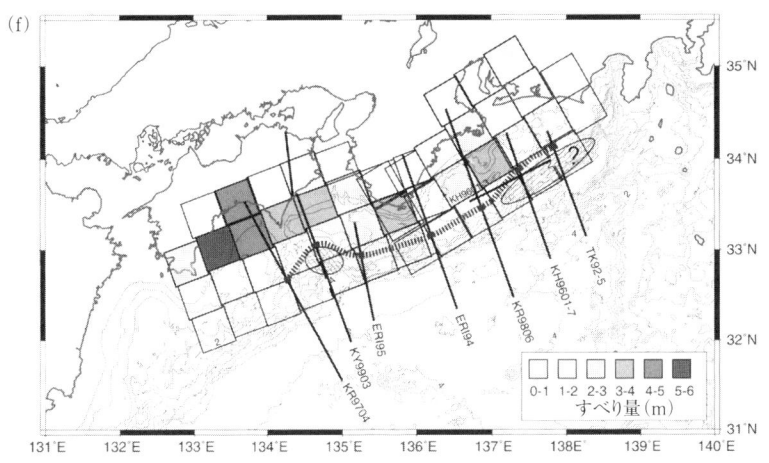

図1-2-2 (f) a-eの測線位置，および Tanioka and Satake（2001a, b）によるすべり域を示す．点線は上盤側のP波速度5 km/s以上の地殻の分布を示す（Nakanishi et al., 2002を修正）．

るP波速度5 km/s以上の地殻の分布に規定されていることを示している．

Baba et al.（2002）では，地下構造探査の結果をもとに南海トラフ域のプレート境界（沈み込む海洋地殻上面）形状を求めている（図1-2-3）．従来から日本列島下のフィリピン海プレート形状は震源分布などをもとに求められていたが，海域に関しては観測点がないこと，地震活動が低いことなどから，観測結果に基づくプレート形状モデルは提案されていなかった．構造探査の結果から求められたプレート形状は，地震活動などから推定された従来のモデルと違うことも指摘されている．たとえば，四国東部の海岸線付近では構造探査によって求められたプレート境界の深度は，震源分布をもとにしたものより，数km浅くなっている．これは，震源分布をもとに求める場合は地震発生面＝プレート境界と考えるが，地震が必ずしもプレート境界で発生していないため違いが生じる．このようにして海域では正確なプレート境界深度が求められるようになり，これにより前節で述べた津波インヴァージョンによる結果の信頼度も向上した．

(2) 地震によるすべり量分布を規定する構造要因

前節で示したように，1944年東南海地震，1946年南海地震の破壊域分布

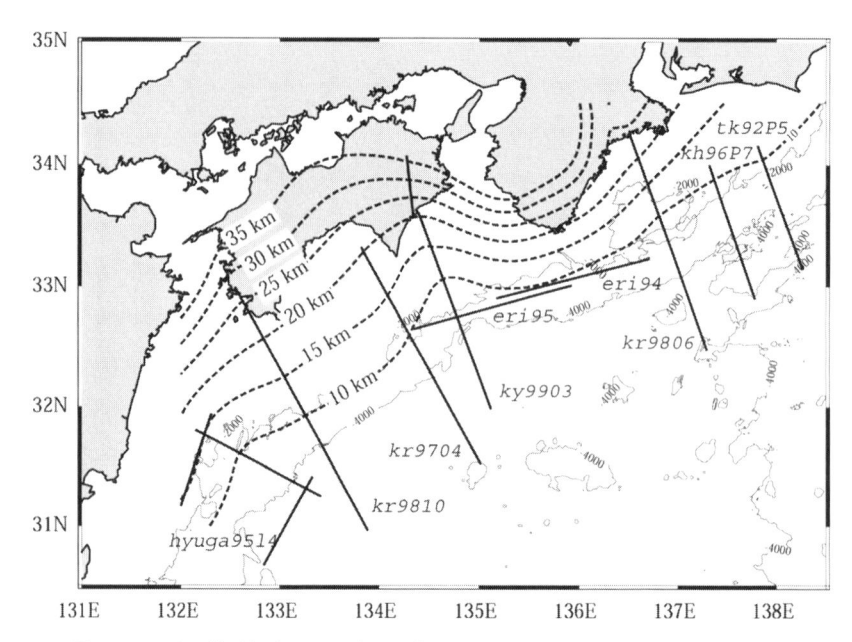

図 1-2-3　地下構造探査による大局的構造に基づく地震発生帯付近のプレート境
　界の深度（Baba et al., 2002）
　　　実線はプレート境界の深度を求める際に用いた地下構造探査の測線を示す．

は南海トラフに沿って必ずしも一様に分布していない．紀伊半島沖ではトラ
フ軸付近まですべり域が拡大しているのに対し，東海にはすべり域が及ばず，
四国沖では深部のみに破壊が伝播している．また，1944年東南海地震，
1946年南海地震の破壊域は紀伊半島沖で明瞭なすみわけをしている．この
ようなすべり量分布が単なる偶然によるものか，何らかの原因による必然か
を検証するため，JAMSTECでは1999年以降，反射法地震探査と高密度展
開した海底地震計アレーを用いた屈折法・広角反射法地震探査を組み合わせ
た探査を，紀伊半島沖，東海沖，四国沖で実施してきた．その結果，上記破
壊域分布が地下構造に大きく影響を受けていることが明らかになってきた．
以下，南海トラフ地震発生帯の構造と地震発生機構の関係を小平（2009）を
もとにまとめる．

　図1-2-4に1999年の深部構造探査によって得られた室戸沖での地下構造
イメージを示す．本来，通常の海洋地殻の沈み込みでは地震波伝播速度が

5-7 km/s の平板な海洋地殻が陸側に傾斜している構造が得られるが，室戸岬沖ではそれとは明らかに異なる構造が見られる．図 1-2-4 では室戸岬から約 70 km 沖合で地震波伝播速度 5-7 km/s の領域が厚さ 15 km 程度まで広がっているのがわかる．南海トラフから沈み込む四国海盆の海洋地殻の厚さは 5-7 km といわれているので，それに比べ 2 倍から 3 倍の厚さを示している．一方で，沈み込む前の四国海盆には，室戸岬に向かって北北西—南南東に走向を持った海山列（図 1-2-5 に示す紀南海山列）が存在している．この海山列はフィリピン海プレートの運動に伴って移動していると考えられる．このことから，室戸沖でイメージングされた地殻の厚化域はすでに沈み込んだ紀南海山列上の 1 つの海山を見ていると考えられる．さらに，図 1-2-5 の海底地形を見ると，沈み込んだ海山のトラフ側には海底地形の湾入が見られ，これは海山の沈み込みに伴う付加帯上部の変形によるものと考えられる．このような地形は海山の沈み込みに関するアナログ実験の結果と非常に類似している（図 1-2-5）．

Kodaira et al.（2002）では沈み込んだ海山の位置を，Tanioka and Satake（2001a）によるすべり量分布や Cummins ほか（2001）による破壊伝搬過程と比較することによって，1946 年南海地震では沈み込んだ海山を避けるように破壊が陸側に回り込んだことを明らかにした．また，その結果から，沈

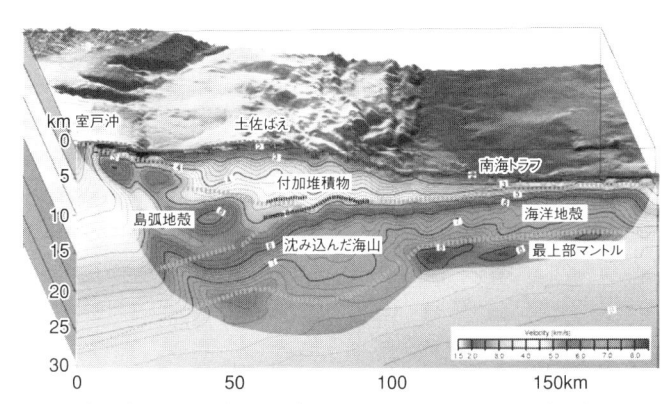

図 1-2-4 室戸沖での地下構造探査によって得られた地震波速度構造（Kodaira et al., 2000 を修正）
　　測線位置は図 1-2-5 に示す．

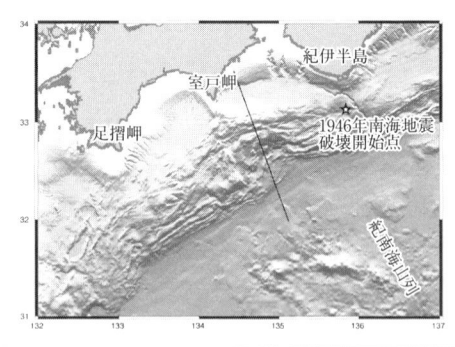

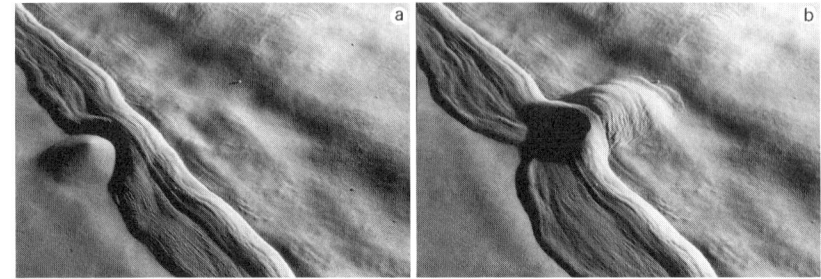

図1-2-5　上図：南海トラフ西部の海底地形図，および図1-2-4の地下構造探査測線（実線）(Kodaira et al., 2000 を修正)．下図：砂箱を用いた海山沈み込みに関するアナログ実験の結果 (Dominguez et al., 1998 を修正)．(a) 沈み込み開始直後，(b) 沈み込み後．

み込んだ海山の領域ではプレート間固着が局所的に強まり，地震時の破壊伝搬を妨げた可能性を指摘している．

この海山の西方の足摺岬沖では，地震時のすべりはトラフ軸付近では認められていない．このすべり量分布を説明する構造要因も，反射法地震探査の結果から示唆されている．Park et al. (2002b) では，足摺岬付近のプレート境界およびその直上の反射面分布を詳細にマッピングした．その結果，地震時のすべりがトラフ軸まで及んでいない領域では，プレート境界の上にプレート境界と平行に強い反射面（深部強反射面，DSR；Deep Strong Reflector）が存在していることを示した（図1-2-6）．また，この反射面では反射波の極性が海底面からの反射波と逆になっている．一般に，地震波が地震波速度不連続面（反射面）にほぼ垂直に入射し反射した場合，地震波速度不連続面の下側が低速度となっている場合は，反射された地震波の極性は入射波

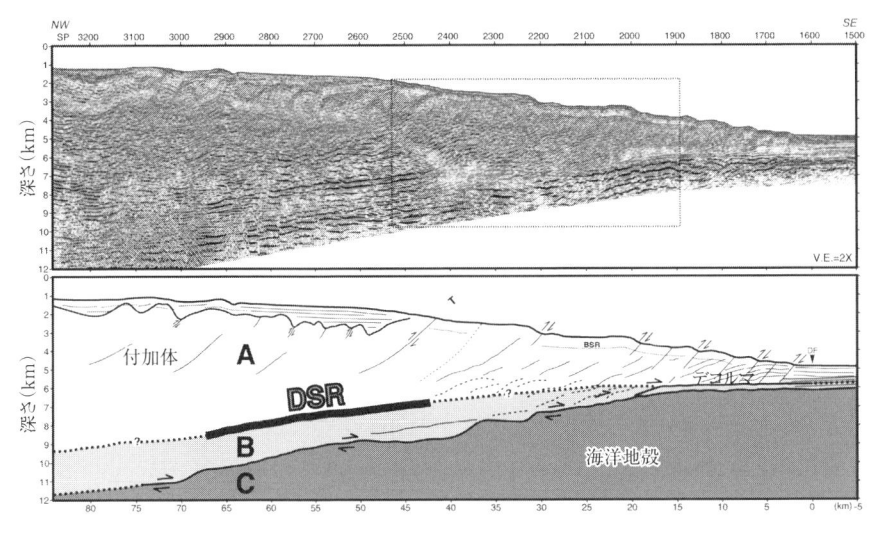

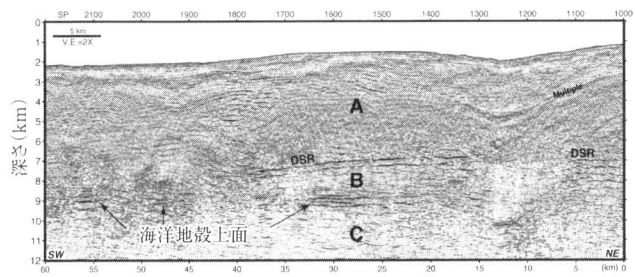

図 1-2-6 足摺岬沖で得られた反射法地震探査記録（上図）とその解釈（中図）
（Park et al., 2002b を修正）
　沈み込む海洋地殻上面と平行な強い反射面（DSR）が確認できる．この DSR は図 1-1-3 において地震時のすべりがない部分に集中して確認できる．枠内の拡大図は Park et al.（2002b）を参照．下図：上図で直交する測線で得られた反射法地震探査記録（Park et al., 2002b を修正）．

と逆になる．したがって，DSR が認められる領域では，DSR 下で地震波速度の低下が起こっていると解釈できる．このことは DSR が流体に富んだ境界面であることを示唆しており，Park et al.（2002b）では DSR によりプレート境界付近の応力が定常的に解放されており，地震時にすべりが生じなかったと提案した．
　津波，地震データに基づく 1944 年東南海地震のすべり域分布を見ると，山中（2006）を除いて共通していえることは，破壊が東海沖までは及んでい

1-2　南海トラフ地震発生の場 —— 45

ないことである．一方で，この領域では日仏 KAIKO 計画の時代より，伊豆弧の背弧雁行海山列に相当する海嶺がすでに沈み込んでいる可能性が示唆されていた．しかしながら，それらは主に地形，地磁気データに基づいた推定であり，想定される海嶺の実際の地下構造イメージは得られていなかった．そこで，JAMSTEC では室戸沖の調査と同様なシステムを用いた地下構造イメージングを行った．また，この調査では海陸境界部の詳細な地下構造イメージを得るため，海域，陸域を統合した観測として行われた．その際，海域ではエアガンを震源とし，陸域ではダイナマイトを震源として用いた．この両者からの信号は海底，陸上双方の地震計で記録された．さらに海域，陸域とも反射法地震探査も合わせて実施した．その結果を図 1-2-7 に示す．

東海地方に沈み込んでいる海洋地殻は，地震波の伝播速度が 5 km/s 以上の領域として陸側の付加体の下に確認できる．また，海洋地殻と陸側島弧地殻は物性が大きく異なるため，その境界部は地震波を強く反射する面として確認できる．地殻とマントルの境界でも同様に強い反射面が確認された．それら反射点も合わせて図 1-2-7 上図にプロットした．図 1-2-7 下図は観測波形から直接的にこれら反射面をイメージングしたものである．

この図から東海沖では非常に特異な構造を持った地殻が沈み込んでいるのがわかる．沈み込む海洋地殻に着目してみると，深さ 45 km までのいくつかの領域で海洋地殻が通常の海洋地殻より厚くなっている部分が確認できる（図 1-2-7）．海域測線部では図 1-2-7 の横軸 300 km（ここでは Paleo Zenisu north ridge と呼ぶ）と 350 km（ここでは Paleo Zenisu south ridge と呼ぶ）の部分で地殻の厚さが各々 20 km，12 km となっており，典型的な海洋地殻より 2-3 倍の厚さを示している．一方，沈み込む前の海洋プレート側を見てみると，伊豆島弧の西側に北東－南西の走向を持ったいくつもの海嶺が等間隔で存在していることがわかる．このことから，地下構造探査の測線で見つかった海洋地殻の厚い部分は，すでに沈み込んでしまった海嶺に対応しており，それら海嶺が東海地方の下に繰り返し沈み込んでいることを示していると解釈できる．また，最も規模の大きい Paleo Zenisu north ridge は陸側上部地殻の下まで沈み込んでいることも確認できる．

この結果と GPS 観測によって得られた強い固着を示す領域を比べてみる

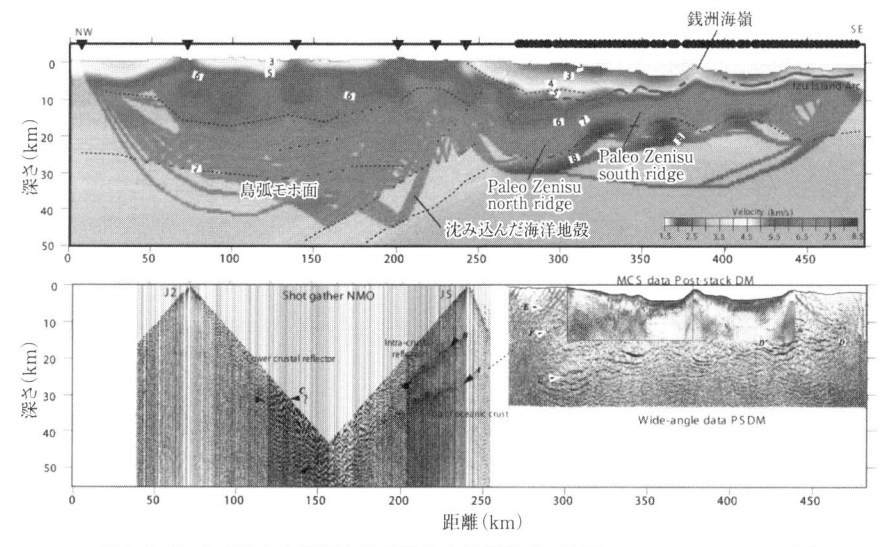

図 1-2-7 中部日本を横断する海陸統合地震探査の結果（Kodaira *et al.*, 2004 を修正）
　上図：地震波速度構造イメージ．淡色で示した領域は地震波が通過しておらず分解できていない領域を示す．黒い小さい丸は広角反射波走時から求めた反射面分布を示す．逆三角および丸は陸域発破点，海底地震計の位置を示す．銭洲海嶺から東海地方にかけて沈み込む地殻が繰り返し厚化していることがわかる．下図：地震波反射イメージ．海域四角内はマルチチャンネルハイドロフォンストリーマーを用いた通常の反射法探査の結果．他の部分は海底地震計の記録を処理したもの．陸域イメージは発破記録を処理したもの．東海地方の下に沈み込む海洋地殻からの強い反射が確認できる．海域測線の位置は図1-2-8に示す．陸域測線はその陸域延長であり，能登半島西方まで伸びる．

と，興味深い事実がわかる．図 1-2-8 で示すように，Paleo Zenisu north ridge が日本側の上部地殻に沈み込んでいる部分は，まさに強い固着を示す領域と一致している．一般に海山・海嶺の沈み込みによりプレート間の固着が強くなると，地震による破壊の伝播が妨げられやすいと考えられている（たとえば，Scholz and Small, 1997）．この考えに従うと，東海沖では沈み込んだ海嶺がプレート境界に強い固着をもたらし，それによって 1944 年東南海地震では破壊が東海沖まで及ばなかったと解釈できる．これらのことから，高精度構造探査によって発見された東海沖に沈み込んだ海嶺はプレート間に強い固着をもたらし，これによって東海沖での地震発生間隔が長くなり

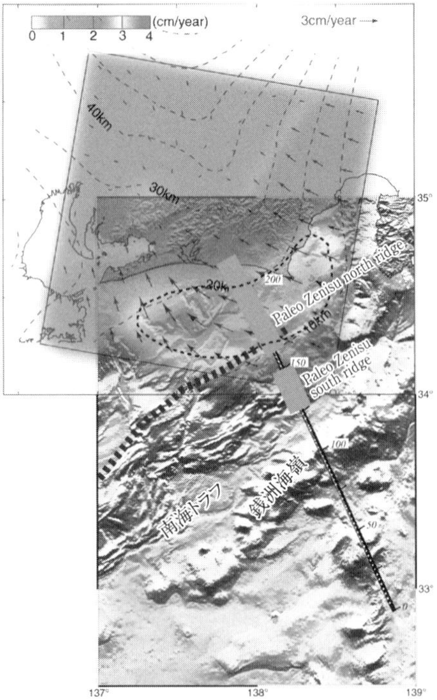

図 1-2-8　Sagiya（1999）により求められたすべり欠損分布（図上部四角内）に図 1-2-7 の海域測線を重ねたもの．測線上の灰四角は図 1-2-7 で海嶺の沈み込みによる地殻の厚化が確認された領域．太い点線は Nakanishi et al.（2002）によって求められた陸側上部地殻の海側の縁．すべり欠損分布の細い点線内ほどプレート間固着が強い．このプレート間固着が強い領域と東海地方で陸側上部地殻の下まで沈み込んだ海嶺の位置がよい一致を示す．

1944 年東南海地震の際は破壊が及ばなかったと考えられる．これは，室戸沖に沈み込んだ海山の 1946 年南海地震破壊伝播に及ぼした影響と同様な解釈である．一方で，図 1-2-7 からわかるように，Paleo Zenisu south ridge は現在，日本側の上部地殻の下にまでは沈み込んでいない．遠い将来，Paleo Zenisu south ridge が日本側の上部地殻の下まで沈み込んだときには，Paleo Zenisu north ridge に代わって，Paleo Zenisu south ridge が固着域となるかもしれない．

　しかしながら，強い固着域であっても蓄えられた歪はいつか解消しなければならない．この点は南海トラフ沿いの歴史地震を調べた研究によって裏づけられる．それによると 1854 年の安政地震の際は，東海沖の海嶺が沈み込んでいる領域でエネルギーの放出が大きかったことを示している（Kanda et al., 2002）．また，後述の地下構造要因を加味した地震発生サイクルシミュレーション（Hori, 2006）でも同様な現象が指摘されている．

また，熊野灘付近で広範囲に実施された反射法地震探査によると，この海嶺の西方延長と考えられる海洋地殻上面の高まりは熊野灘西部まで追うことができる（図1-2-9）．この領域では沈み込んだ海嶺付近のプレート境界から派生した分岐断層が確認され，その一部は海底付近まで達していると考えられる（図1-2-10）．この分岐断層が存在する部分は，津波データから推定された大きなすべりが生じた領域と一致している．Baba et al.（2006）では，分岐断層も考慮したプレート境界モデルを用いて津波データのインヴァージョン解析を行っている．その結果，1944年東南海地震の際は地震時の破壊がこの分岐断層に沿って進行した可能性も指摘している．この分岐断層の詳

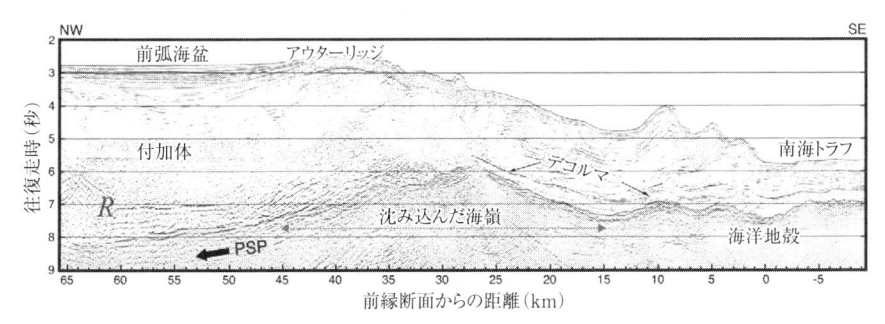

図1-2-9　熊野灘東方での反射法地震探査記録とその解釈（Park et al., 2003を修正）
　　　東海沖から続く沈み込んだ海嶺が確認できる．

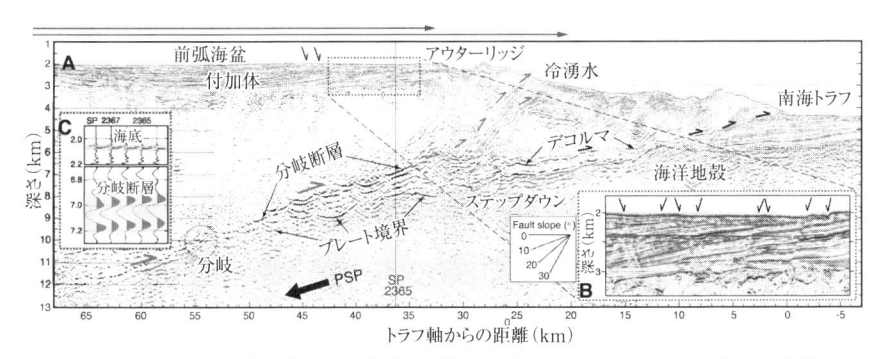

図1-2-10　A．熊野灘での反射法地震探査記録（Park et al., 2002aを修正）．海洋地殻上面から分岐する明瞭な断層が確認できる．B．熊野トラフ内の拡大図．C．分岐断層からの反射波波形．海底反射と位相が逆転しており，分岐断層内が低速度となっていることを示す．

細な特徴については第3章で詳しく述べる．

先の節で述べたように南海トラフで発生する巨大地震の特徴として，そのセグメント化を挙げることができる．すなわち，歴史資料によると，多くの地震は東海・東南海側と南海側のセグメントで分かれて発生し，その発生間隔は1日程度から数年である．また，ときとしてセグメント化を起こさず全体がいっきに破壊している．このようなセグメント化と連動は紀伊半島沖が鍵となると考えられ，JAMSTECでは紀伊半島沖での構造探査を実施した．調査では津波データの解析等から東海・東南海側セグメントと南海側セグメントの境界と考えられている領域を横断するよう，トラフ軸と平行な測線を取った．この結果，図1-2-11にまとめた構造的特徴が見えてきた．図1-2-12に見られるように，最もトラフ寄りの測線で得られた反射法地震探査の

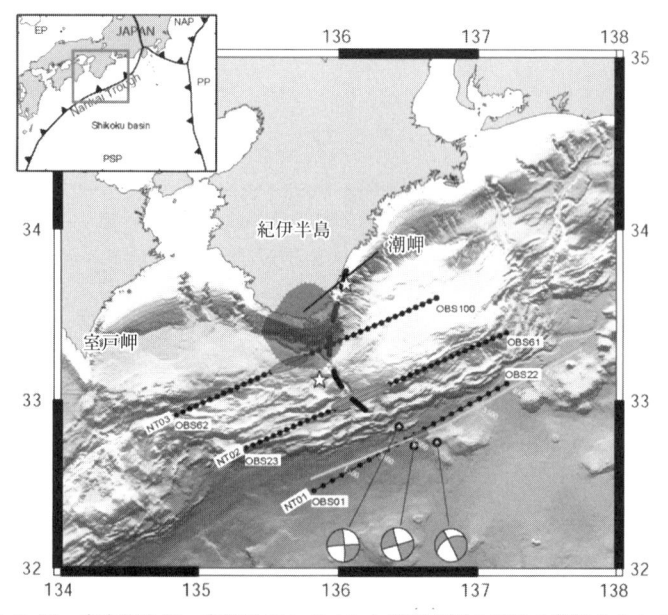

図1-2-11　東南海地震，南海地震セグメント境界付近の構造の特徴をまとめた図（Kodaira *et al.*, 2006を修正）
　黒丸が打たれた黒線は屈折法・広角反射法による地下構造探査測線．灰色線は反射法地震探査測線．楕円は海洋地殻全体を切る断層が見られる領域．潮岬周辺の灰色の領域は地震波速度の速いドーム状の構造が見られる領域．太い破線はBaba and Cummins（2005）によって得られた，1944年東南海地震，1946年南海地震のすべり域境界（セグメント境界）を示す．

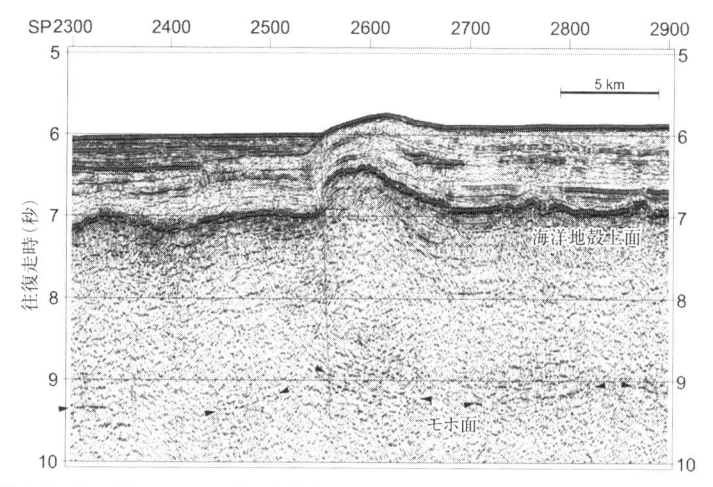

図 1-2-12 図 1-2-11 で示した最もトラフ寄りの反射法地震探査測線中央部の記録（Kodaira *et al.*, 2006 を修正）
海洋地殻を切る断層によって，図の左右で海洋地殻に往復走時で約 0.5 秒（深度で数百 m）の段差が生じているのが確認できる．

記録からは，沈み込んだ直後の海洋地殻を切るような断層が見えた．この図によると，セグメント境界付近に相当する図中央部で堆積層直下の海洋地殻上面が往復走時にして約 0.5 秒（距離にして数百 m）の段差を示している．また，不明瞭ではあるが往復走時 9 秒付近に見られる海洋地殻の底面（モホ面）も同様な構造を示している．このことから，東海・東南海側セグメントと南海側セグメントの境界浅部には，海洋地殻全体を切るような断層が存在していると考えられる．

南海トラフ域での定常的な地震活動は，日本海溝などに比べてきわめて低い．しかしながら海底地震計を用いた機動観測により特徴的な活動も見えてきている．その1つがセグメント境界付近の活動である．反射法地震探査で海洋地殻全体を切るような断層が見つけられた領域では，微小地震が集中して起こっており，それらの地震のメカニズムを重ね合わせたところ，図 1-2-11 に示した通り，南北から南南東—北北西を1つの断層面とする横ずれタイプのメカニズムを示した．これは，この付近に集中する微小地震は，反射法探査で得られた断層面に沿って起きている可能性を示している．

最も陸寄りの測線では，上盤側に特徴的な構造が見られる．図 1-2-13 は

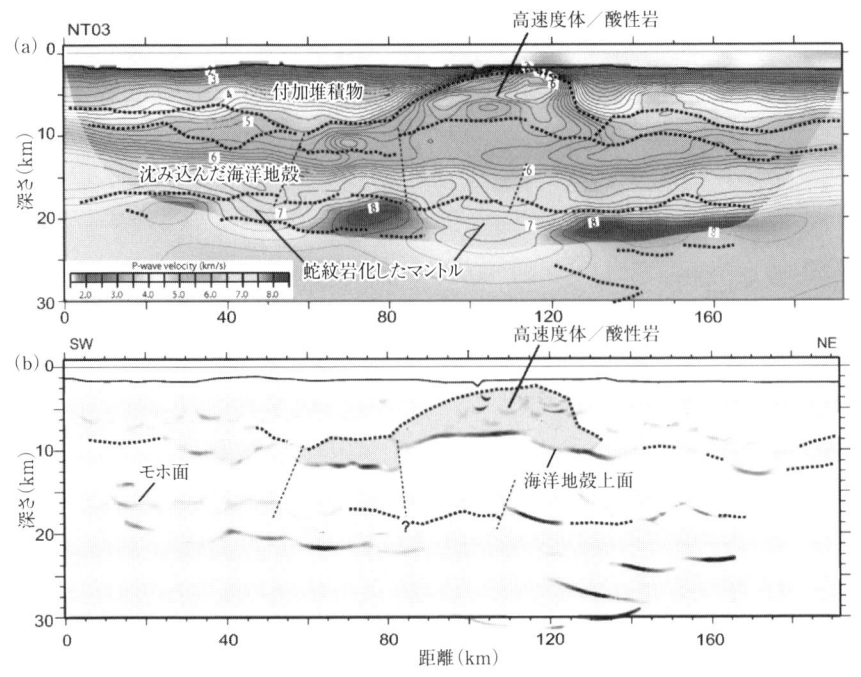

図 1-2-13 図 1-2-11 で示した最も陸寄りの測線の結果（Kodaira et al., 2006 を修正）
(a) 地震波速度構造．(b) 反射面分布および解釈．測線中央部で地震波速度 6.5-7.0 km/s 以上の高速度帯がドーム状の構造をなして堆積層内に存在していることがわかる．

地震波速度構造および反射面分布を示す．これによると，セグメント境界陸側に相当する測線中央部に，地震波速度が 6.5-7.0 km/s を示す非常に高速度のドーム上の構造物が堆積層内に存在している．また，この構造物に相当する重力異常も示されており，セグメント境界陸側では重いドーム状の構造物が，沈み込む海洋地殻の上に石臼のようにのっていると考えられる．

以上のように，潮岬沖での地下構造探査の結果から，セグメント境界浅部には破砕された海洋地殻が，深部には海洋地殻の上に重いドーム状の構造物があることが示された．これをプレート間カップリングの観点から定性的に解釈すると，セグメント境界浅部にはカップリングの弱い領域が，深部には局所的にカップリングの強い領域が存在していることになる．これら構造のもたらすカップリング不均質が，南海トラフ沿いに発生する巨大地震すべり

域のセグメント化やその連動を規定する構造要因の有力な候補である可能性が指摘された (Kodaira et al., 2006).

Hori (2006) では，上に述べた，海山，海嶺および紀伊半島沖で確認された高速度（高密度）ドーム構造，破砕された海洋地殻の影響をプレート間摩擦特性の不均質性として評価し，南海トラフ地震発生サイクルに関する数値シミュレーションを行った．構造の影響を考慮したモデルによって，地震発生サイクルとその揺らぎ，セグメント化，連動など南海トラフでの地震発生パターンを非常によく説明できた．

(3) 電磁気学的構造とプレート間流体分布

前項で述べた地震学的構造は，主としてプレート形状や地殻・マントルの弾性体としての性質を反映する地震波の伝播速度を求めていた．一方で，巨大地震発生を規定するプレート間カップリングや岩石の破壊強度を考える上で，地殻内の流体の分布を知ることはきわめて重要である．一般にプレート間の間隙水圧が高まるほどカップリングが弱くなると考えられ，また岩石が高圧流体を含むほどその破壊強度は低下すると考えられている (Kodaira et al., 2004). 地殻の岩石の比抵抗（電気伝導度の逆数）は流体の含有量に大きく左右されるため，地球物理学的手段によって地下の流体分布やその挙動を知るには，地震学とともに電磁気学的観測が最も有効な手段とされている．そのため，1980年代後半からプレート沈み込み帯での比抵抗構造を求める研究が進められており，西南日本では四国地域で得られたデータから四国下に沈み込むフィリピン海プレートの大局的な構造が得られている (Yamaguchi et al., 1999). これによると，沈み込むプレートに対応する厚さ約100 kmの高比抵抗層とその上面に存在する薄い低比抵抗層の存在が示された．この低比抵抗層の位置は地震学的探査から強振幅の反射波が観測される領域に対応し，Kodaira et al. (2002) では反射面直下で地震波速度が著しく低いことを示した．これらから四国下のプレート最上面には流体に富んだ海洋地殻の存在が示唆された（図1-2-14）．

しかしながら，Yamaguchi et al. (1999) などの結果は観測点が陸域に限定されており，また長周期のデータを用いていたため，南海トラフ地震発生

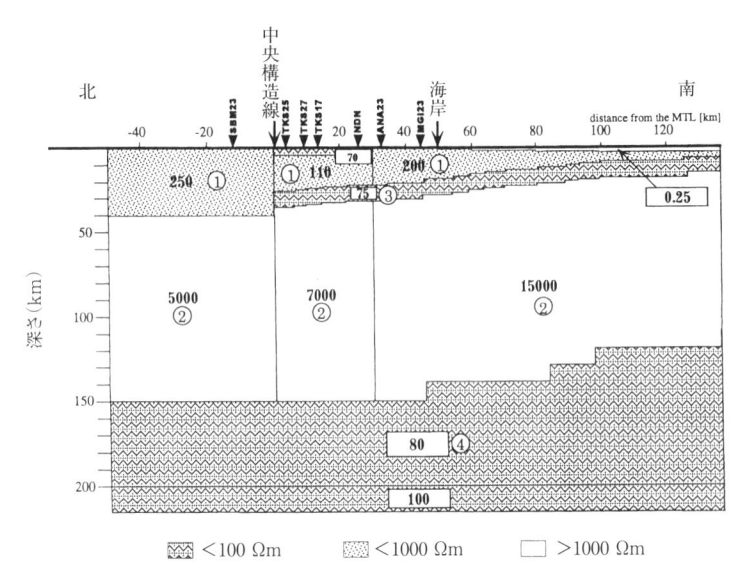

図 1-2-14 四国西部下の比抵抗構造（Yamaguchi *et al.*, 1999 を修正）
横軸距離は中央構造線からの距離を示す．プレート上面に低比抵抗帯が存在している．この領域と地震探査によって得られたプレート上面の強反射面の分布が一致する．これはプレート上面に高間隙水圧帯が存在することを示唆する．

域に相当する沈み込み帯浅部の電磁気学的構造を明らかにすることはできなかった．そのため，最近になって短周期の海底電位差磁力計（OBEM；Ocean Bottom Electro Magnetometer）（写真 1-2-2）を用いた海底電磁場観測が，東南海地震破壊域である熊野灘で実施された（たとえば，後藤ほか，2003；木村ほか，2005；Kasaya *et al.*, 2005）．この観測では磁力計と電位差計を備えた自己浮上式の OBEM 9 台を反射法地震探査測線（図 1-2-10）と同一の測線上に設置した．

この結果，熊野灘周辺の深さ 20 km までの詳細な電磁気学的構造が明らかになった．その結果を図 1-2-15 に示す．木村ほか（2005）によると，大局的には海底から地下深部に向かって徐々に高比抵抗値を示す構造となっているが，反射法地震探査によって得られたプレート境界と解釈される反射面に沿って 5-20 Ωm 程度の低比抵抗帯が存在している．さらにその上層の付加体内ではより低い数〜 10 Ωm 程度であった．このプレート境界付近の低比抵抗値は，乾燥状態の岩石よりはるかに低い値であり，沈み込むプレート

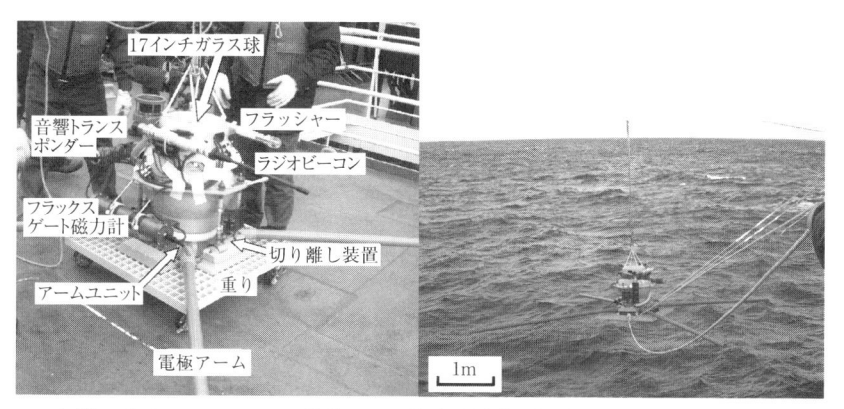

写真 1-2-2　JAMSTEC で開発された海底電位差磁力計（OBEM）（笠谷ほか，2006 を修正）

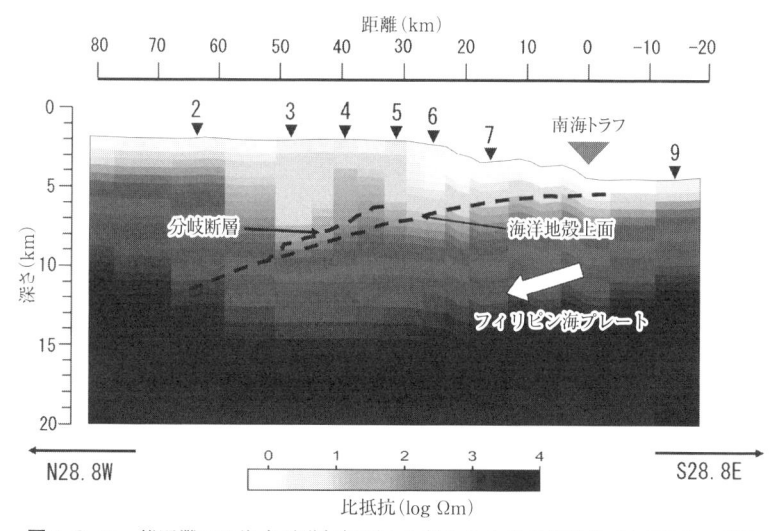

図 1-2-15　熊野灘での海底電磁気観測から得られた比抵抗構造（木村ほか，2005 を修正）
　破線は図 1-2-10 で示した反射法地震探査の結果から解釈された海洋地殻上面，および分岐断層の位置を示す．

上面付近やその上側の付加体は高い含水率を有していると考えられる．地下深部で高い含水率を持つためには，ある程度高い流体圧が必要であり，その原因としては海洋プレートからの脱水が考えられる．また，図中央部深さ 5-10 km には反射法地震探査の結果から，プレート境界から派生した分岐断

層がイメージングされている．比抵抗構造ではこの分岐断層付近では1-3 Ωm，分岐断層が海底面に達したであろうと考えられる領域では0.5-2 Ωmときわめて低い比抵抗を示している（ちなみに，木村ほか（2005）では海水の比抵抗を 0.25 Ωm とした）．この低比抵抗は高含水率体と解釈され，このことから分岐断層はプレート境界付近から海底への流体供給路と考えられる（木村ほか，2005）．

1-3 南海トラフ地震発生帯の固着域とその周辺の動的現象
—ゆっくり地震と低周波微動

近年の地震・地殻変動観測網の充実により，いままでの観測では捉えることのできなかった新たな振動・変動現象が見出され，それに関する重要な2つの論文が2002年に発表された．1つは東海地方で観測されたプレート境界のゆっくりとしたすべりを伴う地震（ゆっくり地震；slow earthquake）であり（Ozawa et al., 2002），もう1つは地震発生体深部付近で観測された低周波微動である（Obara, 2002）．

東海地方で確認されたゆっくり地震は，日本国内に展開している国土地理院のGPS観測網（GEONET）によって捉えられた（図1-3-1）．これによると，2001年から18カ月にわたって，東海地方の浜名湖周辺で通常のプレート運動に伴う地殻変動と逆向きの変化が記録された．18カ月間のすべり

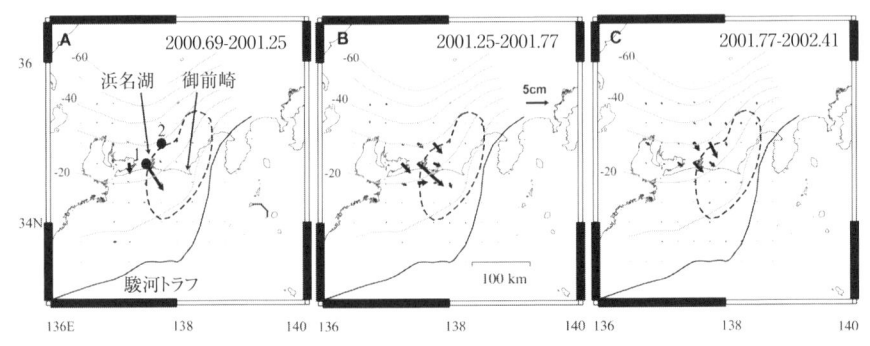

図1-3-1 2001年から18カ月にわたって観測された東海地方のゆっくり地震のすべり量分布と時間変化（Ozawa et al., 2002 を修正）

量の積算からマグニチュードを計算すると 6.8 となった．すなわち，地震動を伴うような現象ではないが，浜名湖周辺のプレート境界がマグニチュード 6.8 程度の地震と同様な変動を 18 カ月かけてゆっくりと起こしたことになる．このようなゆっくり地震は，南海トラフ近傍では日向灘でも確認されている．また，北米カスカディアなどでも同様な現象が報告されている．

　このようなゆっくり地震がなぜ起きるかは多くの議論がなされているが，いくつかの研究から，巨大地震を起こすプレート間固着域（不安定すべり）と定常的なプレート間すべり（安定すべり）との遷移帯域で（この領域は条件付不安定すべり域と呼ばれる），このゆっくり地震が発生することが指摘されている．この研究結果を裏づけるためには，ゆっくり地震が発生した領域の実際の地下構造を調べるのが 1 つの方法である．前節で述べた東海沖から中部日本を横断する海陸統合構造探査の測線は，まさに東海ゆっくり地震の震源域を横断している．この海陸統合構造探査の結果によると，東海地方のゆっくり地震発生域では，沈み込む海洋地殻上面が非常に強い反射面としてイメージングされている．さらに，この領域では，地殻・上部マントルの P 波速度構造（V_p）および V_p/V_s の関数であるポアソン比構造が求められており（ここで，V_s は S 波速度），中部日本下では陸側に傾斜した高ポアソン比帯が存在することが知られていた．この結果と海陸統合地震探査の結果（図 1-2-7）と統合すると，高ポアソン比帯が強反射面からなる海洋地殻上面の直下に存在することがわかった．一般に間隙水圧が高くなるとポアソン比が高くなり，その上面では強い反射面を作ることが知られている．したがって，東海ゆっくり地震震源域ではプレート境界付近に高間隙水圧帯が存在すると考えられる．Kodaira et al. (2004) では，このことから東海ゆっくり地震震源域では高間隙水圧帯によってプレート境界の条件付不安定すべり域が拡大し，顕著なゆっくり地震が発生したと結論づけた（図 1-3-2）（高間隙水圧帯による条件付不安定すべり域の拡大に関する詳細は，Kodaira et al., 2004 を参照されたい）．

　もう 1 つの重要な発見である地震発生帯深部で発生する低周波微動は，防災科学技術研究所が展開する高感度地震観測網（Hi-net）によって捉えられた．観測された波形は通常の地震とは異なり，数分から数日にわたり微弱な

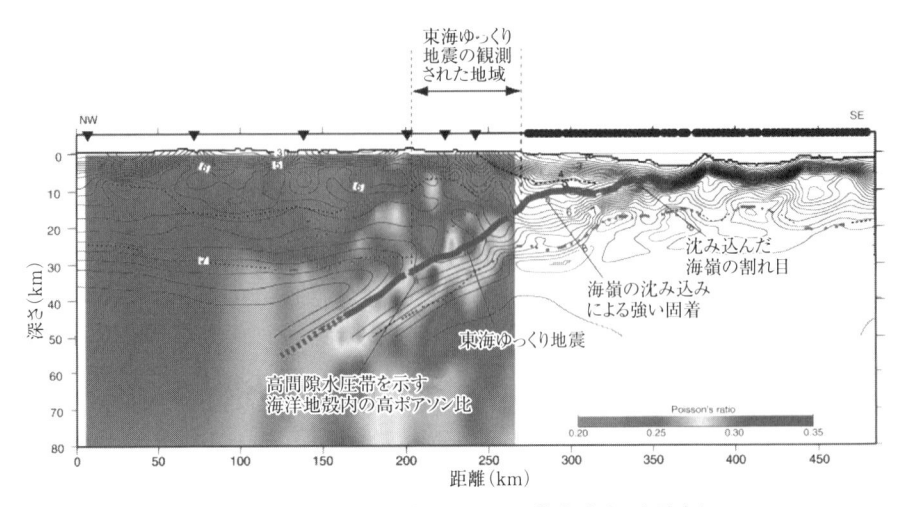

図 1-3-2 東海ゆっくり地震発生域を横断する地下構造断面に地震波トモグラフィーによって得られたポアソン比構造を重ねた図（Kodaira *et al.*, 2004 を修正）等速度線および黒点は図 1-2-7 で示した海陸統合地震探査によって得られた結果．太灰色線はその構造から解釈される沈み込んだ地殻の上面．

振動を継続するもので，その周波数も通常の地震より低く 1-10 Hz が卓越している．それらの振動（低周波微動）は地震のように到達時間を正確に読み取ることができないため，地震波形の包絡線を描くなどの特殊な処理をした波形を観測点ごとに相関をとることによって発生場所を特定した．その結果を図 1-3-3 に示す．注目すべき点は，この微動の発生源はフィリピン海プレートの 30-40 km の等深線に沿うように南海トラフ地震発生帯全域に 600 km にわたり確認できたことである．ただし，ただ 1 つの例外として四国東部では顕著な低周波微動は確認されていない．また，この微動のうち数日以上継続する活発なものは，約半年ほどの周期性をもって発生し，その際時間とともに微動源が移動することも報告されている．たとえば，2001 年 1 月に四国西部で発生した低周波微動は約 2 週間継続し，その間 1 日に 13 km の速さで東から西に移動した（Obara, 2002）．

これらの発見に続いて，南海トラフ地震発生帯周辺では通常の地震とは異なるゆっくりとした振動・変動現象が次々と発見された．短期的スロースリップ，深部低周波地震，付加体内の浅部低周波地震などである．短期的スロ

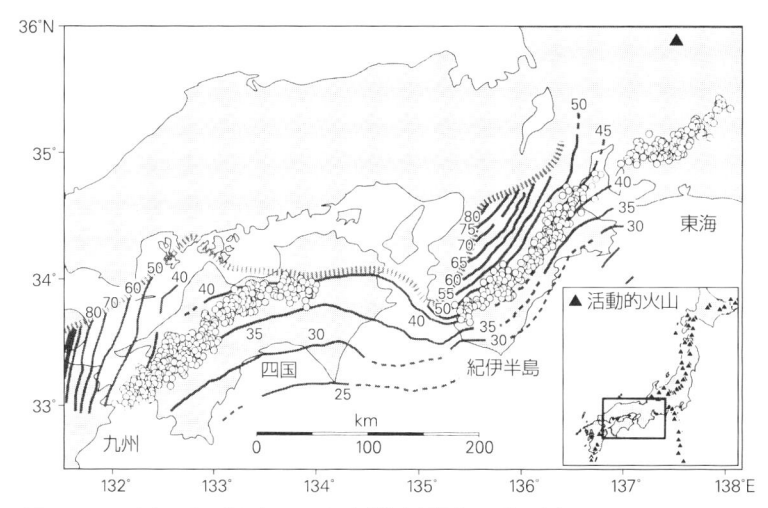

図 1-3-3　西南日本で観測された深部低周波微動の震源分布図（Obara, 2002 を修正）

ースリップは Hi-net 観測網につけられた傾斜計（高感度加速度計）の変動によって捉えられた．それらは四国西部で約半年周期で活発化する低周波微動と同期し，ほぼ同一の場所で発生した（図 1-3-4）．ここで，四国西部で観測されたゆっくり地震を短期的スロースリップと呼ぶのは，その時定数（すべりの継続時間）が東海地方で観測されたゆっくり地震（長期的スロースリップ）に比べ非常に短いためである．四国西部では半年周期で活発化する先に述べた長周期微動のほとんどの場合に，それと同期した短期的スロースリップが確認されている．また，その際の短期的スロースリップの規模は，モーメントマグニチュードにして約 6 程度であった．このような低周波微動と短期的スロースリップの同期は，南海トラフ以外でも北米カスカディアで確認されている．ただし，北米カスカディアの場合は発生周期が 14-16 カ月とやや長くなっている．

　時定数の観点から深部低周波微動（時定数にして約 0.5 秒）と短期的スロースリップ（時定数にして数日）の間の時定数を持つ現象として確認されたのが，深部低周波地震である．これは，周期 20 秒程度の振幅の小さい地震で，通常のノイズに埋もれて確認できないが，特殊なフィルター処理によっ

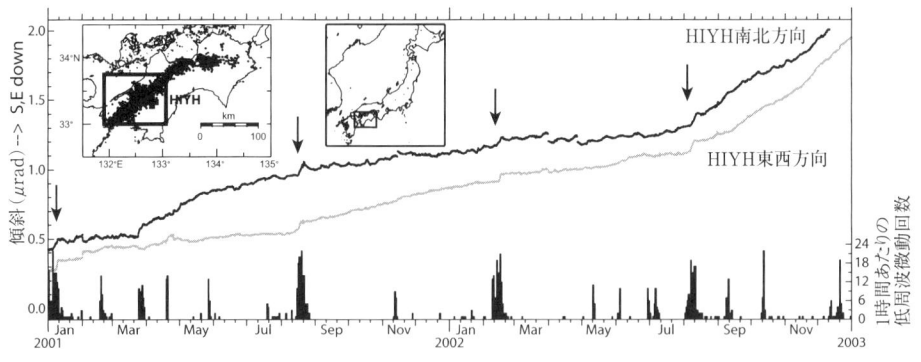

図1-3-4 低周波微動の活動に同期した短期的スロースリップの発生（Obara et al., 2004 を修正）

ヒストグラムは左上図の四角で囲んだ領域での低周波微動の頻度分布を示す．右縦軸が頻度を表す．黒および灰色実線は観測点 HIYH で得られた南北方向，東西方向の傾斜変動を示す．低周波微動の活動が高い時期（矢印）で短期的スロースリップを示すステップ状の傾斜変動が確認できる．

て検知することができた（Ito et al., 2007）．最も重要なことは，この波形は通常の地震の波形として解析できるため，地震の震源メカニズムを決定する方法を用いてこの波形を生成した断層面の傾斜や走向が決定できた点である（図1-3-5）．これによると，深部低周波地震を発生させた断層はプレートの沈み込みによる逆断層タイプであり，断層の傾きや震源の深さはプレート形状とほぼ一致することがわかった．このことから，深部低周波地震はプレートの沈み込み現象に伴い発生したと結論づけられた．また，四国西部での地震波データを用いたポアソン比構造と低周波地震の発生域を比較することにより，深部低周波地震が高ポアソン比帯の上部に存在することから，深部低周波地震の発生はプレート境界深部の高間隙水圧帯に起因すると考えられている（Shelly et al., 2006）．

これらのさまざまなゆっくりとした振動現象は時定数が異なるものの，すべて地震発生帯の下限近傍で発生していることから，Ito et al.（2007）により次のような解釈がなされている（図1-3-6）．地震発生帯深部の不安定すべり域から安定すべり域への遷移帯（条件付不安定すべり域）は，沈み込んだプレートからの脱水反応により間隙水圧が高くなり，結果としてプレート間の固着が弱くなっている．そのため，数カ月程度でプレート沈み込みに伴

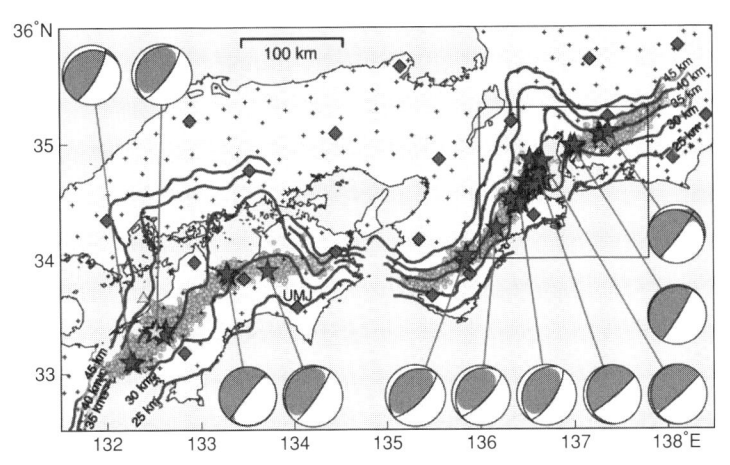

図 1-3-5 低周波微動発生域に発生する深部低周波地震の分布とその震源メカニズム(Ito et al., 2007 を修正)
すべて沈み込むプレートと同様な走向を示す低角逆断層のメカニズムであることがわかる.

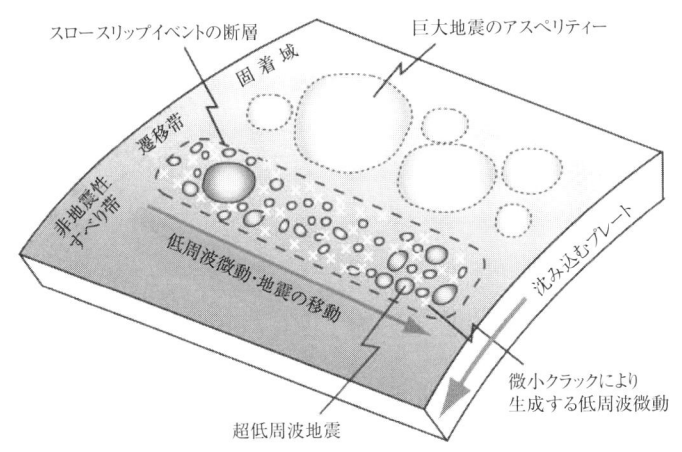

図 1-3-6 低周波微動,深部低周波地震の発生メカニズムに関する解釈図(Ito et al., 2007 を修正)
解釈の説明は本文参照.

う歪の蓄積が限界に達し,プレート境界でゆっくりとすべり,短期的スロースリップが発生する.しかし,その断層面にはさまざまな原因による不均質構造が存在すると考えられ,中には周囲よりやや固着の強い領域がパッチ状

に存在する可能性がある．その固着の強いパッチは短期的スロースリップの際はすべらないため，パッチへの応力集中を起こし，その後深部低周波地震となってパッチの応力を解放する．一方で低周波微動はパッチよりさらに小さなスケールの不均質構造（クラックなど）の連鎖的破壊によって生じたものと考えられる．

　これまで述べたスロースリップ，深部低周波地震はすべて地震帯深部の固着域と非固着域の遷移帯で発生していたが，類似のゆっくりとした地震現象は地震発生帯浅部でも確認されている（浅部低周波地震）(Ito and Obara, 2006). これらは周期10秒程度の表面波が卓越しており，防災科学技術研究所の広帯域地震観測網（F-net）やHi-netのデータから発見された．ただし，これら浅部低周波地震の発生場所は南海トラフ全域ではなく，いくつかの限られた場所に集中的に起こっている．また，時間的にも集中して起きている．特に，紀伊半島沖の活動は，2004年の紀伊半島南東沖の地震発生後に活発化した（図1-3-7）．その震源位置はプレート境界より非常に浅く（深さ5km程度），メカニズムも高角の逆断層を示し，断層面はプレートの傾斜とあわない．そこで，この浅部低周波地震はプレート境界より上の付加体内に存在する高角な断層で発生した破壊現象であると考えられている．前節に示したように，付加体内にはプレート境界から伸びる高角な分岐断層が多数存在しており，観測された浅部低周波地震はこれら分岐断層内でのすべりを見ている可能性があり，付加体形成過程・変形を考える上でも重要な現象といえる（図1-3-7）．

　最新の成果から，これら低周波地震，スロースリップを継続時間と規模のグラフにプロットするとすべて同一直線状に並び（すなわち，すべての低周波地震，スロースリップは同一のスケーリング則にのる），発生の物理的メカニズムはすべて同じであることが示された (Ide et al., 2007). また，これらは通常の地震とは異なる直線状に並び（すなわち，規模に対し継続時間が長い），今までの地震学では捉えられなかった新たな地震現象を見ていることが明らかになった．

　以上，本章では地震，津波，地殻変動観測，地震学的構造探査，電磁気学的構造探査を通して見た南海トラフ地震発生帯の特徴に関してまとめた．こ

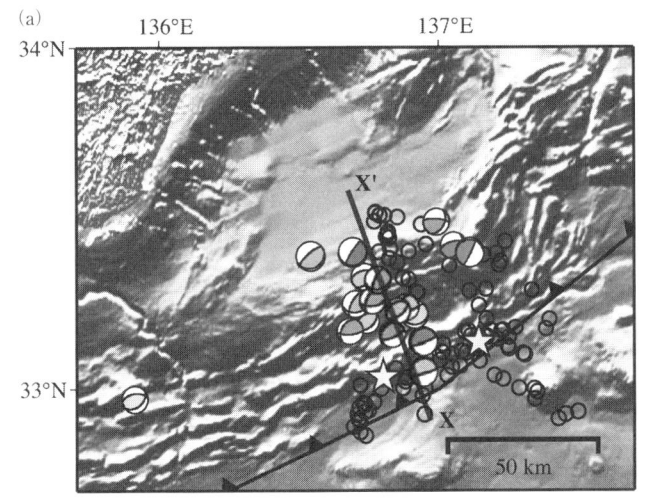

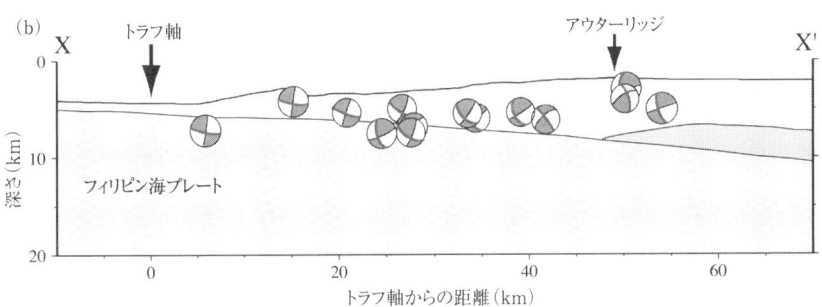

図 1-3-7 (a) 2004 年紀伊半島東方沖地震余震域で発生した浅部低周波地震の分布とそのメカニズム解．黒丸は通常の余震を示す．星は 2004 年紀伊半島東方沖地震本震および最大余震を示す．(b) 上図 x‐x′ に沿った構造断面図に浅部低周波地震の震源メカニズムを投影した．震源メカニズムの傾斜がプレート境界の傾斜より高角であることがわかる．このことから浅部低周波地震は付加体内に存在する高角な分岐断層に沿って発生した可能性が示唆されている (Ito and Obara, 2006 を修正).

こ数年の観測システムの高精度化，観測点の高密度化などに伴って，巨大地震のすべり量分布を規定する沈み込んだ海山・海嶺の高精度イメージや，さまざまなスケールの低周波微動・低周波地震など，多くの新しい発見がなされてきた．これらの観測事実を通して，南海トラフ地震発生帯は地球上の沈み込み帯地震発生帯の中で，その地球物理学的特徴が最も研究されつつある

領域となった.

　しかしながら，こられの研究は観測量という物理量を通しての記述であり，いわばリモートセンシングにより南海トラフ地震発生帯とそこで起きる現象を眺めているにすぎない．南海トラフ地震発生帯の本質的理解に迫るためには，地震発生帯そのものを手にする物質学的研究や，現象の理解と予測を行うためのシミュレーション研究との融合が不可欠である.

2 ■ 南海付加体の海底観察・観測

2-1 地形と地質から見た南海付加体の現行地質過程

　プレート沈み込み帯の陸側斜面の形状は，沈み込むプレートの年代・速度，海溝周辺での堆積速度に大きく依存することを序章で述べた．また，付加体の発達が巨大地震発生の原因である可能性を指摘した．現在見られる付加体の発達は，巨大地震発生に伴う地殻変動と大きな地震動を伴わない変形の，双方の累積によって行われている．両者の区別は，現在のところできていないが，巨大地震発生の理解に不可欠であり，今後の重要な課題の1つである．ここでは，南海付加体の地形と表層地質を紹介し，海底に表れた最近の変形にはどのようなものがあるのか，について見ていきたい．

(1) 海底地形から見た付加体の形成

　御前崎沖から日向沖の南海トラフの陸側斜面には，現在形成されつつある付加体（現世付加体）が約670 kmにわたって分布する（図2-1-1a）．南海トラフは，8000 m以上の水深を持つ日本海溝や伊豆・小笠原海溝と異なり，北東端の御前崎沖で3000 m，南西端の日向沖でも4800 mと水深は浅い．これは沈み込む海洋プレートである四国海盆の年齢が27-15 Ma*と若く（Okino et al., 1999），また半遠洋性堆積物と海溝充填堆積物が厚く堆積しているためである．この海溝充填堆積物は，伊豆・箱根火山帯の火山岩と陸上に露出した付加体である四万十帯を起源とすることが，四国沖の深海掘削に

---

*　Maは100万年前．

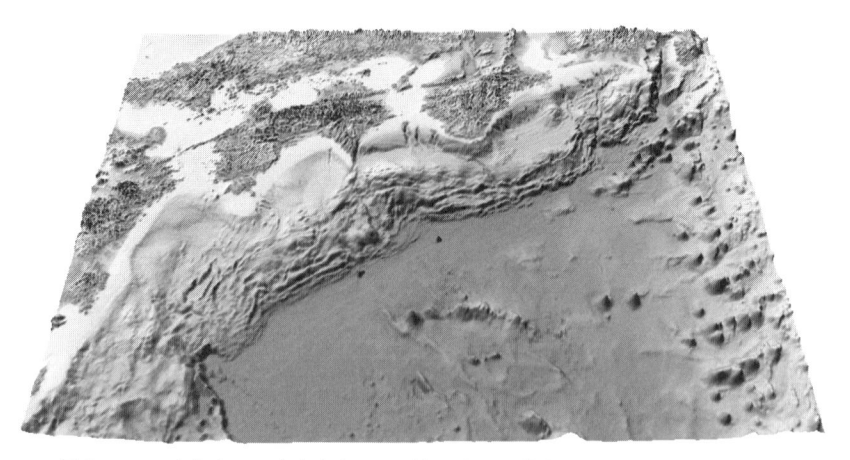

図2-1-1a 南海トラフを中心とした西南日本の立体陰影図（日本海洋データセンターの500 mメッシュ地形デジタルデータ（J-EGG500）と国土地理院250 m-DEMを使用）

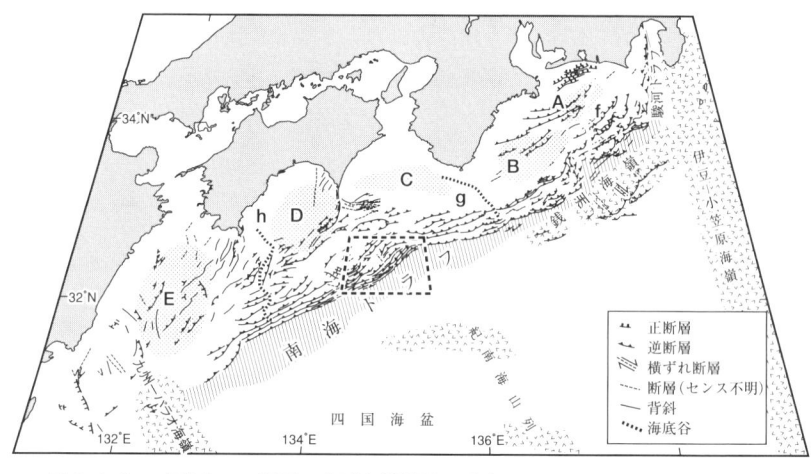

図2-1-1b 南海トラフ周辺の地形と活構造の分布
　南海トラフの陸側には現世付加体が発達し，さらにその陸側には前弧海盆（A～E）が分布する．A：遠州トラフ，B：熊野トラフ，C：室戸トラフ，D：土佐海盆，E：日向海盆．f：天竜海底谷・竜洋海底谷，g：潮岬海底谷，h：足摺海底谷．四国沖の破線台形部分のサイドスキャンソナー記録を図2-1-3に示す．

よる砂の鉱物組成の研究からわかっている (Taira and Niitsuma, 1986など). すなわち, 土砂は富士川・狩野川・安倍川・大井川流域より, 駿河トラフを経由し, 乱泥流として南海トラフへ運搬されているのである.

南海トラフ南方の四国海盆には, 多数の海山が分布する. 特に 15 Ma の四国海盆の拡大終了後に北北西—南南東方向の軸部付近に火成活動があり, 紀南海山列が形成されている (図2-1-1b). 日本海溝に見られる第1鹿島海山のように, 海溝部で現在沈み込みつつある海山は存在しないが, すでに沈み込んだ海山の報告がある. 南海トラフ陸側斜面の等深線はトラフ軸におおむね平行であるが, 室戸沖では等深線が陸側に大きく湾入したところが認められる (図2-1-1a). これは海山の沈み込みによる付加体の侵食*が原因であると解釈され, 予想される山体の位置に地磁気の異常も見出された (Yamazaki and Okamura, 1989). その後, 屈折法地震探査によっても同地点に海山の存在が確認されており (Kodaira et al., 2000), その詳細は第1章で述べた.

日向沖にも陸側に湾入した地形があり, こちらは九州—パラオ海嶺の沈み込みが原因とされている (Yamazaki and Okamura, 1989). 南海トラフは, この九州—パラオ海嶺の高まりによって琉球海溝と隔てられている (図2-1-1b).

一方, 東海沖には, 北東—南西方向に伸びた銭洲海嶺が分布する. 南海トラフは, 駿河トラフから南南西方向へ伸びるが, 銭洲海嶺があるため南西に方向を転じる. 銭洲海嶺が途切れる潮岬沖より下流では, 南海トラフの伸びは東北東—西南西方向となる. 南海トラフの幅は, 銭洲海嶺の北方で 20 km と狭く, 紀伊半島沖から四国沖では幅 70 km と広い. 前述の乱泥流の流路は, 銭洲海嶺の接近でトラフ底が狭くなった部分では明瞭で, ところどころ蛇行も認められる.

次に現世付加体の発達する海溝陸側斜面に目を転じよう. 陸側斜面は, 平坦なトラフ底と比較して地形的に高まる変形フロントからはじまり, 南海ト

---

* erosion に対する訳語には, 浸食, 侵食, 浸蝕などがあるが, 本章では「侵食」を用いる.

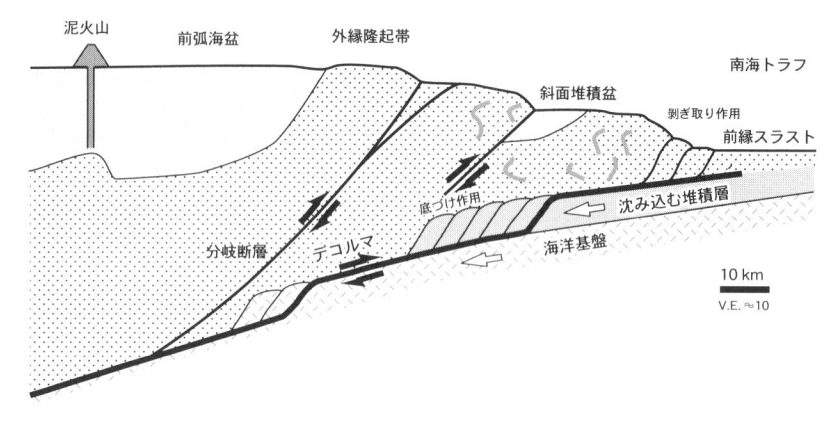

図 2-1-2　現世付加体の構造概念図

ラフにほぼ平行に配列する階段状の地形で特徴づけられる（図2-1-1a）．これらは，衝上断層（スラスト）の活動による変動地形で（図2-1-1b），高まりと高まりに挟まれた細長い凹地には斜面堆積盆（slope basin）が発達する（図2-1-2）．このような階段状の地形は，リッジアンドトラフ（ridge-and-trough）構造（岩淵ほか，1976）と呼ばれる．その中でも特に大きな比高を持つ崖が，斜面の最上部に広範囲に認められる．ここは，大規模な分岐断層（第1章参照）が海底面に達する地点に当たる．この断層崖の上には高まりが連続し，その陸側には前弧海盆（forearc basin）が発達する．この連続する高まりは外縁隆起帯（outer ridge）と呼ばれる（茂木，1975 など）．外縁隆起帯は南海トラフにほぼ平行に発達する．しかし，前述の湾入地形の発達する室戸沖では，外縁隆起帯も陸側へ湾入している．また，東海沖と熊野沖の間では，外縁隆起帯が不連続となっている．熊野沖に比べて東海沖の外縁隆起帯は陸側に接近しており，両海域の間には孤立した複数の海丘が分布する．これは，東海沖で過去に銭洲海嶺のような高まりが幾度も沈み込んでいたためであろう．

　陸から流れてきた土砂は上記の外縁隆起帯でせき止められ，幅100-150 km 程度の前弧海盆を形成する．南海トラフの前弧海盆には，東より遠州トラフ・熊野トラフ・室戸トラフ・土佐海盆・日向海盆がある．それぞれの海盆は，志摩半島・潮岬・室戸岬・足摺岬および，そこから伸びる海脚によっ

て分断されている(図2-1-1b). 遠州・熊野・室戸の各海盆には, 大陸棚から流入する直線的な流路を持った海底谷が数多く発達している. 天竜海底谷は, 複数の海底谷と合流しながら遠州トラフを横切り, 外縁隆起帯, さらに付加体斜面を下刻して南海トラフに達し, 海底扇状地を形成している. 前弧海盆から外縁隆起帯を超えて南海トラフへつながる海底谷は, 天竜海底谷の他に潮岬海底谷, 足摺海底谷がある(図2-1-1b).

(2) 活断層・活褶曲による変動地形

南海トラフの現世付加体の構造は, 室戸沖で最もよく調べられている. 付加体の浅部の内部構造は, 反射法地震探査によって地層や断層が明瞭に捉えられている. 構造上, 最も重要な役割をしているのは, 沈み込むフィリピン海プレートの海洋基盤にほぼ平行な主すべり面であるデコルマ面である. これを境に沈み込む物質と付加する物質が分けられる. 付加した堆積物はデコルマ面から派生した衝上断層(スラスト)によって切られ, 覆瓦構造をなしている.

スラストの海底面上の平面的な分布を知るには, サイドスキャンソナーが有効である. この機器は, 扇状に発信された音波の海底面からの反射(後方散乱波)強度をもとに, 海底の微細地形や底質の情報を得るもので, 白黒濃淡画像として一般的に表現される. ほぼ平坦で特徴的な構造の認められない南海トラフ底と, 2-3km間隔で白黒濃淡からなる多数の線状構造(リニアメント)の発達する付加体は対照的である(図2-1-3). その明瞭な境界は変形フロントと呼ばれ, 海底面に表れた変形のうち最も海側の部分を示す. 付加体前縁部に見られる畝(うね)状の地形は, デコルマ面から派生したスラストの活動により形成された背斜と向斜の連続に相当することが, 地震探査断面との比較から明らかである(図2-1-4). 畝状の地形は陸側にいくほど不明瞭となる. これは半遠洋性の泥質物質と上部斜面から流下する土砂による被覆が原因であり, ところどころに小規模な斜面堆積盆が発達し, 一部はトラフ底まで流下し, 海溝扇状地を形成している. 一方, 変形フロントに近いほど畝状の地形が明瞭となるのは, スラストの活動がトラフ側でより活発であることを示す. 上記の海溝扇状地が, スラストの活動により明瞭に切断され

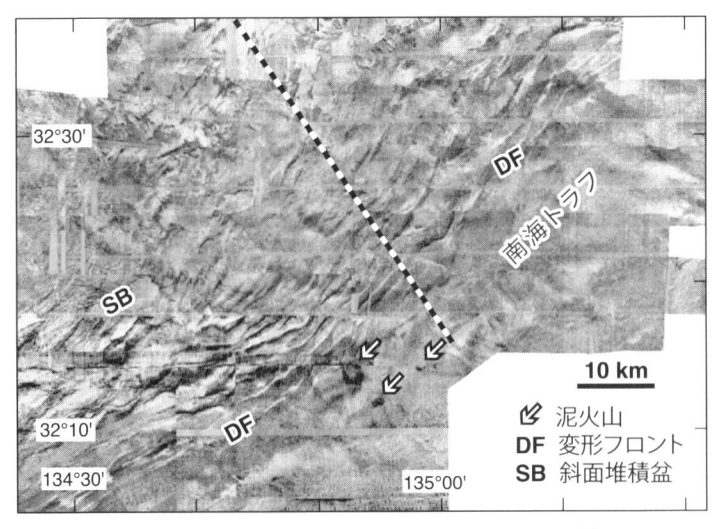

図 2-1-3 室戸沖南海トラフのサイドスキャンソナー画像
位置は図 2-1-1b の破線台形. 破線は図 2-1-4 の測線位置.

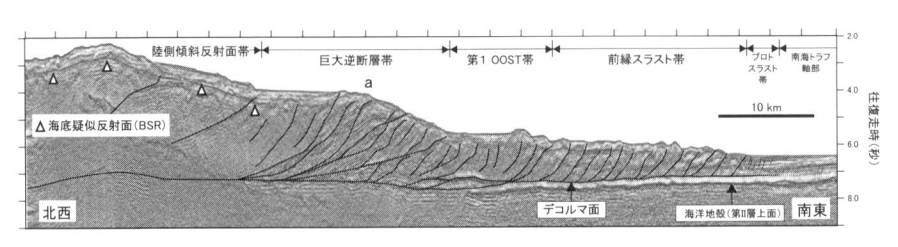

図 2-1-4 室戸沖の現世付加体の反射法地震探査断面記録（Shipboard Scientific Party, 2001 を改変）
図中 a より右側の測線の位置を図 2-1-3 に示す．海底疑似反射面（2-2 節）の明瞭な個所を三角印で示す．OOST：順序外断層．

ていることも（図 2-1-3），前縁スラストの最近の活動を物語っている．

室戸沖の付加体では，前縁スラストとデコルマ面を貫き玄武岩の基盤まで到達する掘削が行われている．海溝外側斜面の泥質堆積物の上にトラフを埋積するタービダイト（乱泥流堆積物）が覆っており，その境界の年代は掘削試料から約 45 万年前である．この境界が堆積した位置はトラフの沖側の縁辺であり，トラフの形や堆積速度が一定であると仮定すると，現在の掘削点から約 15 km 離れている．したがって，プレートの移動速度は距離を年代

で割ることによって年間 3.3 cm と計算され (Taira et al., 1991), プレートの運動学から推定された値 (年間 3-4 cm) とよく一致する. 足摺沖の掘削点でもこれに近い値である年間 2.9 cm が得られている.

スラストの平均変位速度も掘削から見積られている. 前縁スラストによる破砕帯は海底下深度 360-390 m に位置し, 断層面に沿った変位は鍵層 (礫岩) のずれから 308 m である. このスラストの活動の開始は, トラフ充填堆積物から, 主に細粒タービダイトと地すべり堆積物からなる斜面エプロン堆積相へ移る約 2 万年前と考えられる. 掘削試料の小変形構造から横ずれ成分は認められないため, 断層の平均変位速度は 1000 年で約 15 m と見積られる.

デコルマ面から派生したスラストが順次形成され, 変形フロントが沖側に前進し付加体が成長する作用を剥ぎ取り作用 (オフスクレーピング) と呼ぶ (図 2-1-2). 陸側のより以前に形成されたスラストは, それより沖側の変形に伴い陸側へ傾斜し, 徐々に活動を低下させ, 斜面堆積盆・堆積物に被覆されていく. これらの沖側への順序だった (in-sequence の) スラストに対して, それを断ち切る順序外断層 (out-of-sequence thrust) の発達が付加体斜面の中部から見られるようになる. 海底は基本的に堆積の場であり, 大陸棚から海溝までの斜面は, 非活動的である場合には一定の傾斜の斜面となるはずである. 前述のリッジアンドトラフ構造は, 付加体の下部斜面での活発な断層活動を示すものであるが, 中部から上部斜面にかけても非常に大きな崖の連続が見られる. そこでは, 反射法地震探査断面上に順序外断層が複数発達するのが認められる. 付加体前縁部のように比較的等間隔にデコルマ面から派生するのではなく, 大きく枝分かれしていることから分岐断層 (splay fault) と呼ばれ (Park et al., 2002a など), 巨大地震時に活動して津波を発生させている可能性も指摘されている.

南海トラフの断層運動と地震活動については, 古くは Kagami (1985) によって指摘されている. Kagami (1985) は, 反射法地震探査記録上の主要な断層が海底面に達する地点において, よく連続する大きな断層崖を見出している. そして, 安政地震 (1854 年), 南海地震 (1946 年) の津波の波源域との比較から, これらの崖の形成が地震断層に対応すると解釈した. また,

現世付加体内の地震波速度に注目し，P波速度が4km/sを超えるあたりから地震動を引き起こす破壊が発生していると考えた．当時の速度構造・地下構造の精度・解像度は今よりも劣るものの，付加体の発達と地震発生の関係は以前より地質学者によって議論されていた．

断層変位の鉛直成分は断層崖の比高から推定されるが，横ずれ成分については認定するのが簡単ではない．最も有力な手がかりとして，断層を横切る海底谷の変形が挙げられる（東海沖海底活断層研究会，1999）．海底谷は，浅海から深海への堆積物重力流による土砂の輸送経路である．現在活動的でないか，堆積物の流下が比較的少ない海底谷では，断層による横ずれ変位がそのまま残る構造が見られる場合がある．一方，堆積物の流下が多く下刻作用の活発な海底谷では，断層で切られた下流側で新たな流路が形成され河床が拡張される．これらの構造から，横ずれ変位を明らかにすることができる．

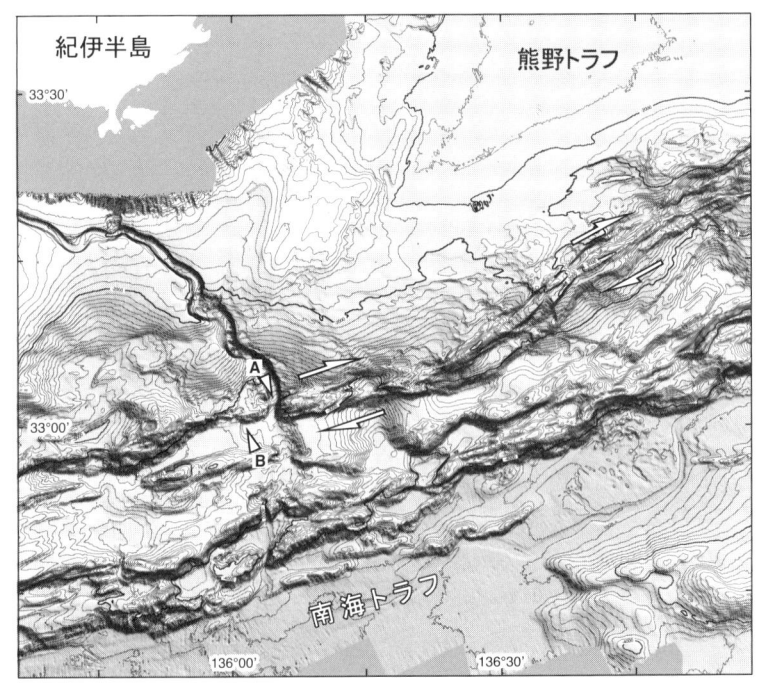

図2-1-5　紀伊半島南東沖の海底地形図に見られる右横ずれ断層　活断層を横切る潮岬海底谷（A）と河床の拡張．

たとえば，潮岬海底谷では，右横ずれによる河床の拡張が明瞭に認められる（図2-1-5）．また，天竜海底谷では，河床の拡張と海底谷の流軸の屈曲から，断層に沿った右横ずれの変形が明らかである．このように海底谷の発達は構造運動と密接に関係しており，隆起により流路の下流側に海丘が形成され放棄された海底谷（岩渕ほか，1991）や，流路の傾斜と蛇行の関係から隆起沈降を見積る研究（Soh and Tokuyama, 2002）が行われている．南海トラフにおける断層の横ずれ成分は，海洋プレートの斜め沈み込みによるものである．巨大地震発生領域においてはスラスト成分が注目されているが，上記の横ずれ成分がどのように地震の規模や活動に関与しているのかについてはまったくわかっていない．

(3) 海底観察による活断層の探索

　海底地形図に見られる広域にわたる急斜面の連続や海底谷のずれから，活動的な断層の位置が推定できることについて上に述べた．では，断層崖周辺の海底はどのようなものであろうか．陸に近い南海トラフ周辺の海底では，陸からの土砂の供給が多い．潜水船や無人探査機で海底を観察すると，表層は未固結堆積物に覆われており，固結した岩石や成層した地層の断面の見られる露頭は非常に限られる．しかし，活動的な断層周辺では，地殻変動によって急崖が形成され斜面が不安定となり，大小さまざまなスケールの地すべりが生じて露頭が出現する．このことから，地形や地震探査断面から想定された断層近傍で，新鮮な露頭の存在を証拠として断層が最近活動したと推定されることが多い．断層面自体は，2-3節で述べられるような海底谷沿いの海底調査を除いて観察される機会はほとんどない．それは，逆断層の場合，その上盤が下盤側に対してせり上がり，断層がちょうど海底面に表れる地点を，上盤もしくはその崩壊物が被覆することが多いからである．また，急崖の形成により，斜面の基部は一般に崖錐堆積物で厚く覆われるためである．

　断層が海底面に達する付近を堆積物が被覆している場合でも，特殊な底生生物の存在により断層の位置を推定することができる．これらの生物は，硫化水素あるいはメタンをエネルギー源とする微生物，あるいはそれを体内に共生させているシロウリガイやチューブワームなどからなる化学合成生物群

集である．海底下から断層などの透水性のよいところを通ってメタンを含んだ流体が上昇し，海底付近の薄い被覆層で拡散する場合でも生物群集が発達するため，海底観察によって断層の位置を特定することができる．このような流体の湧き出しは，中央海嶺などに見られる熱水に対して，周囲の海水と温度差がほとんどないので冷湧水と呼ばれる．ところで，陸上に露出した付加体の断層には，しばしば石英や方解石の脈が認められる．断層はこのような脈の析出によって流体の移動を阻害するが，活動的な断層の場合は一度形成された脈が破砕され，新たに流路を発達させると考えられる．地形や地震探査断面から活断層と推定された地点において，冷湧水がよく認められることからも，このような湧水経路の更新がなされているものと考えられる．

(4) 付加体形成と泥火山の発達

上に述べた断層等を通した流体移動とともに，未固結の泥質物質の上昇現象である泥ダイアピリズムは沈み込み帯の物質循環という点で重要である．泥ダイアピリズムは，地下に存在する未固結の泥質物質が周囲の地層との密度の逆転および高い流体圧によって上昇する現象で，地表や海底に噴出し山体を形成したものを泥火山と呼ぶ．地下深部に圧密・脱水が妨げられた未固結泥が存在する原因としては，速い堆積速度と非透水層の存在や，断層やデコルマ面を通した流体の供給，変形フロント部分で沈み込んだ堆積層の付加体底部での付加（底づけ）作用，などが挙げられる．

南海トラフ周辺では，熊野トラフ（図2-1-6），室戸沖南海トラフ，日向海盆において泥火山が確認されている．熊野トラフの海底面は水深2000mで非常に平坦であるが，以前より海盆中央に高まりの存在が推定され，ドレッジによって採取された試料は炭酸塩で固められた礫であることが報告されていた（中村，1985）．その後の高精度海底地形調査やサイドスキャンソナー「IZANAGI」を用いた調査によって直径1-3km，高さ20-150mの多数の泥火山の分布が明らかになった（Kuramoto et al., 2001など）．付加体の成長に伴って前弧海盆である熊野トラフが形成され，何らかの原因で地下の排水が妨げられた結果，未固結の泥が上昇し泥火山が形成されたものと考えられる．泥火山の一部は遠州断層系と呼ばれる活断層に沿って分布しており（東

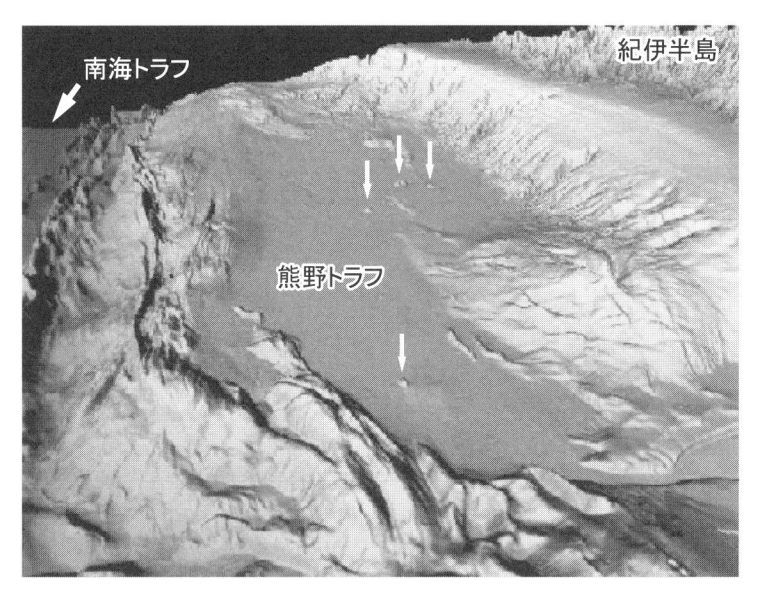

図 2-1-6 熊野トラフに発達する泥火山（白矢印）
熊野トラフ（図 2-1-1b の B）を東南東方向より見る．中央平坦な面が熊野トラフの海盆底．

海沖海底活断層研究会，1999），日向沖から種子島沖の前弧海盆域においても多数の泥火山の発達が報告されている（氏家ほか，2001）．室戸沖南海トラフの「IZANAGI」サイドスキャンソナー画像には，変形フロントのやや沖側に3つの泥火山が分布する（図2-1-3）．この地点は，先に紹介した湾入地形の部分にあたり，地震探査断面において明瞭なデコルマ面が見られる．付加体側の流体が変形フロントへ移動し，高間隙水圧によって泥火山が形成されたと解釈された（Ashi and Taira, 1992）．

このような変形フロントから沖側の泥火山は，カリブ海東方のバルバドス付加体においてよく調べられている．深海曳航式のサイドスキャンソナーを用いた調査では，変形フロントから 12 km 以内に泥火山が 31 個発見されている．その高さはいずれも 40-50 m で，流体の供給源の水圧に依存していると見られる．すなわち，付加体内で生じた高い間隙水圧が，デコルマ面や透水性のよい層に沿って海側に影響していると解釈された（Henry et al., 1990）．同じくバルバドスでは，サイドスキャンソナー「GLORIA」を用い

た調査によって，付加体内にも多数のマッドリッジ（線状に伸びた泥火山）が分布することがわかっている（Brown and Westbrook, 1988）．南海トラフの現世付加体では，マッドリッジはこれまでに見出されていない．

2-2　付加体内流体移動と流体の起源

現世付加体では，潜水船による海底湧水や深海掘削による間隙流体の研究が古くから行われている．その目的としては，付加堆積物が岩石化していく際に排出される流体の移動・湧出過程の解明，流体・ガスの起源の解明，活動的な断層の探索，などが挙げられる．地層中の流体は岩石の力学強度に大きな影響を与えるため，その挙動を知ることは付加体発達を理解する上で重要である．2-5節で紹介するように，超低周波地震で示唆される付加体内の変形に伴い，掘削孔内の水圧上昇が観測されている（Davis et al., 2006）．このような間隙水圧の上昇は，海底での湧水活動にも影響が表れると考えられ，実際に中米海溝での湧水観測では，雑微動との対応が報告されている（Brown et al., 2005）．大地震の発生との関係では，兵庫県南部地震直前の湧水化学組成の変化（Tsunogai and Wakita, 1995）や，地下水のラドン濃度の異常（Igarashi et al., 1995）から，地殻の破壊現象と地層内流体が深く関係していることが推察される．以下では，流体湧出研究について南海トラフでの例を中心に紹介する．

(1) 冷湧水の分布と付加体内流体移動

深海底からの流体の湧き出しは，1970年代後半にガラパゴスリフトや東太平洋海膨から相次いで報告された（Corliss et al., 1979など）．これらは，中央海嶺の高温の岩石によって熱せられた海水が循環・湧出しているものである．湧水に含まれる硫化水素を分解しエネルギーを得ている化学合成バクテリアや，それらを体内に取り込み共生している貝・チューブワームなどの化学合成生物群集の発見が非常に注目された．一方，プレートの沈み込み帯においても1980年代中頃より，米国西海岸沖や南海トラフの現世付加体において流体湧出の存在が知られるようになった（Kulm et al., 1986など）．湧水

にはメタンが含まれることが多く,熱水噴出域と同じく化学合成生態系が認められるが,前節で述べた通り,湧水の温度は周囲の海水とほとんど同じであるため冷湧水と呼ばれる.また,熱水が海水の循環であるのに対して,冷湧水は堆積物の間隙流体が圧密により絞り出されたもの,あるいは沿岸部では陸水起源のものである.深海底での冷湧水は,以下のように間隙流体を起源とする湧水である.

海底に砕屑物や生物遺骸が堆積する際には,粒子と粒子の間の隙間に大量の海水が含まれる.通常の海底表層では,全体積の約6割を海水が占める(間隙率約60%).堆積の継続により間隙は深度方向に減少し,堆積物の種類にもよるが1kmで間隙率は堆積当初の半分以下となり,海底下10kmで間隙率は数%となる.この間に減少した間隙中の流体は,圧力の低い方向,すなわち多くの場合は上方に移動することになる.また深度の増加に伴い温度・圧力が上昇し,粘土鉱物からの脱水や変成作用によって生まれる流体も排出される.

このような圧密・続成に伴う流体排出は,おおむね堆積速度に比例し,通常の堆積盆ではゆっくり進行するため,海底面において湧水現象として観察,あるいは実測することはできない.一方,プレート沈み込み帯では,未固結の堆積物が付加体の下に押し込まれたり,付加して逆断層によって重なったりする激しい変形を受けており,堆積物が強制的に脱水させられている.たとえば,2-1節で紹介した室戸沖の付加体前縁スラストの平均変位速度は1000年で約15mと求められたが,これを堆積物がスラストによって厚くなる速度に換算すると1000年で約7.5mとなる.海溝周辺の堆積物の供給の多いところでも,堆積速度が1000年で1mを超えることはまれである.付加体では側方からの圧縮作用による脱水の影響も受けており,通常の堆積作用に比べていかに付加体における造構的な脱水が大きいかが理解できるであろう.プレート沈み込み帯,特に付加体は,堆積物から海水を抜き取り,岩石を製造する工場にしばしばたとえられる所以である.冷湧水が沈み込み帯に特徴的に見出されるのは,上記の造構変形が大きく寄与しているといえる.

南海トラフにおける冷湧水の調査は,1984年より日本とフランスの合同調査である日仏KAIKO計画によって東海沖を中心にはじまった(Le Pichon

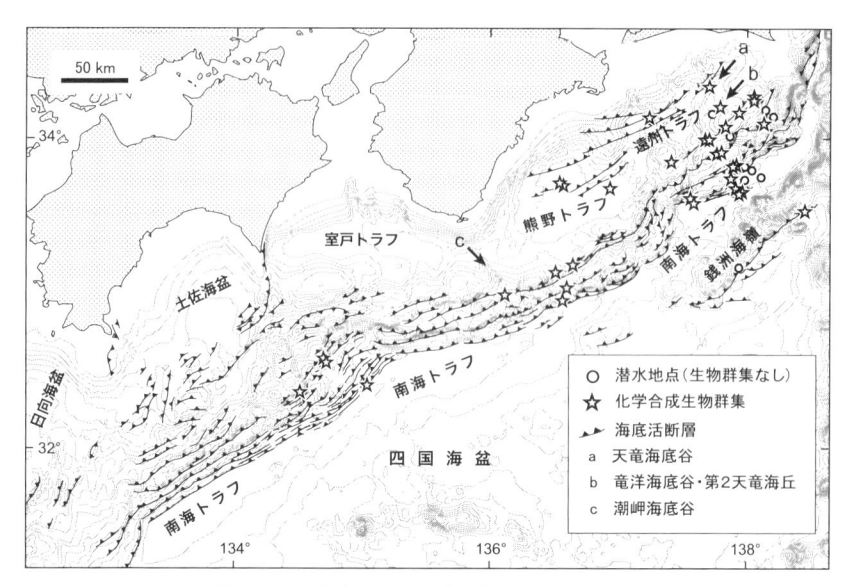

図 2-2-1　南海トラフの冷湧水と活断層の分布

et al., 1992; Huchon and Tokuyama, 2002 など).室戸沖・熊野沖海域では,海溝型巨大地震に関係した活断層調査が行われ,冷湧水の分布が明らかになりつつある(Kuramoto et al., 2001;芦ほか,2002).また,天竜海底谷や竜洋海底谷といった付加体を削剥して形成された海底谷に沿った調査が行われ,付加体断面の構造と冷湧水の分布が報告されている(2-3節).図 2-2-1 は,潮岬より東方の南海トラフの冷湧水の分布を示す.冷湧水は,南海トラフの付加体斜面,さらに前弧海盆に広がる.また,東海沖では,海洋地殻の変形によって形成された高まりである銭洲海嶺の南側においても,冷湧水が報告されている(Le Pichon et al., 1987b).

図 2-2-1 には,潜水調査によって明らかになった冷湧水の分布とともに,反射法地震探査断面と海底地形から推定した活断層の位置を合わせて示してある.潜水は活断層調査を目的とすることが多いため,冷湧水が観察されない通常の海底調査の地点は限られる.図 2-2-1 のような小縮尺の地形図では判別できないが,1 つの潜水調査の中でも冷湧水は断層が推定される場所に限られ,それ以外の地点では一部の例外を除いてまったく見られない.

図 2-2-2 は,地下構造から分岐断層が海底に達すると推定される地点で

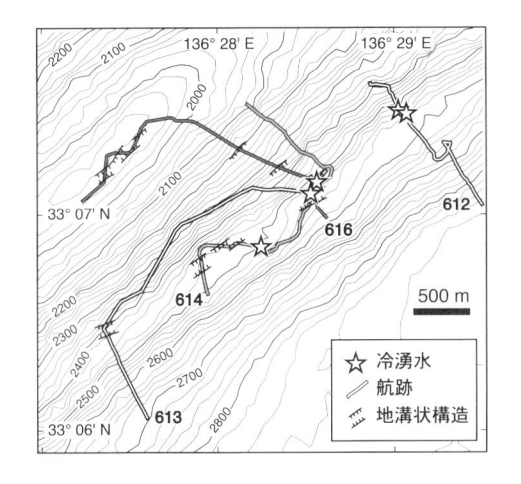

図 2-2-2 熊野沖南海トラフ付加体の海底地形図

水深 2500 m の等深線に沿って冷湧水が潜水調査によって見出されている．この地点は，巨大分岐断層が海底に達するところに一致する．

の有人潜水調査船「しんかい 6500」の潜水の結果を示す．水深約 2500 m の小平坦面が断層活動によって形成された構造で，それに沿ってバクテリアマット，シロウリガイ，チューブワームなどの化学合成生物群集（コロニー）が発見されている．ただし，断層に沿って冷湧水が連続することはなく，斜面上部から崩落してきた土砂や岩石からなる堆積物，すなわち崖錐堆積物が厚いところでは冷湧水は見られない．この場合，海底付近まで断層に沿った排水路は存在するが，断層面を被覆する堆積物によって流体の移動が阻まれているのであろう．堆積物のわずかな被覆によって湧水が妨げられているとすると，地下での排水路の存在とともに表層での侵食・無堆積が湧水の重要な条件となる．海底は基本的には堆積の場であるので，侵食あるいは無堆積の場所は，海底谷を含む急斜面域に限られる．海底面は斜面崩壊と堆積作用によって常に平滑化されているので，急斜面の存在は地すべり・断層運動や褶曲運動による地殻変動・乱泥流による侵食作用のいずれかが最近行われたことを示す．活断層に沿って冷湧水が多く分布するのは，それ自体が流路であるとともに，断層の繰り返し変位によって急斜面が形成され，堆積物の被覆から逃れていることが原因であろう．断層面自体が流体の経路になっていることについては，深海掘削によって断層面でのメタン濃度・塩素イオン濃度などの異常から指摘されている（Moore *et al.*, 1990a など）．これに対して，活動を停止した断層では，堆積物に覆われるとともに，断層面の隙間が鉱物

2-2 付加体内流体移動と流体の起源 —— 79

の沈殿によって埋められるため，流路としての役割を果たさなくなる．陸上に露出した断層帯には，しばしば流体移動の化石である石英や方解石の鉱物脈が認められる．

　ここで，東海沖の大規模な断層崖を横断した潜水調査の1例を紹介する．この断層は，反射法地震探査断面において表層の地層を変形させ，地形上もよく連続する明瞭なリニアメントをなすことから活断層と認定される．東海沖では活断層の集中するゾーンが4つ存在し，この活断層は「東海スラスト系」に属する（東海沖海底活断層研究会，1999）．大きな変位を持ったスラストの沖側には，断層の走向方向に伸びた堆積盆がしばしば発達する．

　「しんかい6500」を用いた潜水調査は，この堆積盆より断層を横断するルートで行った（図2-2-3）．最初に着底した海盆は，泥で完全に覆われており，変形はまったく認められない．断層崖の近傍は，やや登り斜面となり，楔形に泥と泥岩の礫からなる崖錐堆積物が存在する．崖錐堆積物の上部付近には，バクテリアマットとチューブワームが認められた．断層崖には，ところどころ地層が露出するが，化学合成生物群集は見られない．断層崖の上部には，割れ目が発達し，炭酸塩クラスト（炭酸塩で固められた板状の堆積物）が分布する．沖側に緩やかに傾斜した断層崖の上の斜面は，泥質堆積物で覆われており，シロウリガイの這い跡が数多く見られ，その端には生きたシロウリガイを確認した．

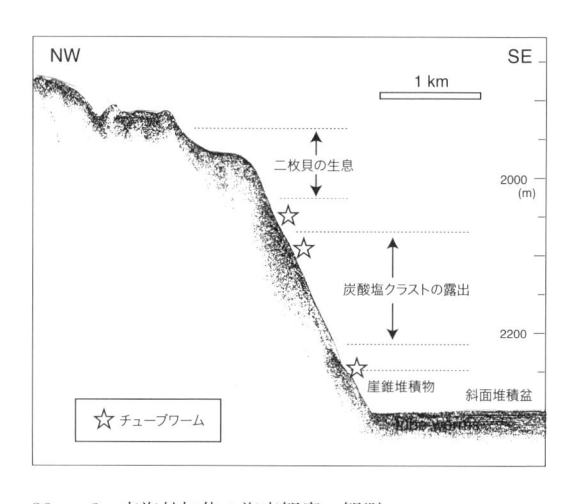

図2-2-3 東海沖の海底活断層（東海断層）を横切るサブプロファイラー記録と潜水調査で明らかになった海底地質
　崖の基部に活断層の分布が推定され，崖錐堆積物の上で活発な湧水を示唆するバクテリアマット，チューブワームが観察された．

これらの観察から，以下のような断層に伴う流体移動が推定できる．大きな崖を形成した断層に沿ってメタンを含んだ流体移動が推定されるが，崖錐堆積物に阻まれて直接湧出することができない．断層崖と崖錐の間（不整合面）に沿って流体が移動した結果，崖錐堆積物の上部でバクテリアマット，チューブワームが認められたと考えられる．断層面や不整合面に沿った流体移動は，米国西海岸の付加体からも報告されている（Moore et al., 1990b）．断層崖の上部に見られる炭酸塩クラストは，メタンの湧出に伴い地下で形成されたものである．現在，海底面に露出しているということは，断層崖の活発な侵食作用を示している．断層崖の上の緩斜面に分布するシロウリガイは，現在でもメタンを含んだ流体が湧出していることを示しており，コロニーを形成していないことから泥質の被覆層内でメタンが拡散していることを示す．おそらく断層上盤側に発達した割れ目や透水性のよい地層に沿って流体が湧出しているのであろう．

　以上見てきた流体の移動経路としては，断層や透水性のよい地層，不整合に沿って流体が移動していることが示された．これらの面的な排水路に対して，パイプ状の排水路としてダイアピルがある．泥ダイアピルは，前節で述べたように未固結な泥が周囲との密度差および高い流体圧によって地層中を上昇する現象で，海底に噴出した場合には泥火山を形成する．

　以上で述べた流体の排水経路をまとめると，①砂層や礫層などの透水層，②断層面，③不整合面，④ダイアピル，がある．

(2) 冷湧水の化学探査

　プレート沈み込み帯の流体湧出は，中央海嶺に見られるような高温で重金属を含む流体の活発な湧き出しではない．湧水の化学組成，温度とも周囲の海水と大きく異なることはなく，一般に湧水を肉眼で確認することはできない．冷湧水の存在は，バクテリアマットやシロウリガイ，チューブワームなどからなる化学合成生物群集によって推定することになる．

　これらの生物は，硫化水素やメタンを分解してエネルギーを得ている．沈み込み帯の硫化水素は中央海嶺とは異なり，地下から上昇してくるメタンが海底付近において海水由来の硫酸イオンと混じり，微生物活動のもと嫌気的

環境下で酸化されたものである．メタンは主に堆積物中の有機物の分解によって生成される．プレート沈み込み帯は大陸・島弧縁辺域に分布するため，堆積物中には陸源や湧昇域の高い生物生産による有機物が多く含まれる．有機物からのメタンの生成は，微生物あるいは温度の上昇によってなされ，前者を微生物起源（生物過程起源），後者を熱分解起源のメタンと呼ぶ（図2-2-4）．両者の形成深度の境界は，地温勾配にもよるが1km程度である．両者はメタンの炭素同位体比の値によって区別することができる．生物過程の炭素同位体比はおおむね−50‰（パーミル）より低い値，熱分解起源の場合はこれよりも高い値となる．

　ごく表層の堆積物や海水中に比べて地下の堆積層には高濃度のメタンが含まれるため，地下から移動してきた流体はメタン濃度の正の異常で特徴づけられ，湧出量の見積りに用いられる．南海トラフでの海底直上水の分析は東海沖で最初に行われ（Boulegue et al., 1987），化学合成生物群集の分布がメタン濃度の正の異常と一致することが示された．Gamo et al. (1992) は，東海沖の付加体先端部において，潜水船でシロウリガイコロニーの上の海水を採取し，メタン・エタンの高濃度異常を得ており，実際に炭化水素ガスを含んだ流体が湧き出ていることを実証した．同海域では，この分析に先立ち，調

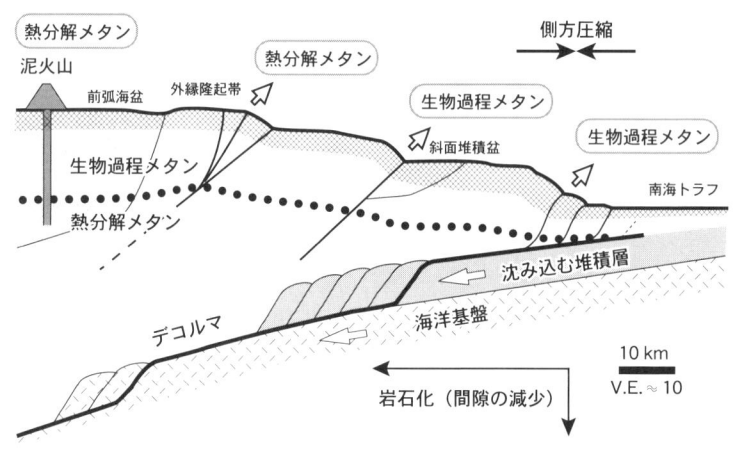

図2-2-4　現世付加体内のメタンの起源と流体湧出の模式図
　　　　　海底面付近の網目模様はメタンハイドレート（本節(3)）の分布を示す．

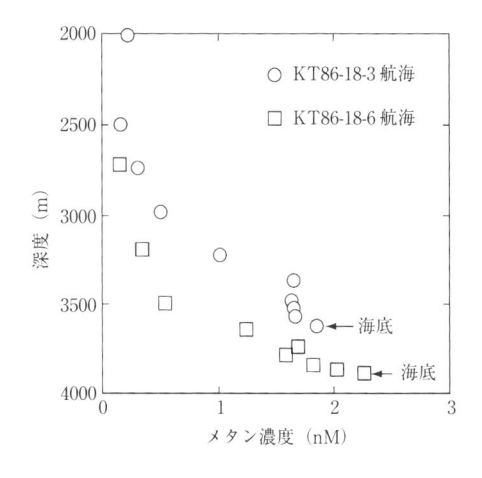

図 2-2-5 東海沖での深度ごとの海水採取に見られるメタンの濃度変化

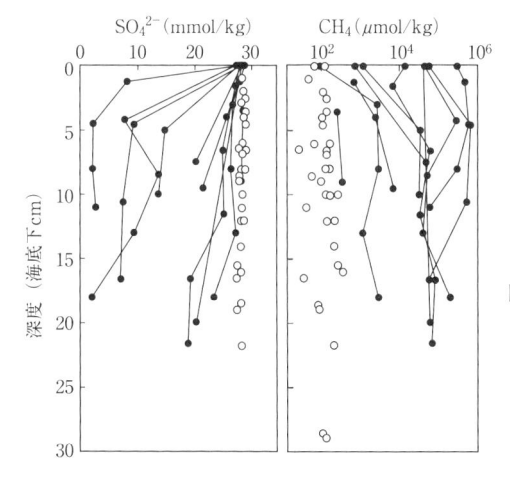

図 2-2-6 熊野沖付加体の冷湧水から採取された間隙水の硫酸濃度とメタン濃度の海底下深度分布 (Toki et al., 2004)
　　黒丸は湧水点，白丸は通常の海底から得られた試料．

査船を用いた採水が行われており，海底から湧き出したメタンに富んだ流体が希釈されながら海面に向かって広がる様子が明らかになっている（図2-2-5）．このように，調査船による各深度の海水採取により，湧水点を探す方法もある．

　湧水地点の堆積物を採取し，間隙流体を絞り出して分析すると，海水で希釈されていない，より供給源に近い組成の流体が得られる．熊野沖の巨大分岐断層の断層崖において，潜水船で得られた表層堆積物の間隙流体の分析では，南海トラフ域で最も高濃度のメタン（660 μ mol/kg 以上）が得られ

2-2　付加体内流体移動と流体の起源 —— 83

(図 2-2-6).低い炭素同位体比（-80‰ PDB）からメタンの起源は微生物起源と推定された（Toki et al., 2004).また,塩化物イオン濃度の鉛直分布から,湧水速度が 0.5-1.5 m/年と見積られた.流体の湧出速度は地温勾配の測定からも求めることができ,それについては 2-4 節で述べる.

ところで,熊野沖分岐断層の湧水は低い塩素イオン濃度,低い重水素同位体・酸素同位体で特徴づけられ,陸水起源の可能性が指摘されている（Toki et al., 2004).しかし,湧水点は紀伊半島の陸地から 100 km 近く離れており,その間には前弧海盆が存在するため陸水起源の湧水機構を考えることは非常に困難である.特異な化学組成・同位体組成をうまく説明する説は今のところほかにはなく,地震発生領域での流体-岩石間の反応によるものかもしれない.地球深部探査船「ちきゅう」による分岐断層の深部掘削により新たな解釈が出てくるものと考えられる.

メタンの流量（フラックス）の見積りには,表層堆積層に海水からもたらされる硫酸イオンが,硫酸還元帯での嫌気的メタン酸化により消費される深度が指標として用いられ,sulfate-methane interface（SMI）と呼ばれている（Borowski et al., 1996).また,炭化水素一般に対する用語として,sulfate-hydrocarbon transition（SHT）の使用が提案されている（Castellini et al., 2006).土岐ほか（2001）は,室戸沖付加体斜面の複数点において長さ 4-8 m の柱状試料を採取し,硫酸イオンの深度方向の減少の割合から場所によるメタンフラックスの大きな相違を報告している.採泥器を調査船からワイヤーで下しているため,実際に海底のどこから試料を得たかが不明であるが,付加体内のスラストや透水性のよい層に沿った局所的なメタン湧出が原因しているのであろう.

先に述べた炭酸塩クラストは上記の SMI 付近で形成され,間隙流体の場合と同じくメタンの起源の推定に用いられる.東海沖の付加体斜面には,冷湧水に伴って形成された炭酸塩クラストが表層堆積物の削剥により海底に露出している.Sakai et al.（1992）は,その炭素・酸素安定同位体比の分析から,メタンは生物過程によるもので,炭酸塩クラスト発達時に同位体組成,あるいは温度の変化を伴った湧水現象があったことを明らかにした.しかし,炭素安定同位体比は,メタンの起源に関する情報を与えるのみで,流体自体

の起源を示すものではないことに注意する必要がある．付加体の炭酸塩クラストは，一般に隆起帯でよく認められる（東海沖海底活断層研究会，1999）．遠州灘沖の第2渥美海丘の頂上部では，割れ目の発達した炭酸塩クラストと多数の炭酸塩チムニーが認められ，過去のメタンの湧出と現在の隆起運動に伴う大きな侵食作用が示される（芦ほか，2004）．

(3) メタンハイドレートと冷湧水

　南海トラフの海溝陸側斜面から前弧海盆域の反射法地震探査断面には，海底面にほぼ平行に発達した海底疑似反射面（Bottom Simulating Reflector; BSR）が広く分布する（図2-1-4）．これは，主にメタン等の炭化水素ガスと水からなる包接化合物「メタンハイドレート」が低温・高圧で安定なため，図2-2-4のように海底からある深度までの堆積層中に存在することが原因である．反射面は，メタンハイドレートを含む堆積層からその下のガスを含む層に向かって，音波速度と密度の低下が起こるために出現する．

　南海トラフを例に挙げると，水深が約400 m以上の地点では理論上ハイドレートは海底面から存在でき，地温勾配に応じてある温度に達する深度まで安定である．石油の場合は，トラップする地質構造が必要であるが，メタンハイドレートの場合は主に温度・圧力に応じて分布し，それ自身が下からくる流体・ガスをトラップする構造となる点が重要である．冷湧水のうち，あるものはメタンハイドレート分解起源のメタンが含まれていると推定されている．

　東海沖の竜洋海底谷の谷底では，バクテリアマット，シロウリガイからなる冷湧水が分布し，そこから北東に傾斜した地層の延長部にメタンハイドレートによるBSRが見られる．湧出する流体に含まれるメタンは，ハイドレート分解起源か，あるいはその下に存在するガスに富んだ地層からもたらされた可能性がある（Ashi *et al.*, 1996）．表層堆積物の間隙流体の分析では，メタン濃度の正の異常と塩素イオン濃度の負の異常が認められ（Tsunogai *et al.*, 2002），メタンハイドレートに選択的に取り込まれていた純水がハイドレートの分解に伴って放出されたと見られる．また，メタンガスの起源は炭素安定同位体から微生物起源とされた．竜洋海底谷の西方では，石油公団によ

る掘削（基礎試錐「南海トラフ」）が行われ，竜洋海底谷の冷湧水の排水路と想定した層準において砂岩層からメタンハイドレート試料が回収されている（徳山・芦，2001）．海底に露出するメタンハイドレートは，メキシコ湾やオレゴン沖，新潟沖で発見されているが，南海トラフからの発見はない．

(4) 巨大シロウリガイコロニーと流体湧出の履歴

東海沖の第2天竜海丘では，直径が少なくとも100m以上ある巨大シロウリガイコロニーが無人探査機「ドルフィン3K」と有人潜水調査船「しんかい2000」を用いた調査で発見された（倉本，2001）．生きているシロウリガイとチューブワームが数個体認められたが，そのほとんどが死滅していた．海底は深さ10m程度の窪地となっており，わずかであるが気泡の湧出も観察され，ガスの主成分はメタンであることがわかっている．このような巨大シロウリガイコロニーの形成過程としては，貝の死殻が陥没地形の中に集中すること，海底下にメタンハイドレートBSRが分布すること，それを切るように断層が分布することから，倉本（2001）では以下のようなモデルが提出されている．まず，断層運動とそれに沿った流体の移動により地層中のメタンハイドレートが分解し陥没地形が形成される．次にメタンガスの突出によって巨大シロウリガイコロニーが形成された．

類似した大規模コロニーは，遠州灘沖の第2渥美海丘の曳航式深海ビデオ調査によっても確認されている．数百m四方にわたってシロウリガイコロニーが断続的に密集し，貝の多くが死貝であるのは第2天竜海丘と同じである．また，両海丘の間に位置する天竜海底谷の谷壁では，生きたチューブワームおよびバクテリアマットが確認され，この地点から海底谷へ続く幅10m前後の小谷では，1000個以上のシロウリガイの貝殻が見られた（Mazzotti et al., 1996）．貝殻は合弁しており，表面に泥の被覆が少ないことから，生息中のシロウリガイが最近生じた地すべりに巻き込まれたものと考えられる．

第2天竜海丘や第2渥美海丘では，定量的な評価はないが，死貝が圧倒的に多く生貝の数は限られる．これらの地点は活断層に沿った場所であるため，断層の活動直後にメタンの湧出が激しくなり，化学合成生物群集が発達し，

時間とともに湧出量が徐々に低下したと想像される．

化石年代から活動史が復元された例もある．南海トラフのトラフ軸から20 km陸側の隆起帯では，生息中のシロウリガイの群集とととともに，炭酸塩で固められた地層中にシロウリガイが化石として含まれていた．化石の同位体年代は，約2万年前と約15万年前に集中しており，大きな湧水イベントが2回存在したとされる（Lalou *et al.*, 1992）．

このような隆起帯に見られる大規模コロニーに対して，付加体先端部では，主に生きた貝からなる直径1 m ～数 mのコロニーが分布しており，巨大コロニーはこれまでのところ見つかっていない．水深が4000 mに近いため貝殻が溶けて残らないためかもしれないが，湧水プロセスの違いの可能性がある．すなわち，付加体先端部では若い未固結堆積物が，逆断層によって積み重なることで強制的な脱水が行われている．巨大コロニーを形成するようなイベント的な湧水ではなく，定常的な流体湧出が行われているのではないかと推定される．一方，隆起帯は固結した古い岩石からなり，断層は横ずれ成分が卓越している（東海沖海底活断層研究会，1999）．縦ずれ成分が小さいため，堆積層が重なることで強制的に排出される流体は少ないであろう．流体の供給を考えると，定常的な流体の湧出は期待されにくいといえる．すなわち，これらの地点ではメタンハイドレート層やその下に溜まったガスが断層活動に伴ってイベント的に噴出しているのではないかと考えられる．

(5) 化学現場観測への展望

これまで述べてきた冷湧水の地球化学的研究は，主に海底直上水，あるいは表層堆積物の間隙流体の分析に基づくものである．これらにより，流体の化学組成・同位体組成が求められ，その起源が推定されている．一般的に行われている表層堆積物の採取方法としては，直径5-10 cm，長さ50 cm前後のパイプからなる採泥器を用いる．潜水船のマニピュレーターを用いて，採泥器を海底に突き刺して軟泥を採取し，その間隙流体の分析を行うのである．その際，ガス成分も分析されるが，途中でガスが散逸するため，正しい化学組成・同位体を示さない可能性がある．

北海道大学の角皆潤らの研究グループでは，現場の圧力を保持して流体を

採取する装置 (WHATS) を開発し,熱水や冷湧水域の流体の研究に用いている (Saegusa et al., 2006 など). 同グループでは,現場に設置し,時系列に海底直上海水を採取する装置 (JIKEIRETSU) も開発している. 保圧式ではないが採取した流体の化学組成の分析により,時間経過に伴う濃度の増加から流体湧き出し速度の推定も行われている (土岐ほか,2005). 中米海溝コスタリカ沖沈み込み帯では,トレーサーと浸透圧を利用したチューブによる採水装置 (CAT-meter) により,雑微動と対応した流体の湧出変化が捉えられている (Brown et al., 2005).

これらの流体試料の採取機器に対して,流体化学組成を現場において分析しデータを得る装置 (GAMOS) も開発されている (たとえば,Okamura et al., 2004). 潜水船や巡航型のロボットに搭載することにより,広域の海水化学組成のマッピングを行うことができる. 地層や流体中の放射性核種の種類や濃度を調べるガンマ線観測も潜水船を用いて広範囲に行われており,プレート沈み込み帯では断層付近で濃度が高くなる傾向が報告されている (服部・岡野,2001). 熊野沖では,ちょうど分岐断層が海底に達する地点において高いガンマ線計数率が観測されている (芦ほか,2003). JAMSTECでは,陸上と海底ケーブルで接続された観測ステーションを設置し,相模湾初島沖や室戸岬沖の冷湧水地点の海底映像の取得や各種センサーによる観測が行われている. 地震や断層運動による変化や事前現象の解明に非常に有効であり,観測点のさらなる展開が望まれる.

2-3 海底谷観察による南海付加体

(1) どこに行けば南海付加体が見えるのだろうか

この節では,潜水船から直接観察した南海付加体の変形構造を中心に話を進める. 私たち (川村ほか) の研究グループは,これまで南海付加体の構造調査を陸上での地質調査に立脚して独自の視点で行ってきた. 陸上で見られる (過去の) 付加体の調査は,物理探査,ボーリング,陸上踏査の三本柱によってなされてきた. 一方,海底で見られる (現世の) 付加体の調査は,そ

の点で見ると，主としてボーリングと地震探査だけで，踏査は行われてこなかったといえる．いくらタフな地質学者といえども，陸上と同じように海底を歩いて，そこに見られる岩石を直接観察したり，走向傾斜を測定したりすることなどできない．しかし，私たちは，有人潜水調査船「しんかい6500」という，6500 mの海底まで連れていってくれる特殊な乗り物を知っている．それを使えば，海底に露出する地質構造を観察することができる．

では，どこに行けば付加体の地質構造が見えるのだろうか．海底には，常にマリンスノーが降っているので，ほとんどの海底はすぐにヘドロに覆われてしまう，と思われてきた．しかし，すべての場所がそうとは限らない．私たちは，陸上踏査をするときに，海岸線や谷沿いを調査する．なぜなら，そこは波や水流によって「陸」が削られており，表面の土壌が削剥されていて，基盤岩が露出しているからである．そのような場所が海底にもある．海底谷である．海底谷は，陸上から流下した土砂が海底を侵食することによってできた谷である．その谷の側壁には，広範囲にわたって「基盤岩」が露出する

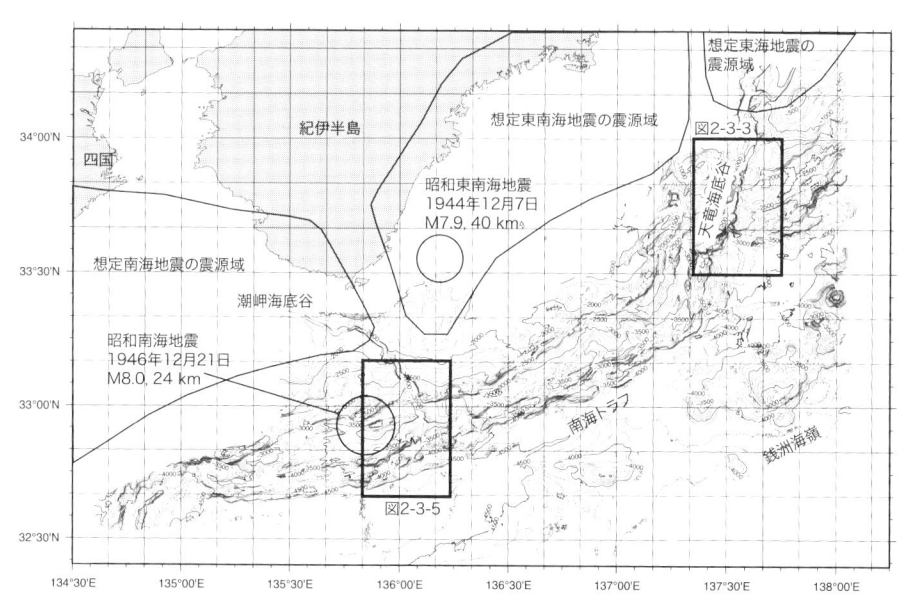

図 2-3-1　研究調査地域（GMTを用いて東京大学工学部佐々木智之が作成）
想定東海・東南海・南海地震の震源域，昭和南海・昭和東南海地震の震源位置は，地震調査研究推進本部から公表されている資料による．

(ここでの基盤岩とは南海付加体をさす).海底谷は,現世付加体の露頭規模での地質構造を調査するには最適の場所である.南海付加体には大きな海底谷として天竜海底谷と潮岬海底谷の2つがあり,比高数百mで南海付加体を削っている(図2-3-1).その両側の崖には,南海付加体の地質構造が全面露頭として見られる.

ここでは,天竜・潮岬海底谷を中心に,今まで語られてこなかった露頭規模での現世付加体について論じる.

(2) 天竜海底谷

天竜海底谷沿いの地域は,1980年代の日仏 KAIKO 計画(Kobayashi, 2002 など)以来,詳細な地形調査・潜水調査が行われている.地震探査によると,この地域の前縁部には,剥ぎ取り付加作用による付加体が発達している(Le Pichon et al., 1987a, b; Mazzotti et al., 2002; Kodaira et al., 2003).天竜海底谷のある東部南海付加体は,複数回の海嶺の沈み込みを経験しており,それらは現在の銭洲海嶺のようなもの,古銭洲海嶺であるとされている.それらの海嶺の衝突沈み込みによって,東部南海付加体は変形していると予想されている(Soh and Tokuyama, 2002).天竜海底谷は,想定東南海地震の震源域の東側,想定東海地震の震源域の直上に位置しており,両地震の応力履歴を記録している場所になる.前者は南東へ,後者は南へ衝上する断層運動が想定されており,それによって天竜海底谷周辺の東部南海付加体が形成されてきた(図2-3-2).

天竜海底谷は,1997年から現在まで,無人探査機「かいこう」と「しんかい6500」による潜水調査が行われており(川村ほか,1999など),それらの調査に基づくと,以下に述べるような①前縁帯,②覆瓦状スラスト帯,③東海スラスト帯に分けて説明することができると考えられる.また,前縁帯では,地震探査で見られるようなプロトスラスト,前縁スラストに対応する露頭を観察することができる(図2-3-3,図2-3-4).

図2-3-4に天竜海底谷で見られる付加体の地質構造の模式図を示す.この地域の付加体は,主として水平かやや傾斜したタービダイト層からなり,泥層は,付加されて,ある程度固化し,覆瓦状スラスト帯において割れ目が

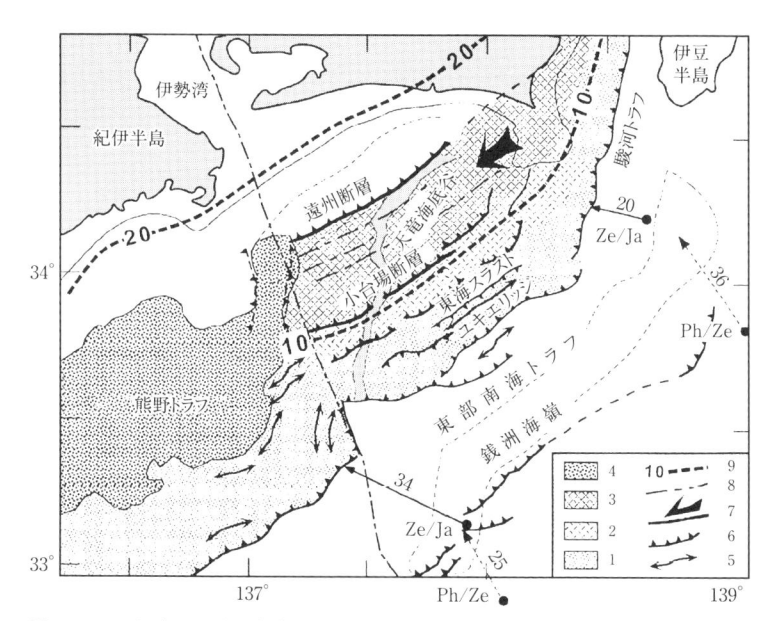

図 2-3-2 地形，地震，潜水船調査に基づいた東海地域の総合的な構造図（Le Pichon *et al.*, 1996 より）

　1：最近の付加体，2：古銭洲海嶺の位置，3：バックストップ（古い付加体？），4：前弧海盆，5：背斜軸，6：スラスト，7：横ずれ断層，8：小規模断層，9：フィリピン海プレートの上面の等深線（単位は km）．破線ベクトル Ph/Ze はフィリピン海プレートと銭洲海嶺，実線ベクトル Ze/Ja は銭洲海嶺と日本との運動ベクトルを示す（ベクトルの単位は cm/年）．

発達しているのが観察される．砂層はほとんど未固結であり，断層近傍においてセメンテーションによってのみ硬化している．

前縁帯

　天竜海底谷から広がる南海トラフの海底扇状地には，南海付加体が崩れ，天竜海底谷に沿って流下してきたと思われる直径数 m のブロックが砂層の上に点在している．その海底扇状地の新しい堆積物には，比高数 m の段差地形が「かいこう」による第 42 潜航（以下 10K#42）で観察された（図 2-3-3）．これはおそらく Le Pichon *et al.* (1987b) で見られているプロトスラストに対応する．

　前縁スラストと付加体前縁部の境界付近は，「かいこう」による第 43 潜航

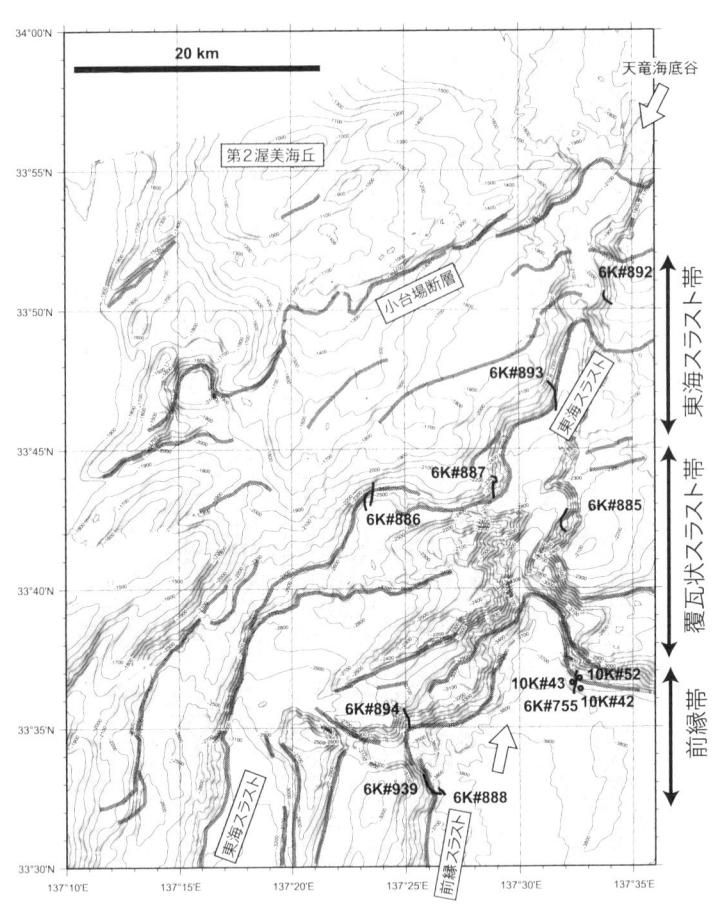

図 2-3-3 天竜海底谷での潜航調査地点（地形図は GMT を用いて佐々木智之が作成）

範囲は図 2-3-1 に示す．6K は「しんかい 6500」の，10K は「かいこう」の潜航調査番号．

(10K#43) と 10K#52，さらに「しんかい 6500」による第 755 潜航（以下 6K#755）で観察された（図 2-3-3）．付加体前縁部と前縁スラストは，タービダイトの薄層からなり，前者ではタービダイトの連続性がよく，また地層は比較的緩傾斜（30°以内）であるのに対し，後者ではタービダイトの連続性が悪く，地層は比較的急傾斜（60°以上）である．

前縁スラストの上位には付加体前縁部があり，以下の 3 潜航；6K#888,

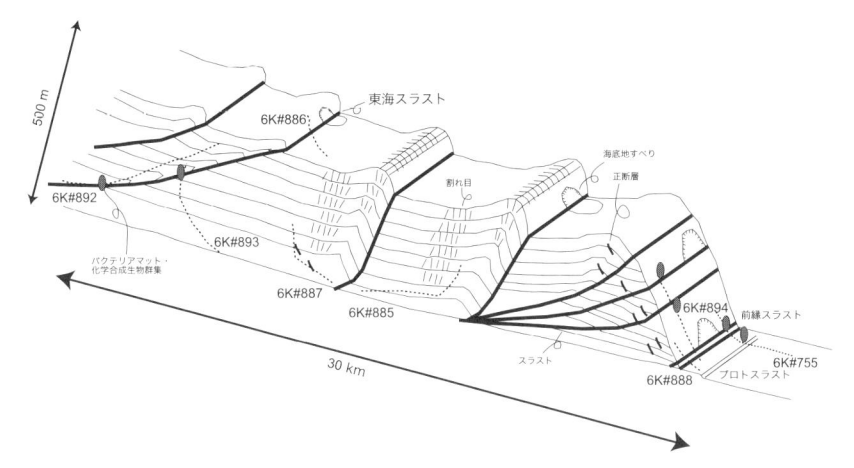

図 2-3-4　天竜海底谷に沿う南海付加体の3次元的な概念図

6K#894，6K#939 が行われた（図 2-3-3）．それらの潜航調査では，共通して，ほぼ水平か南傾斜した未固結〜半固結のタービダイト層からなることがわかり（写真 2-3-1），閉じた褶曲がしばしば観察される．また，タービダイト中に未固結堆積物の変形構造であるコンボリューションがあり（写真 2-3-2），断層には地層が引きずられたような構造が見られる（写真 2-3-1）．このように，前縁帯では，未固結時の変形構造が特徴的に観察される．さらに，前縁帯の海側斜面は急崖となっており，頻繁に正断層が見られる（写真 2-3-1）．これらの正断層は，前縁スラストの上盤側に位置しており（図 2-3-4），斜面不安定性によって引き起こされた崩壊に伴うものである可能性がある．しかし，後述するように，正断層系はより内陸部でも確認されているので，付加体中の正断層の形成要因には地震による可能性もあり（Kawamura et al., 2007），さらに検討が必要と思われる．

　放散虫化石が 6K#755，6K#888 で得られた試料から検出され，それらは 4-2 Ma よりも新しい年代を示す（Kawamura et al., in press）．この年代は，デコルマ帯直上で想定される堆積物の年代である 2.5 Ma と符号する（Le Pichon et al., 1992）．日仏 KAIKO 計画でも東経 138° 付近の付加体前縁部（最前縁スラスト（T1a）〜斜面傾斜が急になりはじめるユキエリッジ南麓のスラスト（T2a）までの範囲）から岩石が採取されており，石灰質ナノ化

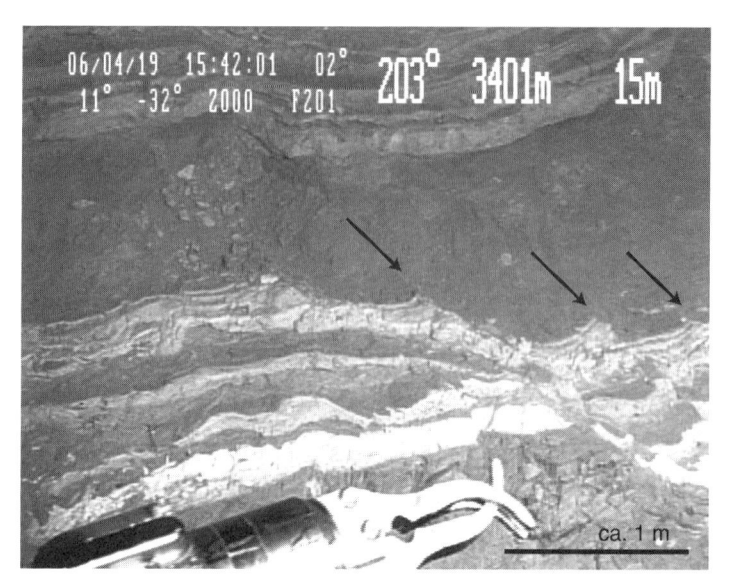

写真 2-3-1　天竜海底谷，前縁帯（川村喜一郎撮影．JAMSTEC 提供）
6K#939．南から北を見る．未固結時に形成された正断層系．

石年代は 0.23 Ma よりも新しい（Le Pichon *et al.*, 1992）．すなわち，この地域では付加体が現在でも成長しているが，天竜海底谷では，付加体が現在は成長しておらず，削剥されていることを示す．そして，その岩石はデコルマ帯付近からもたらされていることを示唆する．

覆瓦状スラスト帯

　前縁帯の北側の 6K#885 と 6K#887 では，互いに共通した特徴の地層が観察された（図 2-3-3）．それは，水平かやや傾斜した砂岩泥岩互層のタービダイト層であり，緩く褶曲していた．泥岩層は比較的固結しているが，砂岩層はほとんど固結していなかった．泥岩には割れ目が発達しており（写真 2-3-3），褶曲軸付近ではその割れ目が顕著になる（図 2-3-4）．砂岩層には，白色の鉱物脈が頻繁に見られ，それらは地層に斜交している．そのような白色鉱物脈の発達した砂岩は，露頭で突出しており，やや硬化していると予想される．また，6K#887 において，天竜海底谷西側斜面基部に正断層系が観察された．

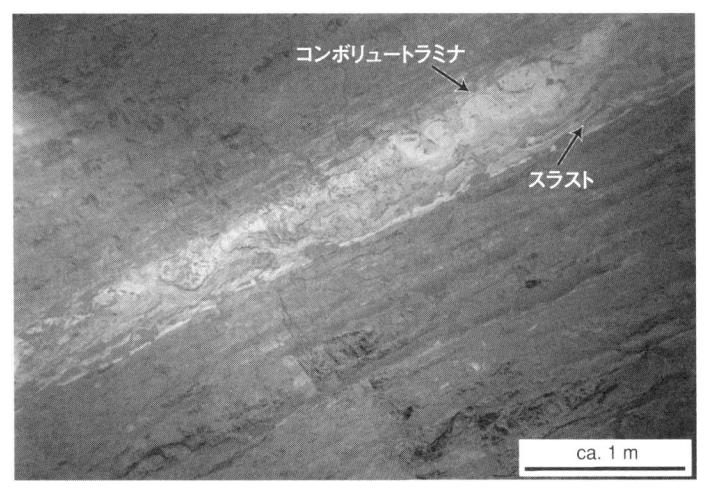

写真 2-3-2 天竜海底谷，前縁帯（小川勇二郎撮影，JAMSTEC 提供）
6K#894．南から北を見る．シルト層に見られる変形構造．

前縁帯から覆瓦状スラスト帯までは，位置的に，古銭洲海嶺の沈み込みの後に形成された「新しい付加体」に相当する（Le Pichon et al., 1996：図2-3-4）．Kodaira et al. (2003) は，2列の古銭洲海嶺が，新しい付加体の直下（Paleo Zenisu south ridge）と東海スラスト以北（Paleo Zenisu north ridge）にあることを報告しており（図1-2-7参照），先の Le Pichon ら (1996) の新しい付加体といえども，海嶺沈み込みに伴って変形を被っていることが予想される．

岩石の間隙率は，前縁帯で約 50-60% であるが，覆瓦状スラスト帯では，40-50% 程度に減少する（Kawamura et al., 2009）．また，針貫入試験器によって簡易的に測定された一軸圧縮強度は，前縁帯で 2-3 MPa であるのに対し，覆瓦状スラスト帯で最大 6 MPa まで連続的に増加する（Kawamura et al., 2009）．このように，前縁帯から覆瓦状スラスト帯までで，内陸側ほどタービダイトの圧密固化が進行していることがわかる．

日仏 KAIKO 計画によって，東経 138° 付近のユキエリッジ頂部から岩石が採取されており，石灰質ナノ化石年代は 1.1-1.2 Ma であった（服部・岡野，1998）．また，Le Pichon et al. (1992) は，ユキエリッジ頂部から 0.23-0.78 Ma，南麓のスラスト（先の T2a と同じ）の上盤側から 1.1-1.3 Ma の年代

写真 2-3-3 天竜海底谷，覆瓦状スラスト帯（川村喜一郎撮影，JAMSTEC 提供）
6K#885．西から斜め下を見る．割れ目が発達した水平タービダイト層．

を報告している．頂部の岩石は，付加後に堆積した斜面堆積物と考えられており，付加体の年代は 1.1-1.3 Ma かそれよりも古いと考えられる．しかし，それは天竜海底谷での付加体前縁部の岩石の年代よりも新しい年代であり，複雑な地質構造が想定される．

東海スラスト帯

覆瓦状スラスト帯の北側には，低角度の断層帯（いわゆる OOST）である東海スラスト帯がある．この地域は，6K#886，6K#892，6K#893 で潜航調査された（図 2-3-3）．東海スラスト帯では，より南側の付加体では見られないような特徴的な岩石が分布している．6K#892 ではスレート壁開が著しく発達した泥岩が見られ，6K#893 では間隙率が低く一軸圧縮強度が 10 MPa を超える砂岩が見られる（Kawamura et al., 2009）．それらの砂岩の中には，黒色脈の断層が見られるものがある．これらの岩石は，おそらく地下深部から東海スラストによって衝上してきた岩石であると推測される．Mazzotti et al. (2002) は，東海スラストに沿って 5 km 以上海洋地殻が衝上

し） ていることを報告しており，これらの観察結果と矛盾しない．

　6K#886 では，東海スラスト帯の付加体表層に発達する地すべりの微地形が観察された．海底地すべり地形は，主に小台場断層，東海スラスト，前縁スラスト（図2-3-4）の海側斜面に分布している．これらの3つの断層帯が現在でも活発に活動しているために，スラストの上盤が海側に押し出されることによって，斜面が不安定になり，海底地すべりを頻繁に発生させていると考えられる．

　ここから得られた放散虫化石は，さまざまな年代を示す．それらは大きく分けて2つある．1つはおおよそ1.5 Ma よりも若い軟岩で（Kawamura et al., 2009），もう1つはより古い硬岩である．天竜海底谷から得られた6K#893 の間隙率の小さい泥岩からは3.8 Ma より古い年代を示す石灰質ナノ化石が得られた（千代延俊，私信）．また，日仏 KAIKO 計画によって，東経138° 10′付近の東海スラストから採取された岩石中の石灰質ナノ化石は7-5 Ma と古い年代を示している．Mazzotti et al.（2002）の地震探査と見比べると，前者は斜面堆積物，後者は付加体と解釈できる．しかし，この地域の地質構造は複雑であり，今後より詳細な調査を行う必要がある．

(3) 潮岬海底谷

　潮岬海底谷は，想定南海地震と想定東南海地震に挟まれた震源域の境界部に位置している．近年，地球深部探査船「ちきゅう」による掘削準備・計画立案のための多くの地震探査が行われている．それらによると，このあたりは天竜海底谷で見られる古銭洲海嶺のような海山沈み込みは存在せず，剥ぎ取り付加作用によってのみ形成された付加体である．この点で天竜海底谷で見られる付加体とは対照的である．潮岬海底谷に沿った付加体は5つのリッジからなり，以下に述べるように，1, 3, 5番リッジで潜航調査が行われている（図2-3-5）（安間ほか，2002；安間ほか，投稿中）．その東延長部では南海トラフ地震発生帯掘削研究で掘削が行われているが，潮岬海底谷では掘削で得られる地下構造に対応した断面を見ることができる．

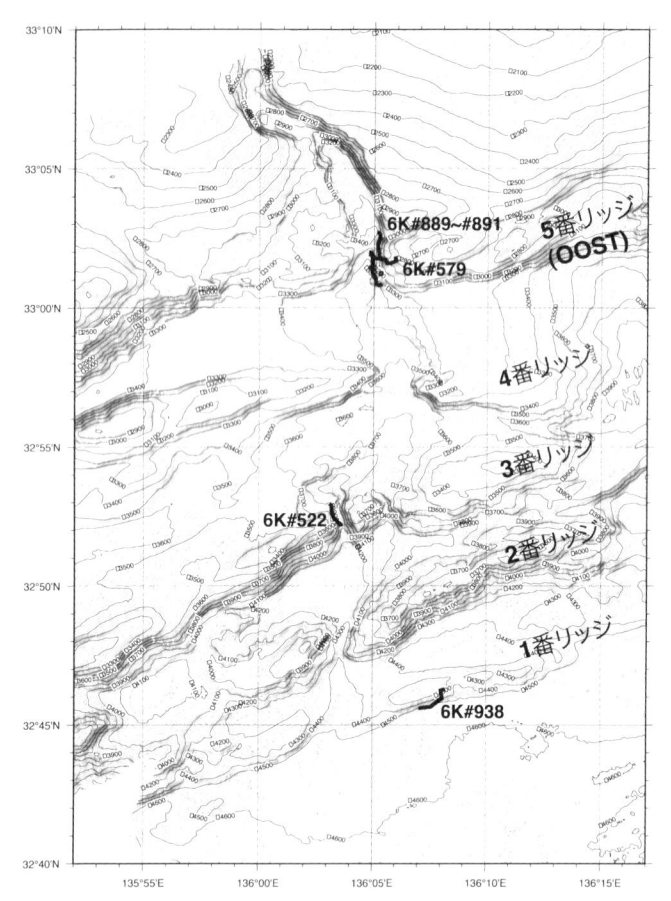

図 2-3-5　潮岬海底谷での潜航調査地点（地形図は GMT を用いて佐々木智之が作成）
範囲は図 2-3-1 に示す．6K は「しんかい 6500」の潜航調査番号．

1 番リッジ

　6K#938 は 1 番リッジの海側斜面における潜航である（図 2-3-5）．斜面基部には，殻皮が新鮮な状態のハナシガイ科の二枚貝（奥谷喬司・藤原義弘，私信）が地中に埋もれており，最近までそのような化学合成共生生物が 1 番リッジの海側斜面基部で生息していたことを示唆する．また，リッジ頂部には，石灰質鉱物によってセメンテーションされた岩石が分布しており，正断層系も多く認められた．これらは，おそらくはリッジを構成するタービダイ

トの背斜軸での伸張によるものであると推測される．地下を流れる流体は，リッジの背斜軸に沿って海底に湧出している可能性が示唆される．これらのタービダイトはほぼ現世と思われる（写真2-3-4）．

3番リッジ

3番リッジは6K#522によって潜航調査が行われた（図2-3-5）．このリッジも1番リッジ同様，スラスト・背斜構造によるものであることが，JAMSTECによる反射法地震探査から推測される．1番リッジとは異なり，泥岩において割れ目系が発達しており，ある程度固化が進行していることがわかる．このリッジを縦断する海底谷底には，海底谷を横断するように，比高数m，幅数百mの緩やかな隆起帯がある．本来，海底谷は侵食されているので，そのような隆起部が形成されるためには，スラスト運動を考える必要がある（安間ほか，2002）．このように地形的に顕著に隆起が認められることから，このリッジを形成するスラストの活動度が高いことがうかがえる．

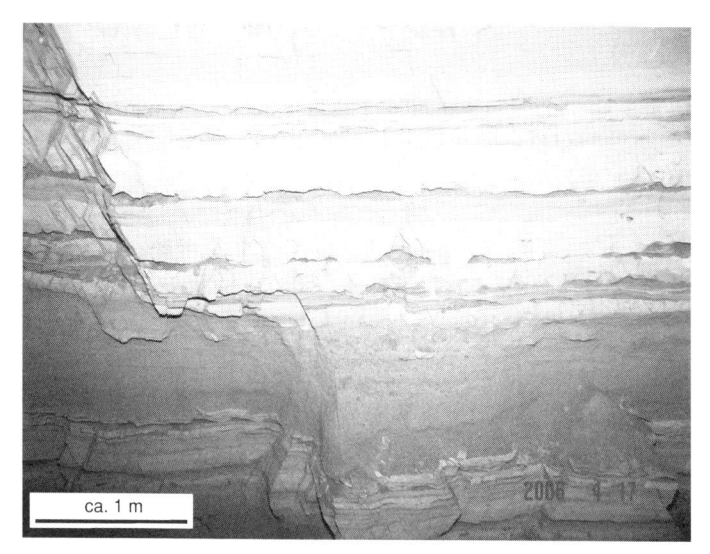

写真 2-3-4 潮岬海底谷，1番リッジ（小川勇二郎撮影，JAMSTEC提供）
6K#938．南から北を見る．割れ目が発達した未固結の水平タービダイト層．

5番リッジ

 5番リッジは6K#579,6K#889,6K#890,6K#891の4潜航が行われている（図2-3-5）. それらによると, このリッジは, 複雑な割れ目系が発達するタービダイトを中心とした岩石からなる（写真2-3-5）. 砂岩は石灰質セメンテーションによって著しく固結しているものがあるが, セメンテーションされていないものはさほど固結していない. 砂岩中には, くもの巣状構造が見られるものがある. 泥岩には割れ目系が発達しており, 脱水固化しているものが多い. このリッジを縦断する海底谷底にも, 3番リッジと同様に隆起帯がある（安間ほか, 2002：安間ほか, 投稿中）. この隆起帯もまた, スラスト運動によって形成されたリッジであると考えられる. 6K#891では, リッジをかすめるように潜航調査が行われ, タービダイト露頭が観察されている.

 放散虫化石は6K#579,6K#890,6K#891で得られた岩石試料から検出され, その年代は, 3.5 Maより若い（安間ほか, 投稿中）.

 これらの潜航調査によって得られた試料の間隙率は, 1番リッジでは約50

写真2-3-5　潮岬海底谷, 5番リッジ（Greg Moore 撮影, JAMSTEC 提供）
　　　　　　6K#890, 西から東を見る. 割れ目が発達した水平タービダイト層.

%であるのに対し，5番リッジでは10％台のものが含まれてくる．天竜海底谷での測定手法同様，簡易的な一軸圧縮強度は，1番リッジにおいて1MPa程度しかないが，5番リッジでは10MPaを超える岩石がある．間隙率が小さく強度の大きい岩石は，炭酸塩などでセメンテーションされている（安間ほか，投稿中）．このように，潮岬海底谷においても，内陸に行くに従い，圧密・続成により固化が進んでいる．

(4) 陸上付加体の露頭（房総・三浦）との比較

　南海付加体の年代は，上記の放散虫化石年代からすると，房総半島に分布している鮮新世の千倉層群に相当すると考えられる．小川・久田（2005）や村岡・小川（2008）によると，千倉層群はプレート沈み込み境界での堆積・変形の特徴を示しており，一部もしくは大部分は付加体であるとしている．千倉層群よりも古い中新世中期〜後期の三浦層群は，小規模な逆断層やデュープレックス構造，そのほか多くの側方短縮の証拠があり（写真2-3-6）（小川・久田，2005），それらの構造的特徴から付加体であると考えられている（Yamamoto and Kawakami, 2005）．

　房総半島の付加体と考えられているこれらの地層の変形様式は，南海付加体の変形様式そのものであるように見える．特に千倉層群に見られる変形構造は，以下の点において南海付加体に類似する．①さほど変形せずに緩い褶曲をしているのみである．②泥岩には無数の割れ目が入っており，脈状構造やコンボリュートラミナ，小断層が見られる（写真2-3-7）．③スラストや正断層は，地層が引きずられた痕跡があり，未固結時の変形である．④層平行断層によって，タービダイト層が繰り返している．⑤南海付加体の砂層は未固結であったが，千倉層群で見られる砂層には液状化した痕跡があり，変形時，ほぼ未固結であったと思われる．房総・三浦に露出する付加体は，伊豆衝突により，変形を被っていることがYamamoto and Kawakami（2005）で指摘されているが，想定される最大埋没深度が数kmと浅いことから，現世の南海付加体との比較研究は難しくないと思われる．この地質体との比較研究により，より詳細な南海付加体の地質構造の解明に繋がると期待されている．

写真 2-3-6 房総半島三浦層群西崎層中に見られるスラストと正断層（川村喜一郎撮影）
　ここでは正断層の活動の後にスラストが活動している．南海付加体でも，特に前縁部においてスラストと正断層が隣接して見られる．

写真 2-3-7 房総半島千倉層群白間津層の泥岩層中に発達した割れ目（川村喜一郎撮影）

このように，房総半島で見られる付加体と考えられる地層には，南海付加体との共通点が数多く認められる．潜水船での調査には時間制限があり，得られる試料にも限りがある．この点を，房総半島のような剥ぎ取り付加作用によって形成された地質体で補うことができるならば，潜水船による付加体構造調査はさらに進展するだろう．

2-4 南海付加体の温度構造と地震発生帯

プレート沈み込み帯の温度構造が，地震発生帯の幅，すなわち上限と下限を規定していることが，Hyndman et al. (1997) などにより指摘されたことは，すでに序章で述べた．Hyndman らは，カナダ西岸における地殻変動と地温構造のデータから，地震発生帯，プレート境界断層固着域は，約150-350℃の範囲に存在すると指摘した．また，南海トラフをはじめ世界の沈み込み帯においても，同様の温度範囲で固着しているとした．

固着域の浅部と深部の境界でどのような現象が生じているかについても考察が行われている．浅部では付加した堆積物の圧密やセメンテーション，粘土鉱物の脱水などにより，地層が固化し，摩擦特性が不安定すべりを起こす状態に変化すると考えられる．一方，深部では石英の脆性から延性変形への移行により，弾性エネルギーを蓄積する能力を失うであろう．

浅部境界での粘土鉱物の摩擦特性変化については，その後の実験的研究からスメクタイトからイライトへの変化によるものではないことが指摘された (Saffer and Marone, 2003)．しかし，温度構造と固着域の関係を否定するものではなく，地震発生に温度構造が深く関係していることは広く認識されている．ここでは，地殻熱流量データを紹介し，それらから推定される南海トラフの温度構造を紹介する．

(1) 海底熱流量の観測

海底下の温度構造を決めるために，熱流量は重要な境界条件を与える．熱流量とは，単位断面積を単位時間に移動する熱エネルギー量と定義される．海底の場合，海底面 1 m^2 を毎秒通過する放熱量のことである．フーリエの

法則から、1次元定常状態では、熱流量 Q は

$$Q = -\lambda \frac{\partial T}{\partial z} \qquad (2.4.1)$$

と表される。λ は媒質の熱伝導率、T は温度、z は深さである。したがって、熱流量は海底付近の熱伝導率と垂直温度勾配から求められる。

　海底での熱流量測定は、1954年のイギリスのブラード卿によるプローブ貫入式をはじめとし、現在でも基本的に方法は変わらない。観測船からワイヤーで、上部に錘のついた槍（長さ3-10 m）をドロして海底に突き刺すのであるが、その槍には数個（3-10個）の精密温度計が取りつけられている（写真2-4-1左）。深海では、海水温度は時間的に安定していると考えられるので、海底下数mまでの温度勾配は、基本的に地下の熱流量の情報を伝えていると考えてよい。一方、槍が堆積物に突き刺さったために摩擦熱が生じる。この効果を相殺するために、通常7-15分程度突き刺したままにしておき、その間に記録された温度変化を外挿して地層温度を求める。

　深海掘削でも熱流量測定が行われており、掘削の進行にしたがって各深度での地温が上記と同じく槍を突き刺して測定されている。また、掘削試料を用いた熱伝導率測定が行われている。

　このほかに、反射法地震探査で海底にほぼ平行な反射面として出現し、メ

写真2-4-1 熱流量測定用の槍と錘（左）と東京大学地震研究所で開発された自己浮上式長期熱流量計（右）

タンハイドレート層の下限を示す BSR を利用する方法がある (2-2 節参照). メタンハイドレートの生成・分解は温度・圧力によって決まるので, BSR 深度からその地点での温度を推定することができる. さらに地震探査データから求めた P 波速度より経験的に堆積物の熱伝導率が推定され, 地温勾配・地殻熱流量を求めることができる. Yamano et al. (1982) は, 四国沖の付加プリズムにおいて BSR から熱流量を推定し, 従来から用いられているプローブによる値と調和的であることからこの手法の有効性を明らかにした.

東南海地震の震源域の真上にあたる熊野トラフは, 水深は 2000 m と深いが, 海底付近の水温が時間変動することが知られている. その原因は明らかでないが, 実際に上記の方法で測定しても, 温度が深さに対して直線的にならず, そのままでは熱流量が求められない. そこで, 東京大学地震研究所の山野らにより, 自己浮上式長期熱流量計が開発された. 海底地震計と同じように, ガラス球の浮きの中に測定系や電源を封入し, 最終的には音響切り離しにより槍を切り離して本体（ガラス球）のみを浮上させるものである（写真 2-4-1 右）.

さらに簡便な方法として, あらかじめ海底付近の水温を長期計測しておき, その後プローブ（槍）で測定をして, 得られた温度を水温変動に対して補正することも試みられている. 水温変動が時間の関数としてわかっていれば, その変化が地下に熱伝導で伝達する現象により温度が擾乱を受けるので, 熱伝導方程式を解くことにより水温変動を理論的に除去できるのである.

(2) 南海付加体の温度構造と地震発生帯

付加体の形成発達の様式や, 地震発生帯の進化を論じる上で基本となるのが, 地下の温度・圧力分布である. 温度・圧力に応じて物質の状態が決まるというだけでなく, 逆に流体移動などの現象が温度・圧力に影響を与えるという両面がある. あるいは, たとえばメタンハイドレートの生成分解過程における潜熱の影響を考えるときなど, 物質の状態変化と温度・圧力条件が相互作用してダイナミックに決まる場合もある.

地下の温度構造は, 地表や海底面を通じて地下から放出される地殻熱流量を測定し, それを境界条件として熱伝導方程式を解くことにより得られる.

無論境界条件は多ければ多いほどよく，掘削孔での直接測定データがあればその精度は向上するであろう．また，地震に伴う間隙流体の移動など，時間変化する現象を扱う場合には，初期条件も必要になる．

解くべき熱伝導方程式は温度 T が時刻 t と場所の関数として，

$$\rho c \frac{\partial T}{\partial t} + \rho c \, \boldsymbol{v} \cdot \nabla T = \lambda \nabla^2 T \tag{2.4.2}$$

と書ける．ただし ρ は媒質の密度，c は比熱，λ は熱伝導率で，場所によらず一定とする．$\boldsymbol{v}$ は媒質が移動している場合の速度ベクトルである．実際には付加体自体が変形しており，もっと短い時間スケールでは間隙流体の移動も重要であろう（2-5節参照）．しかしまずは単純に $\boldsymbol{v}=0$ と考えると，(2.4.2) 式は

$$\frac{\partial T}{\partial t} = \kappa \nabla^2 T, \quad \kappa = \frac{\lambda}{\rho c} \tag{2.4.3}$$

と書ける．κ は熱拡散率である．すなわち，媒質の熱拡散率分布がわかれば，温度場の時空分布を解くことができる．さらに定常状態では (2.4.2) 式で左辺 = 0 であるから，熱伝導率 λ がわかれば温度場を求めることができる．実際には，地震探査記録から得られた P 波速度構造をもとに，経験則などを利用して λ が推定されている．

では，最も重要な熱流量分布はどうなっているのだろうか．図 2-4-1 にこれまでに得られた，南海トラフにおける熱流量分布を示す．また，沈み込みが 2 次元的に起こっていると考えて，沈み込み方向と平行に線を引き，その線に熱流量を水平距離の関数として投影したものを図 2-4-2 に示した（以下，熱流量断面と呼ぶ）．南海トラフ全域では広すぎるので，室戸沖と熊野沖の 2 カ所において 60 km の幅の熱流量断面図を作成した．

どちらの熱流量断面でもいえることだが，付加体が形成されるフロントから陸側に向けて熱流量が徐々に低下する．これは基本的には，海側のプレートが沈み込むこと，付加が進行して楔型の地質体が発達すること，という幾何学的な効果が主な原因である．簡単にいうと，海底面は常に低温（約 2 ℃）に保たれ，かつ，沈み込むスラブは，沈み込み速度に依存するものの，周囲より低温であるため付加体内部の温度は陸側に向かって徐々に低温にな

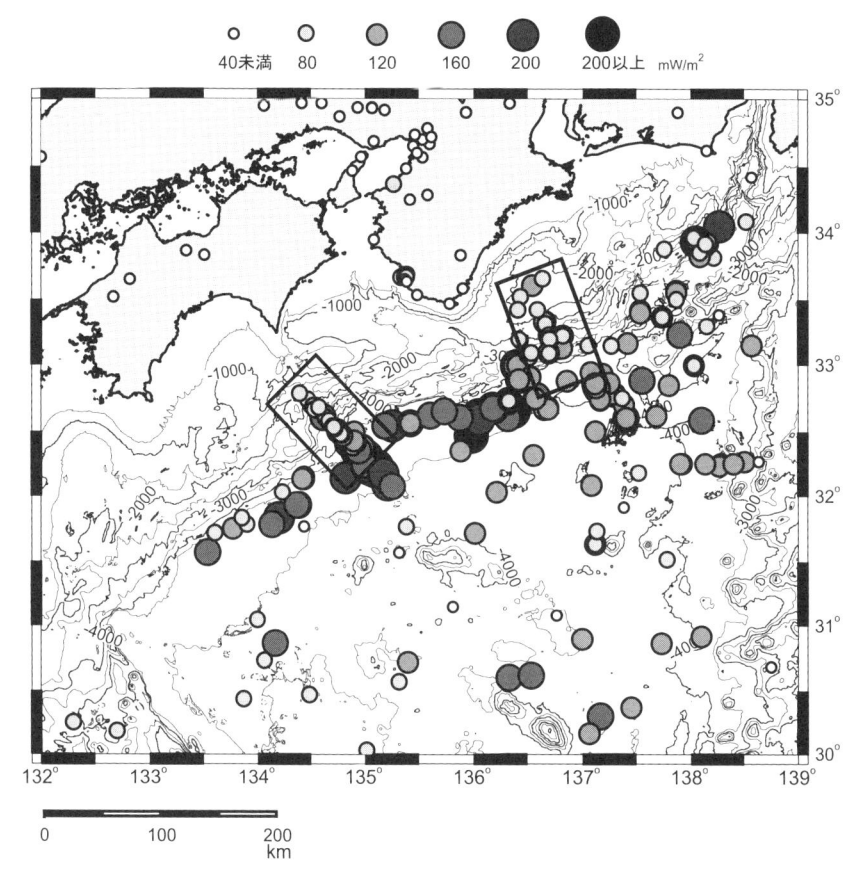

図 2-4-1 南海トラフの地殻熱流量図(濱元栄起による.山野ほか,2000; Yamano et al., 2003; 濱元,2006 を改訂)
室戸沖と熊野沖の枠は図 2-4-2 の作成に用いたデータ範囲を示す.

り,結果として海底からの熱流量も徐々に低下すると考えられる.すなわち,プレートが沈み込む効果により,その周辺の温度が下がるのである.

典型的な付加体を形成している室戸沖では,付加体フロント付近や,変形前のトラフ底での熱流量が異常に高い.トラフ底の高熱流量の原因は未だ議論が分かれているが,フロント付近の高熱流量は,断層に沿って流体が湧出しているための局所的な効果であると考えられる.実際そのような場所では,地下から湧出するメタンなどを栄養とする,化学合成生物群集が見られる

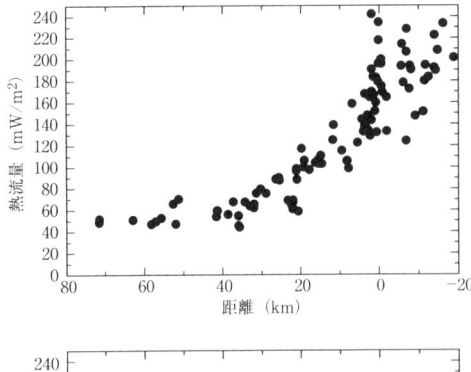

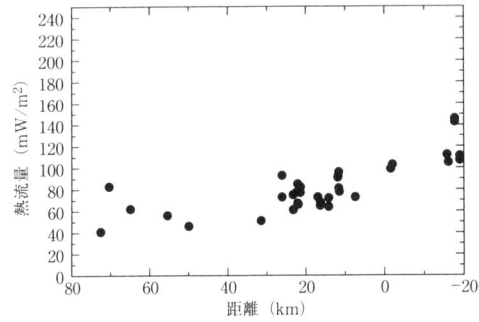

図 2-4-2 室戸沖（上）と熊野沖（下）の地殻熱流量断面図（濱元栄起による．山野ほか，2000；Yamano et al., 2003；濱元，2006 を改訂）
　横軸は変形フロントからの距離を示す．プロットデータの範囲は図 2-4-1 の室戸沖と熊野沖の枠内．

（2-2 節参照）．一方，陸側の前弧海盆付近では，プローブによる測定値はBSR から推定された熱流量とほぼ一致しており，付加体先端部の断層を除けば，大筋このあたりでは，少なくとも海底から数百 m までは熱伝導による放熱が支配的だと考えてよいであろう．

　一方，熊野沖では掘削の事前調査などとして最近熱流量データが充実してきた（Kinoshita et al., 2008 など）．地震研究所による熊野トラフでの長期観測データも蓄積されてきた．基本的には，ここも BSR から推定した熱流量とプローブによる測定値は一致している．また巨大分岐断層付近では，生物群集の存在や間隙流体の化学組成・同位体組成の異常（Toki et al., 2004）と調和的に，局所的な高熱流量値が産総研の後藤ほか（2007）によって得られており，断層に沿った活発な流体湧出が予想される．

　熊野沖や室戸沖では，観測された熱流量分布から沈み込み帯の温度構造モデルを求める試みが行われている．検討する要素は多く，沈み込むプレートの持つ温度が地質時代とともに変化することや，断層などに沿う流体の移動，

付加体自体の変形などを,本来は厳密に考慮しなくてはならない.またタービダイトが堆積している場所では見かけ上海底面での熱流量が低下する.室戸沖などではその効果は 10-15%に達する.

しかし,上記のように,浅部では熱伝導が卓越していることなどを考え,まずは熱伝導による温度場の推定が行われた.カナダの Hyndman と Wang は,地震研究所の山野らと共同で,沈み込むプレート温度が時代とともに変化(冷却による低下)していることを考慮して温度場を計算した(Wang et al., 1995 など).

図 2-4-3 は山野・濱元(2005)による熊野沖海域の熱モデル計算の結果を

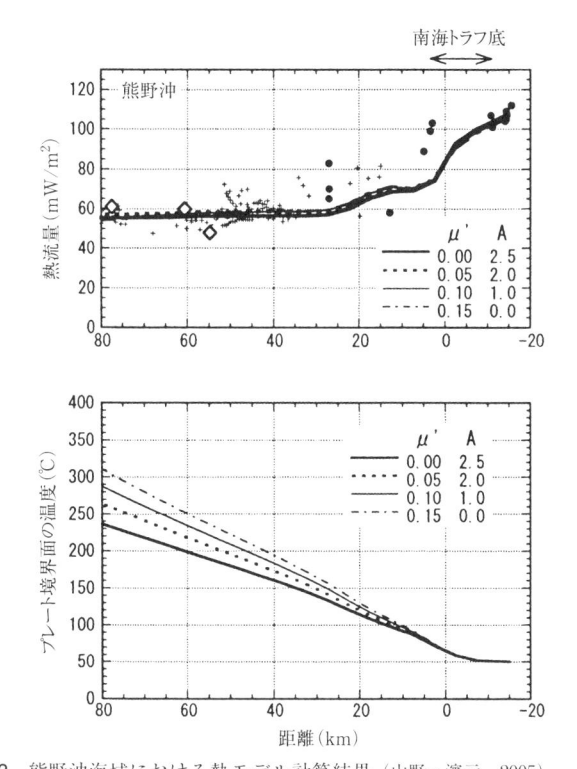

図 2-4-3 熊野沖海域における熱モデル計算結果(山野・濱元,2005)
計算された熱流量プロファイルと観測値の比較(上)とプレート境界面の温度分布(下).μ':有効摩擦係数,A:付加体中の放射性発熱.なお熱流量データは現在も蓄積され,また評価されているため,図 2-4-2 と若干異なっていることに注意.

示す．Wang et al. (1995) と異なる点は，定常状態を仮定して計算範囲を変形フロントから 100 km までに限ったこと，Park et al. (2002a) の構造探査の結果に基づく付加体およびプレートの形状を考慮したこと，にある．プレート間のすべりによる摩擦発熱の効果（有効摩擦係数 μ' に依存）と付加体中の放射性発熱 A の値を適当に選ぶことにより，モデル計算を観測値に合わせることができる（有効摩擦係数については第 4 章を参照のこと）．図 2-4-3 の熱流量の観測値を説明できる μ' と A の値を見ると，μ' は 0.15 程度より小さくなくてはいけないことになる．室戸沖での掘削の結果から，A は 1 $\mu W/m^3$ よりも大きいとされることから，有効摩擦係数 μ' はたかだか 0.1 程度と見積られる．固着した断層岩では，静止摩擦係数が 0.6 程度とされることを考えると随分小さい．

計算された温度場から，固着域境界での温度が導かれる（図 2-4-3）．熊野沖では，1944 年の東南海地震のアスペリティーの浅部境界とされる付近の温度は 150℃ 程度である．

2-5 南海付加体の水理観測

本節では，南海トラフで行われている海底・孔内の温度・圧力測定の結果から，付加体内部での流体移動や水理パラメーターを推定した結果を紹介する．そのためにまず，水理学の基礎について説明する．さらに，海底での熱流量測定から，断層の出口付近での流体移動を推定した結果を紹介する．

(1) 水理地質学の概要

南海トラフに限らず，プレートの沈み込み帯では大量の水を含んだ堆積物が，海洋プレートとともに沈み込む．そのため地中には多くの間隙流体が存在するが，その間隙流体は付加体の成長や地震断層の摩擦挙動に大きな影響を及ぼす（第 3 章，第 4 章）．したがって間隙流体の挙動を理解することは，地震発生の仕組みを解明するためにきわめて重要である．ここではそのための基本的な事項を解説する．

間隙水圧・ダルシーの法則

　JAMSTEC の有人潜水調査船「しんかい6500」は，その名の通り水深 6500 m まで潜水する能力がある．その中の重要な条件として，少なくとも 6500 m まで潜っても周囲の水圧に押しつぶされず，耐圧殻の内部が1気圧に保たれることが要求されるのは，いうまでもない．さて，ここで述べた水圧（静水圧）とは，耐圧殻から水面までの海水の総重量を，耐圧殻を上から見た断面積で割ったものである．むろん流体であるから，耐圧殻の横面にも下面にも均等にこの力がかかっている．海水の密度を ρ_w（kg/m³），「しんかい6500」の潜航深度を z（m），重力加速度を g（m/s²）とすると，そこでの静水圧（hydrostatic pressure）P_h（Pa）は，

$$P_h = \rho_w g z \qquad (2.5.1)$$

と表される（密度成層している場合は，上式の代わりに密度を深さ方向に積分すればよい）．

　同様に，密度 ρ_b の固体（岩石でも堆積物でも）の深さ z における圧力（応力）P_l は，

$$P_l = \rho_b g z \qquad (2.5.2)$$

で表される．これを静岩圧（lithostatic pressure），あるいは地層圧，上載圧，封圧などと呼ぶ．

　海底の堆積層は，固体の粒子の間に海水が入り込んだ構造と考えられる．間隙水圧（pore pressure）とは，地層の粒子間を埋める流体（一般には水）の圧力である．固体同士の結合が弱くて間隙が互いにつながっていると考えてよい場合には，間隙水圧は，その深度まで全部海水で満たされた場合の圧力（静水圧）と等しい．

　海底の堆積層の浅部では，間隙は互いにつながっているので，その間隙水圧は静水圧に等しいであろう．深くなるにつれて，圧密により粒子同士の間隔が狭まるが，その分の間隙水は静水圧に等しくなるまで排水される．一方，たとえば南海トラフ底のようにタービダイトが急激に堆積しているような状況では，圧密により間隙が押しつぶされてもその分が十分に排水されないた

め，間隙水圧が静水圧よりも上昇する．間隙水圧と静水圧の差を過剰間隙水圧（excess pore pressure）と呼ぶ．容易に想像できるが，このような異常が生じるかどうかは，その場所の浸透率*や，堆積速度，堆積後の経過時間に依存する．過剰間隙水圧の観測例を図2-5-1に示す．

過剰間隙水圧が存在するような状況では，それを解消するように水が流れる（排水される）．排出速度と圧力異常の関係は，以下のダルシー則で記述される：

$$u = -\frac{k}{\mu}\nabla P \tag{2.5.3}$$

ただし u（m/s）はダルシー速度（単位断面積を単位時間に通過する流量），

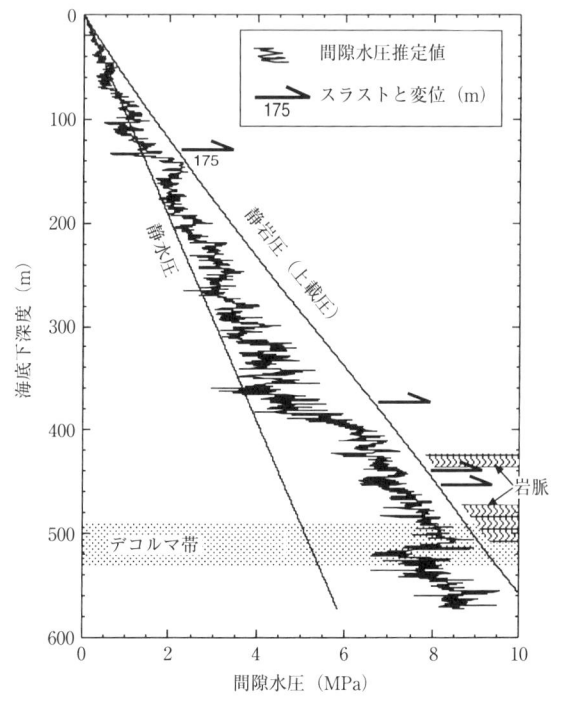

図2-5-1 静水圧・静岩圧の深さ方向の変化の例（Moore and Tobin, 1997）横軸は海底面の圧力からの差である．

---

* 浸透率は透水率と同じ．

k（m^2）は浸透率，μ（Pa・s）は粘性率，P（Pa）は過剰間隙水圧である．過剰間隙水圧があっても，浸透率が小さくて十分に排出が行われないような場合には，その異常がしばらくの間維持される．

多孔質媒体の歪と間隙水圧

　間隙流体で満たされた弾性体を多孔質媒体（poroelastic media）と呼ぶ．このような媒質に応力がかかって変形する場合の取扱いは複雑であるが，付加体や地震発生帯を扱うには最も適した方法である．

　固体部分の微小変形（歪）と応力の関係は，通常の弾性体と同じようにフックの法則（歪の大きさは応力に比例する）が成り立つ．一方，流体部分の挙動については，準静的仮定の下でダルシーの法則が成立する．

　実際には固体と流体間に相互作用があるので，これらを独立に扱うのでなく，連成させて扱うことになる．等方的な多孔質弾性体における微小変形（歪）や水の出入りの取扱い方法は，Biot（1941）により提唱された．すなわち，多孔質媒体の微小変形は，（外的な）応力変化による部分と間隙水圧変動による部分の足し合わせとして表され，また間隙流体の出入りについても，応力による寄与と間隙水圧による寄与の足し合わせとして表現されると考えた（詳細は徳永，2006，あるいは Wang, 2000 を参照）．

　ここで注意すべきことは，弾性体的な挙動と，ダルシー流による挙動が，それぞれ異なる時定数を持つことである．地震波のような短周期の変動に対して，間隙流体を含む地層は弾性体として振舞うと考えてよい．すなわち地層の浸透率の大小にかかわらず，地震直後には間隙流体は移動せずに非排水状態（undrained condition）となっており，その後時間が経過するに従い，圧力勾配と浸透率の大きさに応じて流体が移動し，最終的に排水状態（drained condition）に到達する．

　非排水状態（弾性的な挙動）の段階では，固体部分の応力変化 $\delta\sigma$（すなわち歪変化）と間隙水圧変動 δP には次のような関係がある：

$$\delta P = -\frac{B}{3}\delta\sigma_{kk} \qquad (2.5.4)$$

あるいは平均歪 ε_{kk} を用いて

$$\delta P = -K_u B \varepsilon_{kk} \quad (2.5.5)$$

と書ける．$\sigma_{kk}/3 = (\sigma_{11}+\sigma_{22}+\sigma_{33})/3$ は法線応力の3成分の平均である．なお本章では，すべて応力は圧縮方向を負としている．このため，上式は圧縮（$\delta\sigma < 0$）により水圧が上昇（$\delta P > 0$）することに対応する．また K_u は非排水条件での体積弾性率（bulk modulus）である．

上式の比例係数 B はスケンプトン定数（$0 \leq B \leq 1$）と呼ばれ，外部応力がどの程度の割合で間隙水圧に「変換」されるかを示す指標である．たとえば $B = 1$ のときは，多孔質弾性体にかかる外部応力が増加すると，その増分はすべて間隙水圧によって担われることを意味する．$B = 0$ のときは間隙水圧はまったく変動せず，外部応力変化はすべて固体部分の歪となることを意味する．

$K_u = 10$ GPa，$B = 1$ とすると（水では $K_u = 2$ GPa），上式より 10^{-6} の歪が生じた場合には，圧力は10 kPa変動することになる．逆にいえば，弾性的な挙動の範囲内で，外部応力が間隙流体に十分伝わる（$B = 1$）場合には，間隙圧計測を歪センサーとして用いることができる．これは実は体積歪計の原理そのものである．

一方，その後の排水がどう起きるかは，主に地層の浸透率構造による．排水（＝流体の移動）が起こると過剰間隙水圧が徐々に解消されるので，間隙水圧の時間変化をモニターすることにより浸透率が推定できる．これは原理としては孔内注水実験に等しい．

潮汐変動を利用した弾性・水理特性の推定

非排水的な挙動と排水的な挙動の両方が存在する例として，周期的な載荷，典型的には海洋潮汐により潮位が増減して海底面の圧力が変動する例がある．海底下における圧力（＝過剰間隙水圧）P_{obs} を

$$P_{obs} = P_u + P_d \quad (2.5.6)$$

と表す（P_u は非排水条件下での圧力変動，P_d は排水過程に起因する圧力変動）．

弾性的に（海底変動と同時に）伝播する圧力 P_u の振幅は，地層の体積弾性率に依存する．一方，海底での圧力変動を解消するように間隙流体が移動（ダルシー流）するが，その圧力 P_d の振幅や位相は水頭拡散率（あるいは hydraulic diffusivity）に依存する．これらの性質を利用して，弾性率や浸透率を推定することができる．

いま，一様な地層特性を持つ地層において，その上の海底でどこでも一様な圧力変動 $P_a(t)=P_0 \cos(2\pi t/T)$ を受けるとする（T は変動周期）．当然であるが，圧力は深さと時間のみの関数である．その場合，海底下深度 z における弾性的な応力変化 σ_{zz} は，深さによらず一定で $-P_a(t)$ に等しい．したがって非排水条件下での圧力変動 P_u は，

$$P_u = \gamma P_a(t) = -\gamma \sigma_{zz} \qquad (2.5.7)$$

と表される．ここで γ は載荷効率（loading efficiency，$0 \leq \gamma \leq 1$）と呼ばれる係数で，スケンプトン係数やポアソン比等から規定される地層の性質を表す．3次元では B がこれに相当した．この場合では P_u の振幅が P_a の γ 倍になり，位相の遅れは生じない．

間隙水は，ダルシーの法則に従って移動する．その場合の圧力変動 P_d は，

$$P_d = P_a(t)(1-\gamma)\exp(-Q)\cos\left(2\pi \frac{t}{T} - Q\right) \qquad (2.5.8)$$

と表される．ここで $Q = z\sqrt{\dfrac{\pi}{cT}}$（$c$：地層の水頭拡散率）である．海底変動に比べて，振幅が $(1-\gamma)\exp(-Q)$ 倍に減衰するとともに，位相が Q（ラジアン）だけ遅れる．言い換えると，海洋潮汐による地下の流体移動の影響は，深くなればなるほど，また変動周期が短くなればなるほど，小さくなる．

以上から，単一の周期からなる海底圧力変動に対して，海底下で観測される圧力変動 P_{obs} は結局，

$$P_{obs} = P_a(t)\left[\gamma + (1-\gamma)\exp(-Q)\cos\left(2\pi \frac{t}{T} - Q\right)\right] \qquad (2.5.9)$$

と表現される．図2-5-2はこれを模式的に示したものである．

なお浦越ほか（2006）は，孔内圧力計測データから実際に γ や c を計算した．具体的には，Q が大きい（深い）部分で圧力が一定になることから，そ

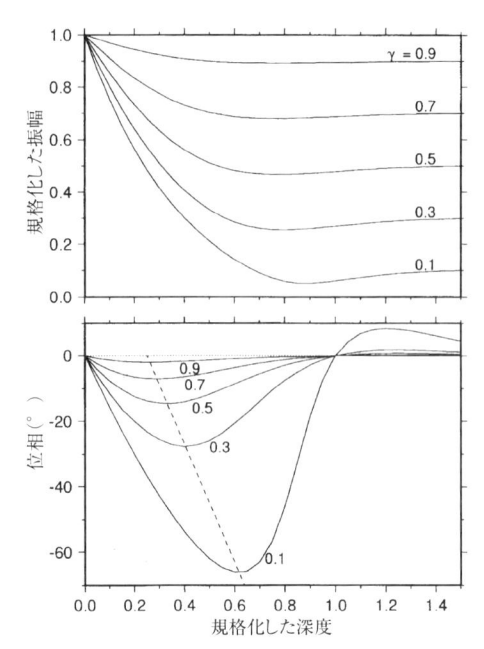

図 2-5-2　海底下の潮汐応答の予測の例（Wang and Davis, 1996）
深度は水理拡散率と変動周期で規格された無次元深度，振幅は表面での負荷で規格化したもの．γ は載荷効率．

の部分は拡散過程（排水）が起こらない場所であり，弾性的な挙動のみがあるとして γ を求め，浅い部分のフィッティングから c を求めている．

　海底孔の観測では，陸上と違って孔内条件を完全に知ることが困難であるため，上記の関係を単純に当てはめるわけにはいかない場合が多い．以下に，ODPでのこれまでの経験を紹介し，どこまで達成できているのか現状を紹介する．

(2) 掘削孔を用いた水理観測

　付加体がどのように成長・発達するかは，沈み込むプレート上の堆積物の状態に大きく依存する．中でもデコルマや前縁スラスト（frontal thrust）の運動を規定するものとして，間隙流体の量（間隙率）やその移動しやすさの重要性が指摘されてきた（第5章に詳述）．間隙率は，掘削時のコア試料や

孔内検層（ロギング）により求めることができるし，それを地震探査記録と比較することにより，ある程度は空間（水平）分布を推定することも可能である．

一方，付加体（あるいは地震発生帯）の「運動」，つまりダイナミックな状態を推定するためには，その原動力（応力・間隙水圧）や動きやすさ（浸透率・剛性率など）を知ることが必要である．運動（あるいは変形）を起こすのは主として断層面であろうから，断層面の現場，あるいはごく近傍でこれらの値を計測する必要がある．

2001年に実施されたODP第196次航海では，室戸沖南海トラフ付加体の前縁部付近で掘削を行い，トラフ底での変形前（掘削点1173）と変形開始直後（掘削点808）の2カ所に，孔内長期圧力観測装置（ACORK）が設置された（Mikada et al., 2002；第5章でも詳述）．ACORKとは，掘削孔内にケーシング（孔壁の崩壊を防ぐために孔井に挿入する金属パイプ）を挿入して，その外側（ケーシングと地層の間）何カ所かでの圧力を測定するものである（図2-5-3）．808孔では，前縁スラストを約400 m深度で，デコルマを約950 m深度で貫通している．また1173孔では，深度約400 mでデコルマの前身（プロトデコルマ）を貫通しつつ720 mで基盤に達している．圧力測定はこれらの断層区間を中心に，それぞれ5-6カ所で実施されている．

ACORK設置以来，これまでに6年にわたって連続データが得られている．長期的圧力変動や潮汐変動に対応する圧力変動が検出された．海洋潮汐によ

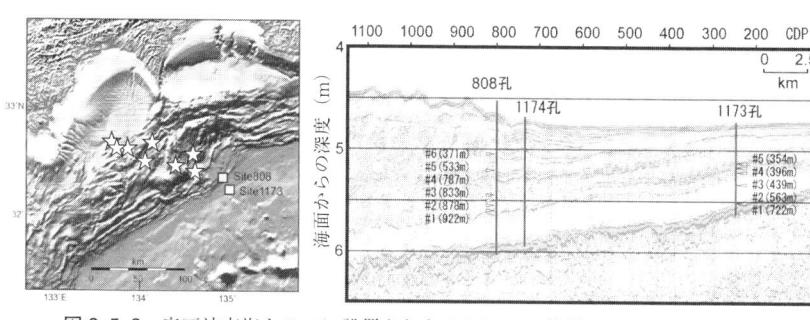

図2-5-3 室戸沖南海トラフに設置されたACORKの位置（Mikada et al., 2002に基づく）
　　左図の星印は，2003年に発生した超低周波地震の震源（Ito and Obara, 2006）．

る圧力変動を海底面と地下深部で比較することにより，地層中の体積弾性率や浸透率を推定することができる．実際に得られた潮汐変動は，海底では1-5 kPa 程度の振幅を持つ（数十cmの海面高変動に対応）が，これがデコルマ周辺では1/5程度に振幅が減少し，位相が遅れることが確認されている．振幅が減少するほど，また位相が遅れるほど浸透率が低いことになる．

　2003年7月6日，808孔ACORKのデコルマ付近の圧力値が最大で約150 kPa 増加し，その後数日から2カ月かけて，いったん増加前の値よりも数 kPa 程度下がってから元に戻った（図2-5-4）．またこのとき1173孔ACORKでは，これよりも10日程前から圧力の減少が観測されている．

　第1章で述べられているように，南海トラフでは，地震発生帯断層の固着域の周囲で，通常よりも周期の長い地震活動が時折発生している．中でも超低周波地震（VLFイベント）は，周期10秒程度で震動し，精度は不十分だが震源は付加体内部と推定されている．室戸沖でも2003年6月26日から1

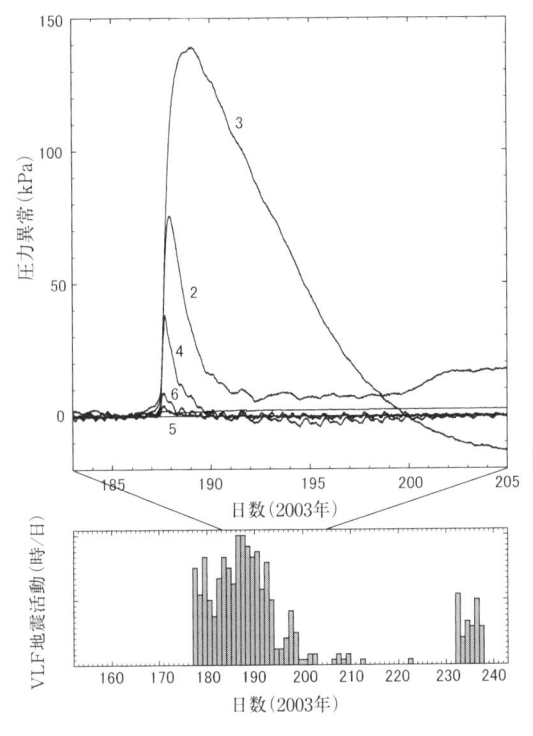

図2-5-4　上：ACORK（808孔）で検出された圧力異常　横軸は2003年1月1日からの通算日数．グラフに添付された数字は図2-5-3に示されたセンサーの位置に対応する．

　下：VLFイベントの頻度分布（Davis et al., 2006などを改変）

カ月程度，VLF イベントが群発した（図 2-5-4）(Ito and Obara, 2006). 一見して，ACORK の圧力変動と VLF イベントに相関があるように見える．

間隙水圧変動の原因としては，地震や潮汐変動などにより発生した応力変動（あるいは歪）が音波速度で伝播する場合と，圧力勾配により実際に間隙流体が流動する場合の2つが考えられる．前者は間隙水圧を体積歪センサーとして使用していることになる．したがって，地震に伴い観測点周辺での応力場が変化することを利用して，圧力計が地震計，あるいは歪計として利用できる．その際，媒質は弾性体として扱うことができ，非排水の状態が保たれる．一方，間隙流体流動（排水）はその後徐々に起こり，それに応じて間隙水圧が変動する．ACORK で観測された変化は，基本的にはこれら2つの効果が組み合わされたものであろう．

これらの信号は，震源からセンサーの間の媒質の弾性的・水理的パラメターの推定に大きな貢献をなすと考えられる．また，熊野沖南海トラフ地震発生帯での掘削研究（NanTroSEIZE）で計画されている孔内長期計測に向けた基礎的な技術情報を提供するものである．

(3) 海底表層の温度構造と流体湧出

付加体に形成される断層帯は，周囲の堆積物に比べて透水性が高いので，堆積物中や地下深部からの間隙流体を排出するチャネルとなるであろう．間隙流体が海底面まで到達すると海底に冷湧水として湧出し，その中に含まれるメタンや硫化水素を栄養源とする化学合成生物が繁殖する．湧水は同時に地下の熱を運んでくるため，湧水域上では高熱流量が観測される．このような場所が断層の出口に沿って点々と存在することが，潜航調査で確認されている（詳しくは 2-2 節を参照）．

冷湧水域での局所温度・流れ場の測定は，有人・無人潜水船で実施されている．南海トラフ付加体では，日仏 KAIKO 計画（1984 年〜）の下，フランスの有人潜水船「ノチール」により，東海沖の付加体前縁スラストでの熱流量測定が実施された (Henry *et al.*, 1992; Foucher *et al.*, 1992). 一方，室戸沖南海トラフ付加体の前縁スラスト付近では，JAMSTEC の無人探査機「かいこう」や有人潜水調査船「しんかい 6500」により，高密度熱流量測定が

実施された．冷湧水コロニーは1m程度のサイズであるために，その熱構造を知るためには潜水船で目視しながら計測することが必要である．その後，室戸沖や熊野沖の付加体での潜航調査により，断層出口付近での詳細な熱流量測定が行われている．

潜水船での熱流量測定の原理は，2-4節で述べた熱流量測定法とまったく同じである．複数の温度計が装備された熱流量プローブ（図2-5-5）を，マニピュレーターにより海底に垂直に突き刺して垂直方向の温度勾配を測定し，その場所で得られたコア試料の熱伝導率を船上で計測する．ただし温度プローブの長さは60 cm程度と短い．

海底への流体湧出が起こっている場合には，その速度に応じてその場所の熱流量値が周囲よりも高くなる．そればかりでなく，速度が速ければ速いほど，温度-深さプロファイルが上に凸になることが解析的に示されている．

簡単のために，温度・流体が垂直方向のみに依存すると仮定する（1次元）．さらに定常状態で，間隙流体の速度が遅く，周囲の地層と温度が準平衡状態に保たれている場合には，海底下の温度構造は，上昇のダルシー速度をvとして，移流項を持つ熱伝導方程式

$$\rho c v \frac{\partial T}{\partial z} = \lambda \frac{\partial^2 T}{\partial z^2} \qquad (2.5.10)$$

を解くことにより得られる．ここでρ，c，λはそれぞれ間隙流体の密度，比熱，そして堆積物全体の熱伝導率である．これを解析的に解くことにより，

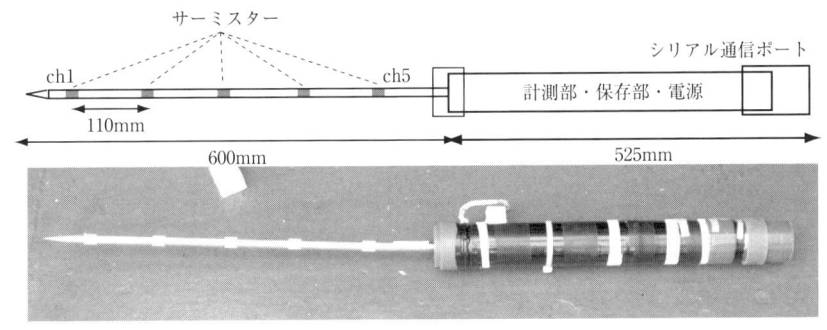

図2-5-5　潜水船用熱流量プローブの例
JAMSTECで使用しているもの．

海底下深度 z での温度 $T(z)$ は

$$T(z) = T_0 + (T_1 - T_0) \frac{\exp\left(\frac{\rho c v z}{\lambda}\right) - 1}{\exp\left(\frac{\rho c v L}{\lambda}\right) - 1} \qquad (2.5.11)$$

として与えられる．ここで T_0 は海底面での温度（一定），T_1 はこの系の下限での温度，L はその下限の深度である．この式を観測された温度-深さデータに当てはめて v の最適値を求めることができる．さらにこの状態でのトータルの（すなわち熱伝導と流体が運ぶ熱を合計した）熱流量 Q は，

$$Q = \rho c v \left(\frac{T_1 - T_0}{\exp\left(\frac{\rho c v L}{\lambda}\right) - 1} - T_0 \right) \qquad (2.5.12)$$

と表される．1次元定常状態を仮定しているので，Q の値は深さによらず一定である．また Q と v は海底堆積物ではほぼ直線的な関係にある．

なお，温度-深さ分布が非線形だからといって，必ずしも流体移動を示すわけではない．非線形温度プロファイルの原因としては，①熱伝導率の深さ変動，②水温の時間変動，③地中での流体移動，の3つが考えられる．特に②と③は混同されやすいので注意が必要である．

実際の湧水は断層等に集中している．浸透率分布によっては，湧水口のすぐそばから海水が供給されることも考えられるだろう．つまり流体移動は2次元，または3次元的であり，水平方向に流体移動が起こる．このような場合の温度・流れ場は数値計算によって推定される．

Henry et al. (1992) は，フランスの有人潜水船「ノチール」により，東部南海トラフ付加体先端部の生物群集域で，海底下60 cm までの温度を計測した．群集の内部では周囲に比べて高い熱流量が得られたが，それに加えて上に凸の温度-深さ分布が得られた（図2-5-6）．これらのデータから数値計算により推定された湧出速度（ダルシー速度）は，直径1 m の大規模群集（A タイプ；1000 個体/m^2 以下）では 100 m/年，直径40 cm の小規模群集（B タイプ；100 個体/m^2 以下）では 10 m/年と異なることが示された．

一方，室戸沖南海トラフでは，ODPによる掘削がトラフ軸を交差して5カ所で行われており，この延長線上で詳細な熱流量測定が行われていること

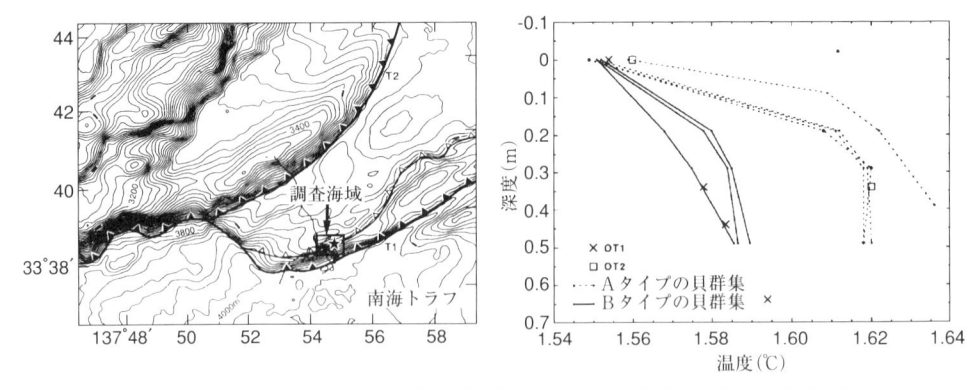

図 2-5-6 東部南海トラフ付加体先端部付近（左）の生物群集内部での熱流量測定結果（Foucher et al., 1992）
　　点線はより活動的な群集，実線はやや小規模群集での測定で，どちらも上に凸の温度プロファイルを示し，地中から海底への間隙流体湧出が起こっていることを示す．

はすでに述べた．その中で，特に付加体先端部での高熱流量が顕著であり（図 2-4-2），その周辺で「かいこう」による高密度熱流量測定が実施された．前縁スラストに直交して 10-50 m 間隔で全長 700 m にわたって熱流量分布を得た．その結果，断層の出口付近（幅 50 m）での熱流量が周囲に比べて $100\,mW/m^2$ 程度高くなっていることが判明した．断層の出口付近はタービダイトで覆われており，冷湧水の兆候は見られなかったが，熱流量異常の原因は，断層に沿った間隙流体の上昇と考えられ，2次元数値計算により断層の幅が 20 m 程度，中心部での湧出速度は $10^{-7}\,m/s$（3 m/年）程度の大きさと推定されている．

　付加体の前縁部では，前縁スラストの海底出口やデコルマに沿って，流体の移動が起こっていることは間違いないようである．その規模の推定から，地震準備過程に関連した間隙水圧変動までの様式を解明するために，海底や掘削孔でのモニタリングが，今後さらに重要になるだろう．

3 ■ 南海付加体と四万十付加体

3-1 南海トラフ付加体—特にデコルマについて

付加体と地震発生帯のダイナミクスを理解するためには，海底に発達する現世付加体と陸上に発達する地質時代の付加体を比較し，非地震性デコルマと地震発生帯を包括した付加体発達モデルを構築することが重要である．本節では1990年以降に行われた室戸沖南海トラフの掘削結果を中心に，バルバドス，コスタリカの事例も紹介し，現世付加体地質学の知見を概説する．

(1) 南海トラフ掘削—これまでの成果

南海トラフにおいては，これまでDSDP時代とODP時代を含め，通算4度の掘削航海が四国沖において行われた（図3-1-1）．

1973年に足摺沖の掘削点582, 583で掘削を行ったDSDP第31次航海が，南海トラフでの最初の掘削である（Karig *et al.*, 1975）．その後1990年に実施されたODP第131次航海では，室戸沖南海トラフにおいて付加体前縁部での掘削が行われ，掘削点808において南海トラフのデコルマの貫通掘削にはじめて成功し，付加堆積物の変形様式やデコルマの特徴が明らかにされた（Taira *et al.*, 1991）．その10年後に実施されたODP第190次航海では，四国沖の浅部付加体を横断する形で6地点での掘削が行われ，南海トラフ付加体の変形と流体移動プロセスを2次元で追うことが可能となり，付加体の発達過程をより詳しく検討することができた（Moore *et al.*, 2001b）．そして，その1年後に行われたODP第196次航海では，掘削時検層（LWD; Logging-While-Drilling）を導入し（詳細は後述），デコルマの原位置での物

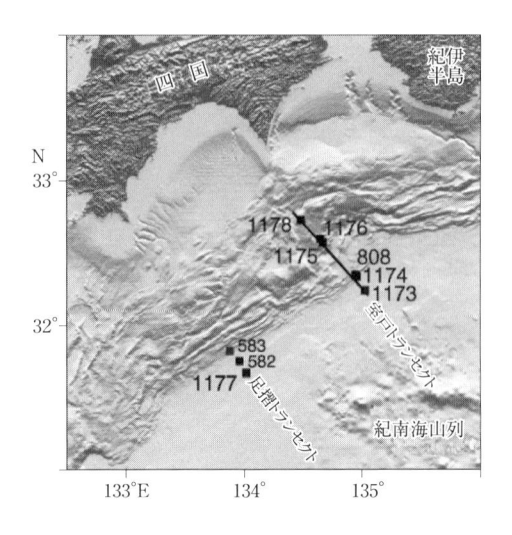

図 3-1-1 DSDP 第 31 次,ODP 第 131, 190, 196 次航海の南海トラフ掘削点位置図(Mikada et al., 2005)

性計測に成功した(Mikada et al., 2002).また,地層内の流体挙動を明らかにするために,孔内長期圧力観測装置を 2 地点に設置した(詳細は 2-5 節および 5-1 節).

本節では ODP 第 190/196 次航海を中心にその成果を概観する.

ODP 第 190 次航海

ODP 第 190 次航海では,室戸沖の測線上の 5 地点(掘削点 1173, 1174, 1175, 1176, 1178)と足摺沖の測線上の 1 地点(掘削点 1177)で掘削を行った(図 3-1-1).

室戸沖のトラフ側に位置する掘削点 1173 では,沈み込む前の堆積物から四国海盆を形成する海洋底地殻までの掘削に成功した.掘削点 1173 の層序は下位から,基盤の玄武岩,火山砕屑岩類,半遠洋性泥岩(下部四国海盆相),半遠洋性泥岩凝灰岩互層(上部四国海盆相),泥質タービダイト,そして砂質タービダイトからなる.一方,足摺沖の掘削点 1177 でも,付加体を形成する前の堆積物から海洋底の基盤までのコアが回収され,室戸沖の掘削点 1173 と同様の層序が確認されたが,足摺沖では半遠洋性泥岩の下位に中新世のタービダイト(四国タービダイト)が厚く発達することが特徴である.反射法地震探査断面によれば,四国タービダイトは四国海盆から南海トラフ

に及ぶ広範囲に分布しているが，例外的に室戸沖には堆積していないことが明らかになっている．これは室戸沖南方に位置する紀南海山列の地形的高まりが四国タービダイトの堆積を妨げたものと考えられている（Ike et al., 2008）．

また，室戸沖トラフ底では熱流量が高いことに対応して温度勾配が大きく，掘削点1173では海底下約700 mで110℃にも達する．このためスメクタイトからイライトへ相転移する続成作用は足摺沖に比べ著しく進行し，掘削点808，1174，1173の幅広い深度で塩素濃度の負の異常が認められる（図3-1-2）．この塩素濃度の負の異常は，鉱物の相転移により放出された水によって海水が薄められた結果である．また掘削点1173では，続成作用で形成された粒子間セメントによって間隙が保持されることにより，半遠洋性泥岩凝灰岩互層中（上部四国海盆相）の間隙率は圧密トレンドからはずれて高い値を示す．このように，室戸沖で沈み込む堆積物は，南海トラフの標準的堆積物ではなく，特異な層序，続成作用，物性の特徴を持つことが明らかになった．

掘削点808の深度約960 mで認められたデコルマは，その2 km海側の掘削点1174の深度約820 mでも確認され，沈み込む前の掘削点1173でもデ

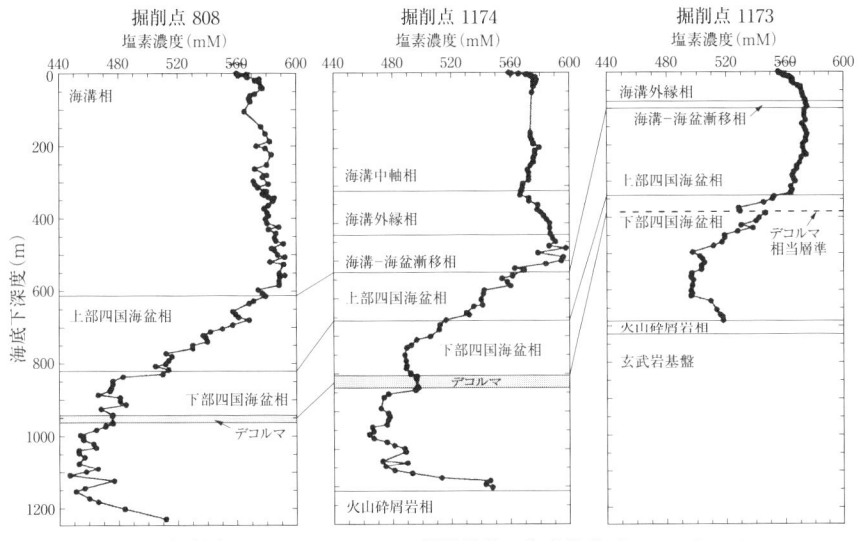

図3-1-2 掘削点808，1174，1173での間隙流体の塩素濃度プロファイル（Moore et al., 2001b）

コルマ相当層準が深度約390mで確認された．デコルマは時代とともに海側に向かって伝播するが，掘削点1173では将来デコルマになる「プロトデコルマ」が形成されていると考えられている．これらのデコルマは同じ年代（6-7 Ma）の同じ岩相中に発達する．デコルマの層準は付加する前からあらかじめ用意されているようである．では何がデコルマの層準を決めているのだろうか．

　付加する前の堆積物中のデコルマ相当層準（掘削点1173）では，弾性波速度が急減することが特徴である．この弾性波速度急減ゾーンは，数ミクロンサイズの粘度鉱物凝集体による粒子間セメントにより圧密の進行が妨げられている層準に対応している．デコルマは粒子間セメントの発達する部分の下限に沿って形成されており，デコルマの発達に伴ってセメントが崩壊し，圧密が上下の地層に比べて進行している（掘削点1174, 808）．また，沈み込みの進行に伴って，デコルマ内に多くの剪断面が形成され，剪断面沿いの間隙は潰れて，圧密がさらに進行している．こうしたデコルマでの圧密・変形により下位の沈み込む堆積物からの排水が遮断されるため，デコルマ直下では間隙率が急増する．デコルマ直下では粒子間セメントが認められないことから，間隙水圧がこの高間隙率を維持していると考えられる．デコルマが付加体における応力・歪の不連続面であることは，第131次航海で初めて明らかにされたが，第190次航海において掘削点1173と1174でそれぞれ付加前の物質，付加体先端部の物質を採取することにより，以上のようなデコルマの発達プロセスが明らかになった（Ujiie et al., 2003）．

ODP 第196次航海

　第196次航海では室戸沖の掘削点1173と808でLWDによる掘削を行った．掘削点1173では，海洋地殻に達する海底下737mまでの掘削に成功し，掘削点808では海底下400m付近の前縁スラスト帯と海底下960m付近のデコルマを掘り抜いた（図3-1-3）．

　LWDとは，通常行うワイヤーライン検層（コアリング後に計測機器をケーブルでつり下げ，引き上げながら孔壁を計測する手法）とは異なり，掘削機器にセンサー群を配備したツールを連結させ，掘削と同時に孔壁を計測す

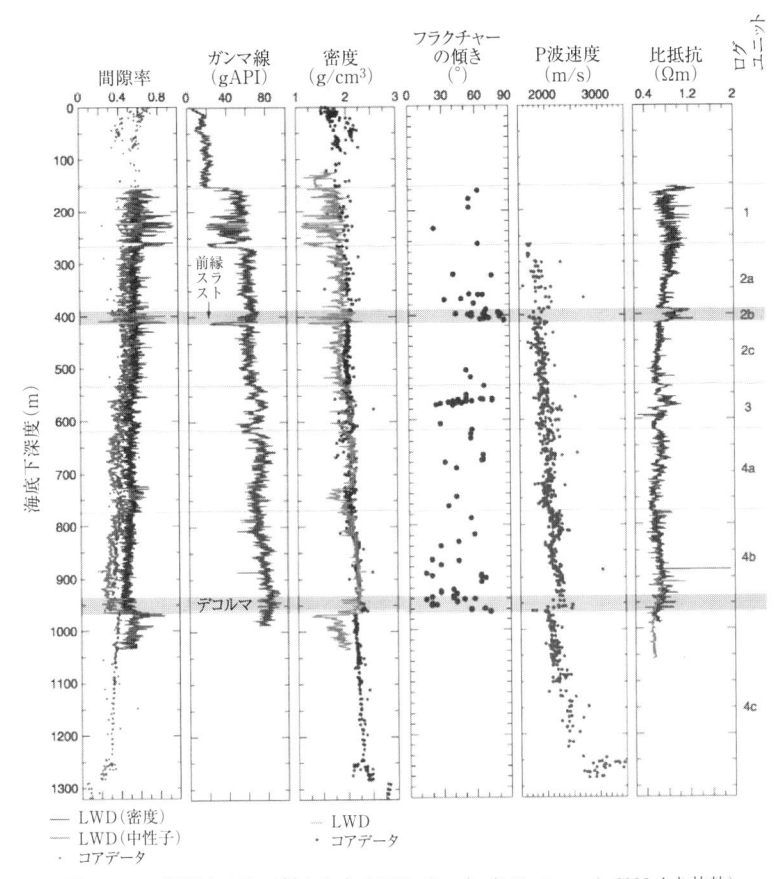

図 3-1-3　掘削点 808 で得られた LWD データ（Mikada et al., 2002 より抜粋）

る手法である．南海トラフに限らず，付加体の地層は不安定で崩壊しやすいために，ワイヤーライン検層を行うのは大変困難である．孔壁の崩壊が早いため，検層データの質が悪く，検層ツールを降ろすことができない場合も多いからである．

第 196 次航海では，南海トラフ付加体の掘削直後の新鮮な孔壁を計測するために LWD が導入された．第 196 次航海で導入された LWD は，Resistivity-at-bit（RAB），ISONIC, Azimuthal Density Nuetron（ADN），Measurement-while-drilling（MWD）で構成される全長約 16 m のツール群である．RAB は自然ガンマ線計測値と 5 種類の電極により計測深度と分解能が

異なる比抵抗値，比抵抗画像を計測する．1つの発信器と4つの受信機を装備したISONICは区間P波速度を，そしてADNはガンマ線と中性子の線源と検出器により，地層の密度と間隙率を計測する．MWDは泥水パルスによって掘削パラメターといくつかのLWD計測データを船上にデータ転送する．

掘削点808のLWD計測によって，海底下389-415 m付近の前縁スラスト帯と，海底下930-965 m付近のデコルマ帯が特定された．両者の物性の特徴は異なっており，前縁スラスト帯は周囲の地層と比較して比抵抗値が高い（間隙率が低い）のに対し，デコルマ帯は比抵抗値が低い（間隙率が高い）．デコルマ上位では密度が 2.25 g/cm^3 であったものが，海底下930 m付近を境に減少に転じ，海底下965 m で 1.4 g/cm^3 程度まで急激に減少する（図3-1-3）．この深度がデコルマ帯の基底部である．

LWDによる物性値や孔壁画像とコア計測による物性値を比較することにより，興味深い解釈が得られる．前縁スラスト帯内部では比抵抗値が全般的に高く，孔壁画像により多数認められるフラクチャーの比抵抗値が特に高いことから，前縁スラストの活動による圧密を伴う変形が卓越していると解釈される．前縁スラスト帯にはコアでは認められない低い密度値のピークが多数認められるが，これらの低密度の部分は孔壁の崩壊によるものと判断される．一方，デコルマ帯内部はLWDでは低密度を示すのに対し，デコルマ帯から採取されたコア試料は高密度を示す．

LWDとコアが逆の傾向を示す理由は，以下のように解釈される．LWDではコアでは回収されにくい高圧の間隙流体で満たされた破砕帯そのものを計測しているのに対し，コアは破砕帯から部分的に回収された岩片を計測しているためである．孔壁画像により，937-965 mの深度に流体が充填された低比抵抗の薄層は多数認められ，低角度に孔壁を横切るデコルマすべり面の実体が明らかとなった．これまで困難だったデコルマの現場物性計測が，LWDにより実現したことは大きな成果である．

比抵抗画像から，ブレイクアウト（孔壁崩落帯）の発達をはじめ，前縁スラストやデコルマ帯における微細構造，亀裂や地質境界の分布など，多くの構造的特徴が認められた．掘削点1173の地層層理面は全体的に水平で，変位の小さい正断層と亀裂が分布する．一方，変形フロントの掘削点808で

は，海溝充填堆積物，上部四国海盆相から下部四国海盆相にかけて，層理面の傾斜はおおむね水平である．また海底下250-850 mの亀裂分布は，北東一南西走向で60°程度の北西傾斜を示す．海底下400 m付近に発達する大規模なスラスト群（前縁スラスト帯）付近には，付加に伴う水平圧縮応力の増加を示唆する多数の亀裂が発達する．これらの亀裂の多くは堆積物より低い電気伝導度を示しており，粘土鉱物などで充填されていると考えられる．それに対してデコルマ帯付近では，電気伝導度の高い流体が充填する開口亀裂が発達している．デコルマ付近の開口亀裂の存在は高間隙水圧条件を示唆する一方，デコルマより下位では流体を含む亀裂が認められず，デコルマを境に海洋地殻とともに沈み込む下部四国海盆相が剪断応力の影響下にないことを示唆する．

　第196次航海では，孔壁画像の分析から，ODP史上はじめてブレイクアウトが確認された．水平方向の差応力により孔壁が破壊するこの現象では，ブレイクアウトの発達する方向が最小水平圧縮方向を示す．ブレイクアウトが生じた孔壁の形状は，水平最大圧縮応力と水平最小圧縮方向の差，摩擦係数，岩石強度によって決まり，この分析により地殻内応力の方向や差応力の大きさを推定することが可能である．掘削点808の孔壁崩落帯は，フィリピン海プレートの収斂する方向である北西－南東方向の水平最大圧縮方位に一致した．前縁スラストの発達している掘削点808では強い差応力にさらされているだけでなく，変形フロントに達する前の掘削点1173でも水平差応力が存在することは，デコルマの形成を議論する上で興味深い．

(2) 現世付加体に発達するデコルマの比較

　デコルマとは沈み込み帯のプレート境界断層であり，プレート沈み込み面に平行で低角な活動的断層である（図3-1-4）．付加体が形成される沈み込み帯の場合，デコルマよりも上位の地層は剥ぎ取られて付加体を形成し，下位の地層は変形を受けずにそのままプレートとともに沈み込む．デコルマが形成される層準は沈み込みとともにステップダウンすることが知られており，最終的にはデコルマ層準は海洋地殻上部に達し，地震発生帯そのものを構成すると考えられている．一方，海溝付近で付加体を形成しない沈み込み帯で

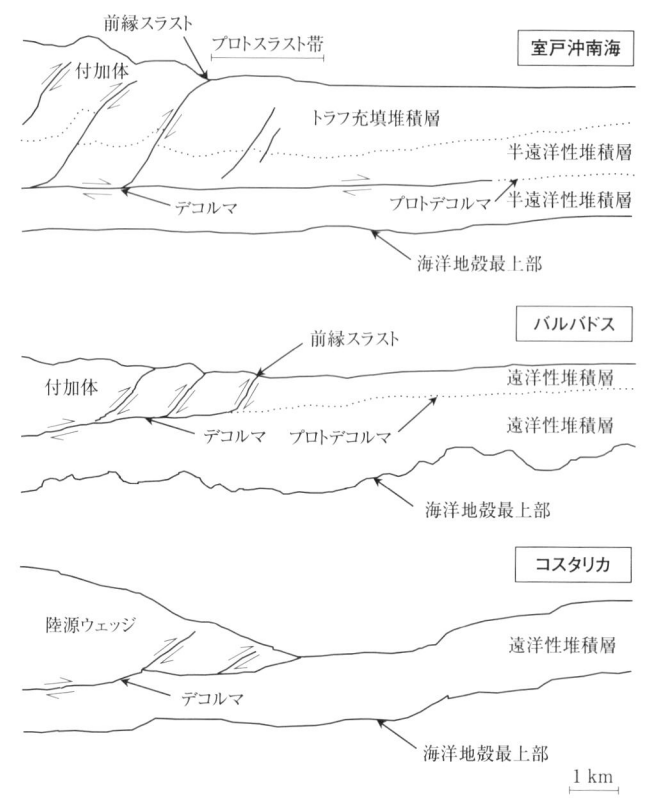

図 3-1-4 浅部デコルマの比較（Moore et al., 2001b；Kimura et al., 1997；Moore et al., 1998 を元に作成）
 3 地域とも同スケールで垂直方向は約 3 倍に誇張.

は，上盤プレート物質と沈み込む堆積物の境界断層がデコルマとなるが，このデコルマがやがて海洋地殻上部へステップダウンする.

 これまでの深海掘削によって沈み込み帯浅部のプレート境界，すなわちデコルマを掘り抜いたのは，バルバドス，コスタリカ，南海トラフの 3 カ所のみである．バルバドスでは 1981 年以来，3 度の掘削航海が行われ，デコルマのコアが回収され，LWD によって計測が行われた（Mascle et al., 1988; Shipley et al., 1995; Moore et al., 1998）．コスタリカでは 1996 年，2001 年に掘削航海が行われ，デコルマのコアが回収され，LWD によって計測が行われた（Kimura et al., 1997; Morris et al., 2003）．南海トラフを含めたこれら 3 地

表3-1-1 LWDによって計測されたコスタリカ,バルバドス,南海トラフのデコルマの特徴

	堆積物	海溝での厚さ	デコルマ層準(海底下)	デコルマの厚さ	デコルマ相	デコルマでの流体異常	変形の特徴	密度(g/cm³) 上位	デコルマ	下位
コスタリカ	遠洋性〜半遠洋性	400 m	0 m	約40 m	—	◎	破砕または塑性変形	1.8	負のスパイク	1.5
バルバドス	遠洋性〜半遠洋性	700 m	約200 m	約30 m	放散虫泥岩	△	剪断を伴う褶曲・断層	1.5	広域の負の異常	1.8
南海トラフ	半遠洋性〜陸源	1100 m	約800 m	約30 m	スメクタイト〜イライト漸移帯のセメンテーション	△	剪断を伴う角礫化・断片化	2.3	負のスパイク	2.1

点のデコルマの特徴を表3-1-1に示す.

コスタリカが南海トラフ,バルバドスと大きく異なるのは,沈み込み帯浅部で付加体がまったく発達していないことである.掘削が行われるまでは,地震波反射断面で一見ウエッジ状に見える海溝陸側の地質体が付加体であるとする仮説も有力視されていたが,実際にウエッジ内部から回収された堆積物は,陸側の崩壊によってもたらされた物質であり,珪藻質軟泥や石灰質軟泥からなる厚さ約400 mの海洋プレート上の堆積物はすべて沈み込んでおり,付加体は存在しないことが判明した(Kimura et al., 1997).掘削科学においてしばしば語られる「掘ってみないとわからない」ことの実例である.この沈み込む堆積物とウエッジとの境界には,厚さ約40 mのデコルマが確認された.デコルマを構成する堆積物の物性は低密度,低比抵抗値で特徴づけられ,間隙流体の低塩分濃度や炭化水素ガスの組成から,デコルマに沿った流体の移動が推定された(Kimura et al., 1997).

バルバドス付加体では,海洋底堆積層中に発達する厚さ約30 mのデコルマが確認された.デコルマは2カ所の掘削点でコアが回収されているが,デコルマを構成する堆積物は例外なく放散虫泥岩であることが判明している.この放散虫泥岩は,堆積物の主要構成物である放散虫殻の孔隙性ゆえに,上下の層準に比較して高い間隙を保持したまま埋没するために,剪断応力に対

する弱線として働き，デコルマに発達したものと推定されている．この放散虫泥岩は厚さ約700 mの海洋底堆積物層序の中で海底下200 m付近に存在している．すなわち，デコルマは海洋プレート上の堆積物層序の中にあらかじめ用意されていたことになる．デコルマとして機能しはじめると放散虫泥岩は急速に脱水を開始する（Saito and Goldberg, 2001）．

第4章で詳しく述べるが，付加体の形状やその発達様式は，付加体内部の間隙水圧によって影響を受ける．間隙水圧を制御する要因として，付加作用に伴う脱水・排水現象は特に重要である．海溝に持ち込まれる前と後の海洋底堆積物の含水率（間隙率）を比較することによって，付加作用に伴う脱水・排水量を実際に見積ることが可能となる．バルバドス付加体では，4地点の掘削点の層序を検層の物性値を用いて精密に対比することにより，付加体形成前後の堆積物の体積変化と脱水量を推定することが可能である．それによれば，付加体全体での単位体積・単位時間当たりの脱水量（フラックス）は 1×10^{-13} cc/cc/s で，デコルマでは 2×10^{-13} cc/cc/s である．コア試料の物性をもとに推定された値（Bekins et al., 1995）よりも1桁から2桁大きい値を示している（表3-1-2）．これは，数cmスケールのコア計測値よりも，数mスケールの検層の計測値の方が，脱水量の見積りが大きいことを示している．一方，室戸沖の南海トラフでは，バルバドスに比較して付加体の側方での体積変化量は小さく，スラストの活動によって積み重なった

表3-1-2　コスタリカとバルバドスの脱水量の比較（Saito and Goldberg, 2001）

	バルバドス（掘削点1047）			コスタリカ（掘削点1043）	
	付加体全体	デコルマ	沈み込んだ堆積層	半遠洋性	遠洋性
脱水率 (cc/cc)	13.3%	16.3%	2.6%	24.0%	0.8%
検層から推定した脱水フラックス (cc/cc/s)	1×10^{-13}	2×10^{-13}	2×10^{-14}	1×10^{-12}	4×10^{-14}
コア試料から推定した脱水フラックス (cc/cc/s)	2.00×10^{-14} (Bekins et al., 1995)	8.00×10^{-14}			

スラストシートの上盤と下盤でも体積変化が認められていない．したがって，室戸沖南海トラフではバルバドス付加体に比較して排水速度が遅いことが示唆され，これは室戸沖南海トラフの尖形角が小さく，間隙水圧が高いことを説明している．

なぜそこにデコルマがあるのか？

これまでに行われた沈み込み帯の掘削によって，付加作用が起きている場所（バルバドス，南海）と，起きていない場所（コスタリカ）の地質現象が明らかになり，付加作用が起きている場所では，何らかの理由で，デコルマが形成される場所があらかじめ用意されていることがわかってきた．バルバドスの場合は，海洋底堆積物層序の一部に挟在する剪断に弱い特殊な地層（放散虫泥岩）がデコルマの層準を決めている．南海トラフでは，温度勾配に規制され，粘土鉱物の脱水とセメント形成によって高い間隙率を保持した部分が，デコルマの層準となっている．コスタリカでは，400 m 以上の厚さの海洋底堆積物が海溝に持ち込まれているが，堆積物層序の中にデコルマを作る条件（すなわち間隙率の逆転層準の存在）を満たしていなかった．3 地点で原因には違いがあるが，デコルマの厚さは 3 カ所とも 30 m 程度である．

デコルマ帯の形成要因は，層序，堆積物の組成，物性，続成作用（温度勾配）などの影響を受け，地域ごとに独特な形成機構を持っているようである．デコルマが形成されるためには，荷重に耐え，間隙流体を保持する組織や骨格構造を有する堆積層の存在が重要である．そのような堆積層の形成には，珪質微化石層や粘土鉱物含有量（＋続成作用）が重要である．組織・骨格構造を有する堆積層が埋没すると，局所的に圧密の進行が遅い層準が形成され，これが沈み込み帯に持ち込まれたときに弱線として作用しデコルマ面となる．またデコルマの形成様式は，尖形角や付加体の成長様式とも密接に関与するが，定式化はまだなされていない．海溝域で形成されはじめたデコルマが，より深部の，地震発生帯としてのプレート境界断層へどのように「進化」するのかが，IODP 時代の掘削の最大のテーマの 1 つである．

3-2 四万十付加体

(1) 付加体の教科書—四万十帯

　四万十という地名は美しい自然がそのまま残る四国の川の名前として一般には有名である．しかし，地球科学の世界では，むしろこの名前は陸上に露出する「付加体」の典型的な例として有名である（図 3-2-1）．

　そのことに大きく貢献したのは，平朝彦らによる世界への紹介であった．1980 年代初頭に日本では，四万十帯は古い「地向斜」なのか，プレートの沈み込み帯で形成された「付加体」なのかを巡って激しい論争が続いていた．それに決着をつけたのが放散虫化石による堆積年代の決定であった．膨大な量の放散虫化石の検討によって，白亜紀初期に形成された海洋プレートが白亜紀後期に海溝に到達し，1 億年間程度の期間に陸源の堆積物と混合して付加体が形成されたというシナリオを結論づけたのである．

　そのことを平がはじめて全面的に紹介したのは 1983 年，ユリーカで開か

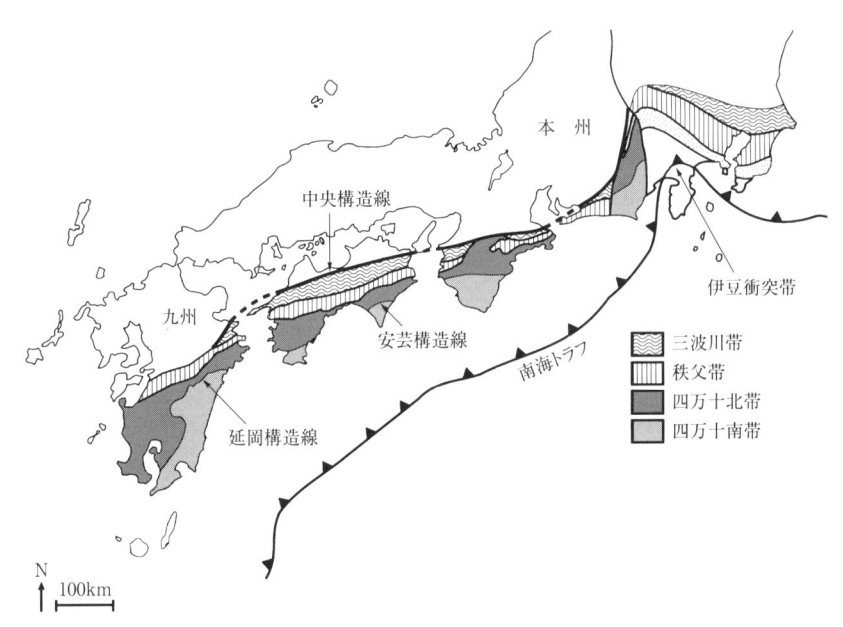

図 3-2-1　西南日本外帯の地体構造区分と四万十帯の位置

れたアメリカ地質学会のペンローズ会議の場であった．筆者の一人（木村）もその場に居合わせたが，うなるような会場の盛り上がりは，四万十帯の研究が世界の沈み込み帯研究に大きな影響を与えたことを意味していた．以来四万十帯は，一躍世界で最もよく研究された付加体となった．それまで付加体の「教科書」といわれていたのは，アメリカの西海岸に分布するフランシスカン層群であった．フランシスカン層群は「ユウ地向斜」の産物と解釈されていた地質体であったが，プレートテクトニクスの登場によって付加体と再解釈されていたものである．しかし，その付加体仮説をどのように検証するのかという研究は，必ずしも十分ではなかった．このフランシスカン層群の付加体仮説を四万十帯にはじめて適用したのは勘米良亀齢らであったが（勘米良，1976），それを放散虫化石による年代のデータではじめて証明したのが平らの仕事だったのである（平ほか，1980b）．

さて，それから25年以上が経過した．1980年代に世界の教科書に躍り出た四万十帯ではあったが，その形成過程の詳細については多くの未解決問題が残されていた．

その1つは，メランジュ問題である．メランジュ（mélange）とは，硬いブロックを柔らかいマトリックスが取り囲む（ブロックインマトリックス（block-in-matrix）構造という）乱雑な地質体に対して用いられた用語だが，その言葉には成因が含められていたので大論争となっていた．最初は断層のような剪断によってブロックインマトリックスとなったものをメランジュと呼んでいた．いわば断層角礫岩のことである．しかし一方で，同様な構造は大規模な地すべりによっても作られると考えられた．過去のメランジュはすでに固化してしまっているわけだから，その成因は何かを決めることはそう簡単ではない．乱雑な産状は事実だが，成因については想像の域を出なかったのである．そのような「成因を含めた言葉」は，いつも地質学では論争の対象となる．

プレートテクトニクスが登場してすぐに，北米西岸のフランシスカン層群に見られるメランジュは，プレート境界断層たる「和達ベニオフ帯の化石」とまで想像が押し広がり，メランジュの断層起源論には最も重要な位置づけが与えられた（Hsu, 1968; Ernst, 1970）．しかし，フランシスカン層群のメラ

ンジュは高圧の変成岩ブロックを含むが，マトリックスはそれに比べて変成作用が弱いなど，多くの問題が指摘された（Cowan, 1974）．さらにブロックインマトリックスをなすメランジュは世界のいたるところに見られるが，それらはどうも必ずしも断層起源ではないらしいなど，次々と問題点が明らかにされた（Raymond, 1984）．

そこで1978年のアメリカ地質学会のペンローズ会議では，メランジュという用語に成因を含めるのはやめ，ブロックインマトリックス構造のみを示す記載用語としようという呼びかけがなされた（Raymond, 1984）．それ以降，アメリカでは多くの研究者が一致してメランジュという言葉に成因を含めるのをやめた．しかし，用語の定義に成因を含めることをやめたからといって，ものごとの成因が明らかになるわけではない．目の前にある乱雑なメランジュはどうしてできたのか？それはプレート境界におけるさまざまな事象とどう関連するのか？といった問題は1つ1つ解いていかなければならなかったのである．

四万十帯のメランジュの成因に関して，先に述べた平らは最初，海溝において海側のプレートが正断層によって次々と崩壊し，陸から流れてきたタービダイトと混合する，いわば堆積性起源説を提案した（平ほか，1980a）．名称はメランジュと呼んだわけだが，成因はいわゆるオリストストローム（地すべり起源の乱雑層で大きなブロックを含む）説と同一であった．このモデルの提案には，その当時，日本海溝で真二つに割れていることがわかった第1鹿島海山の発見が大きなヒントを与えた．しかし，その後の構造地質学的調査で四万十帯のメランジュの多くは，海底表層ではなく，地下における剪断によって形成されたものであることが明らかとなっていくのである．

第2の未解決問題は，四万十帯の形成深度である．温度・圧力を示す変成相からいえば，四万十帯のほとんどは低い温度領域の沸石相であるが，一部は250-350℃近くに及び，プレーナイト－パンペリアイト相もしくは緑色片岩相に達する．これがどの程度の深度となるかは，当時の地温勾配にも依存する．四万十帯の形成深度は明確ではなかった．ここで，なぜ深度を問題とするのかを説明しよう．プレートテクトニクスがもたらした重要な視点は「現在主義」の徹底である．どこかの空想的なプレートの沈み込み帯ではな

く，現在の沈み込み帯とどうからめて理解するかが鍵である．1990年代になって，沈み込み帯プレート境界で発生する逆断層型の地震は，温度にして約150℃から350℃程度の温度領域で発生していることがはっきりとした (Hyndman and Wang, 1993). この温度領域はまさに四万十帯の最高被熱温度の領域である．そこで，プレート境界で形成される付加体研究の新たな意義が付与され，形成深度を正確に知る必要が生まれたのである．

第3の未解決問題は，第1，第2の問題と密接に絡んでいる．付加体の中で，地質学的にあるいは物質科学的に，沈み込みプレート境界地震の準備・発生過程がどのように認識し得るか，そして沈み込み帯に大量に存在する水は地震準備・発生過程などにどのような役割を果たしているのか，という問題である．プレート境界の断層岩としてメランジュを認識できるならば，その中に地震活動や間震期の記録が残っているに違いない．しかし，そのような視点からの研究は1990年代末までまったく存在しなかった．よく研究されている付加体であればこそ，この問題に取り組めるというわけである．

第4の未解決問題は，沈み込み帯の大規模な物質循環・エネルギー循環に関わる課題である．付加体の研究課題としてどのように攻めるべきか，難しい問題ではあるが，付加体を構成する堆積物や岩石の化学的続成過程を定量的に描き出し，物質とエネルギーのフラックスを議論する必要がある．この課題は今でもほとんど手がつけられていない．

以下の節で，これらについて詳しく見てみよう．

(2) 四万十帯の大局的構造と付加体の急成長

四万十帯は西南日本の外帯を構成する付加体である（図3-2-1）．しかし，同時代の付加体は西南日本のみならず，東北日本では日本海溝西側の前弧域，そしてさらに北の北海道中央部へと続いている．それらをつなげると総延長数千kmに及び，太平洋西側の大陸縁辺部を特徴づける大規模な過去の付加体であるということとなる．

そもそも，なぜ四万十帯がここにあるのか？との問いに答えなければならない．現在の地球上の沈み込み帯において付加体が発達しているのはその40％程度にすぎないので（Clift and Vanucchi, 2004；序章参照），こんなにも

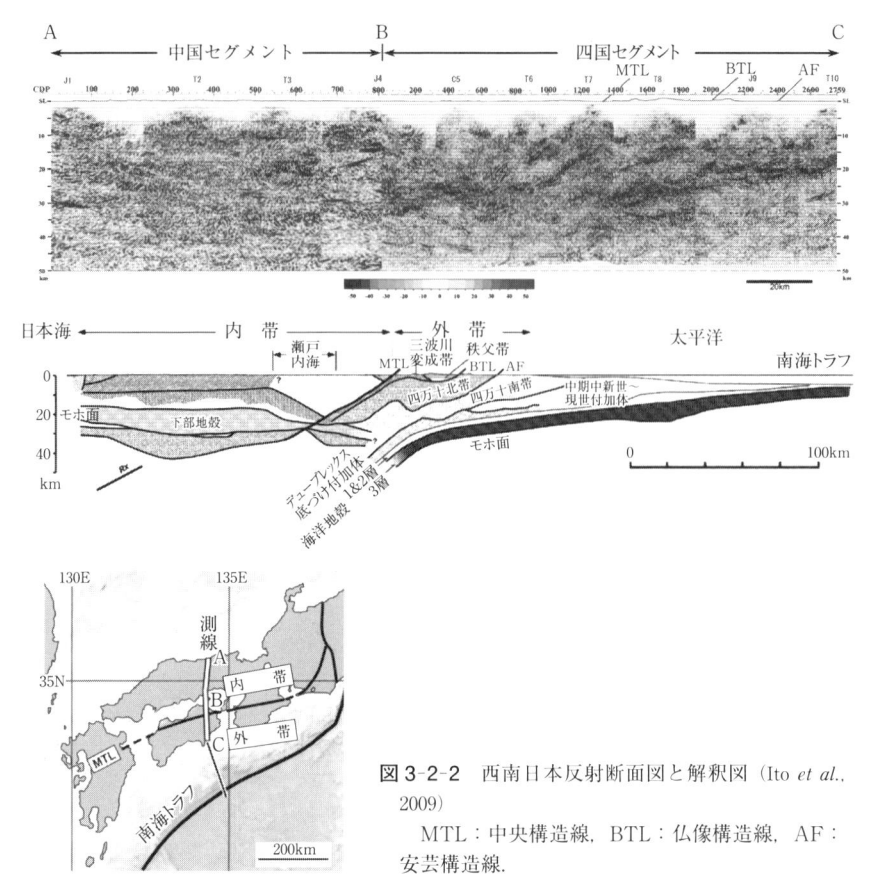

図 3-2-2　西南日本反射断面図と解釈図（Ito et al., 2009）
　　MTL：中央構造線，BTL：仏像構造線，AF：安芸構造線．

大規模に付加体があるということはむしろ例外的なのである．最近実施された人工地震反射法による探査（Ito et al., 2009）は，紀伊半島から四国にかけての中央構造線より南側の外帯の地下は，ほとんど四万十帯の連続であり，表面積では4分の1以下しか占めないこの地質体が，地下では主要な地質体であることを示唆している（図3-2-2）．このことはすでに磯崎・丸山（1991）によって予想されていた．

　付加体のほとんどは陸源性の堆積岩から構成されているので，日本列島はかつて藤田和夫が著書で述べたように，文字通り「砂山列島」であることとなる（藤田，1982）．そのような大規模な付加体が，白亜紀後期以降の1億年程度の短期間になぜ形成されたのだろうか．堆積物が大規模に海溝へもたら

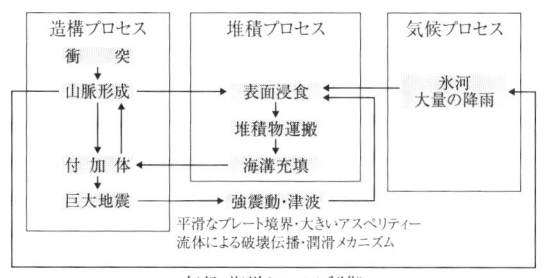

図 3-2-3 テクトニクスと気候のリンク (Kimura et al., 2008b)

されるためには，それが陸で削られなければならない．白亜紀末から第三紀初頭にかけてのアジア大陸縁辺では，それを促すような環境にあったということとなる．

　最近，造山運動のようなテクトニクスと気候との関係を議論することが盛んに行われているが，それを結ぶ重要なリンクが浸食作用と堆積作用である．まず造山運動によって，地形的な高所が形成される．それは台湾のように大量の降雨を伴うような気候帯に位置する場合もあり，あるいはヒマラヤ山脈のように山脈の形成が原因となり，雨の多い気候帯を形成してしまう場合もある．そして，降雨によって浸食が促される．海溝へ堆積物を運ぶ適当な流路が形成されると，海溝には大規模な付加体が形成される．付加体の形成が数百万年も継続すると，そこに付加体起源の新たな地殻が形成される．この付加体は沈み込むプレート境界の上盤を形成する．序章で述べたように，そのような場では平滑なプレート境界が広いアスペリティーとなり，巨大地震を発生させる場を形成することとなる．巨大地震の発生はさらに上盤プレートの山岳地帯の崩壊を促し，浸食作用を促進する，という正のフィードバックリンクが形成されるのである（図 3-2-3；Kimura et al., 2008b）．

　大規模な造山運動がなぜアジアの大陸縁辺で起こったのかということに関しては，多くの議論がある．白亜紀後期はスーパープルームの活動が盛んな時代であり，パンゲア大陸が分裂を開始した．太平洋（当時は超海洋パンサラッサ海であった）では，南太平洋スーパープルームが活発な時代であった．海洋プレートの拡大速度が年間 20 cm を超える超高速拡大が続いており，アジア大陸縁辺の海溝ではそれを受けて収束速度の大きい沈み込みが続いた，

と考えられる．海嶺や若いプレートの沈み込みも連続し，アジア大陸縁辺はUyeda and Kanamori（1979）のいうチリ型沈み込み帯のような強烈な側方圧縮を受けて，いわば現在のアンデス山脈のようであったと想像されるのである．加えて，この時代には火成活動も活発であり，環太平洋地域で今日見られる大規模な花崗岩の岩体の形成はほとんどがこの時代のものである（Takahashi, 1981）．このスーパープルームの活動が直接的に，あるいは間接的に作用したため，白亜紀の後期という時代は地球全体が暖かく，氷河や氷床が1つもなく，海水準は現在より250 mも高かったことはよく知られている．このような時代の気候はおそらく，降雨量も多く，山岳地帯の浸食を活発に促したであろう．なぜ白亜紀後期に，アジアの縁に四万十帯という付加体が大規模に発達したのか，という問いは，このような全地球的フレームの中で捉えられる．

(3) 四万十帯の内部構造

四万十帯は北帯と南帯に二分される．北帯はほぼ白亜系，南帯は第三系であるが，年代と地質体区分は必ずしも1対1に対応しておらず，第三紀の化石が産出したから南帯であるというわけではない．この南帯と北帯の境界は四国では安芸構造線，九州では延岡構造線（または延岡衝上断層）と呼ばれる（図3-2-1参照）．安芸構造線は高角断層であるが，延岡構造線は低角な衝上断層である．これらの断層はもともと付加体の中に形成された，順序外断層（OOST; out-of-sequence thrust）あるいはプレート境界から派生しつつ，付加体を切る大規模な分岐断層であると考えられる（木村，1998；Kondo *et al.*, 2005）．これらは地質体を区分する大規模な断層であるが，5000-4000万年前に活動したのちにすでに地殻の深部で活動を停止しており，現在活動的な断層ではない（Hara and Kimura, 2008）．

北帯の内部は，断層によって，メランジュのユニットと砂岩泥岩の連続性を保っているコヒレント層（整然層と訳す場合もあるが，必ずしも整然としてはおらず，地層の連続性を維持する程度の変形は被っている）が繰り返す（図3-2-4；Taira *et al.*, 1988）．この繰り返しの構造は，輝炭反射率（堆積物に含まれる炭質物の熟成による輝度のことで，最高被熱温度と被熱継続時間

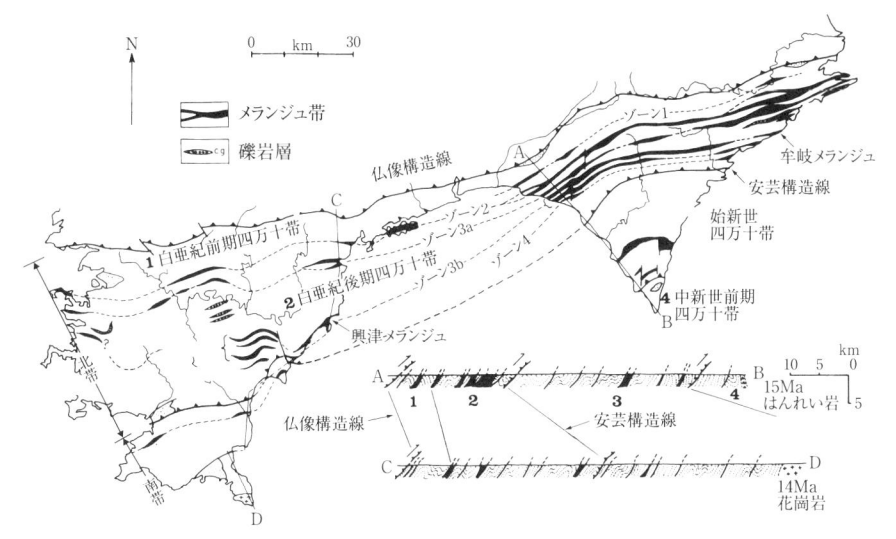

図 3-2-4 四国におけるメランジュ・コヒレント層の分布（Taira et al., 1988 を簡略化）

に依存する）によって検出された温度構造を切るので，最高被熱温度を経験した後に断層による繰り返しで形成されたものである（Ohmori et al., 1997）．この繰り返しをもたらした断層はいずれも逆断層であるが，それは上の四万十帯を二分するような大規模な OOST ではなく，より規模の小さな OOST と解釈されている（Ohmori et al., 1997）．コヒレント層内部の構造は褶曲，断層を繰り返している．

　一方，メランジュユニットの内部はどのような構造になっているのであろうか．四万十帯が付加体と認識された段階でも，メランジュの成因を巡っては決着してはいなかった．たとえば第1次平モデル（平ほか，1980b），すなわち海溝で沈み込むプレートの側の曲げにより，海山が崩壊し，それが海溝に流れ込んできた陸起源のタービダイトと混合し，それが付加するとするモデルを考えてみよう．その場合，最初の乱雑さが残され，海洋地殻などはバラバラとなって混合するはずである．しかし，その反対に海洋地殻表層が薄く引き剥がされ，それが断層によって積み重なるようなことが起こる場合には，その構造が残されているはずである．Kimura and Mukai（1991）は，徳島県の赤松川において，メランジュユニットの中にそのような海洋地殻の

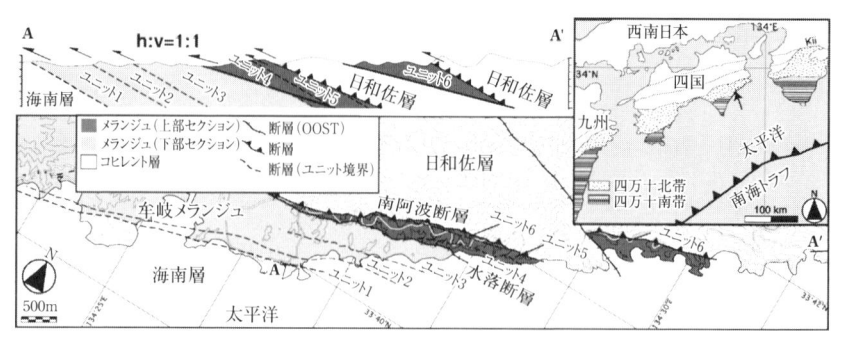

図 3-2-5　牟岐メランジュの地質図および断面図（Shibata *et al.*, 2008）

繰り返しがあることを認め，かつメランジュはバラバラではなく，規則的なファブリックを持つことを示した．このような構造はジュラ紀付加体において海洋プレート層序がそのまま残されているとの指摘（Matsuda and Isozaki, 1991）と調和的であった．ただ，Matsuda and Isozaki（1991）は，やはりメランジュはオリストストロームであることを強調している．この点はメランジュの項（本節(5)）で再度詳述する．

その後，紀伊半島中部（Hashimoto and Kimura, 1999; Onishi *et al.*, 2001），徳島県牟岐メランジュ（Ikesawa *et al.*, 2005; Kitamura *et al.*, 2005）なども，同様に海洋プレート層序を残しつつ，剪断され積み重なったユニットであることが明らかとなっている（図3-2-5）．これらメランジュのユニットの中に含まれる凝灰岩などから抽出したジルコンの年代測定によると，構造的下位に向かって，順次年代が若返ることがはっきりとした（Shibata *et al.*, 2008）．すなわち，順次構造的に底づけ付加したユニットがメランジュであるとする，プレート境界における造構性メランジュ説ときわめて調和的な結果が得られているのである．

(4) 露出する四万十帯の形成深度

四万十帯はどの程度の深度で形成された付加体として捉えられるのか，という問いは，沈み込み帯におけるどの深度までの現象が見られるのかという問題に直結しているので，重要である．しかしながら四万十帯は，変成岩岩石学的には，その大部分が沸石相に属するとされ，一般的には変成岩岩石学

者の興味を呼ばない．あるいは，きわめて複雑な続成作用の定量的解析を待たねばならない．そのため，形成された深度に関わる研究は遅れていた．しかし，九州東部のように変成度の高いところでは，緑色片岩相や角閃岩相まで達することが知られていた（Toriumi and Teruya, 1988; Nagahashi and Miyashita, 2002）．

　粘土鉱物であるイライトの結晶度や，微小なビトリナイト（炭質物）の輝炭反射率を用いて相対的な温度を推定する方法が試みられてきた．それらはいずれも経験則に基づくものなので厳密に定量的に示すことは難しいが，定性的には予想がつく．それらに基づくと，最高温度は150℃から250℃程度のところが多いと推定できる（たとえば，Mori and Taguchi, 1988; Ohmori et al., 1997）．これらの結果はジルコンのフィッショントラックを用いた熱解析とも調和的である（Tagami and Hasebe, 1999）．

　この温度がどの深度のものであるかは，当時の地温勾配を知らなければいえない．それを知るためのこれまでの方法としては，沈殿鉱物脈をなす石英中に見られるメタン・水の流体包有物を用いた温度圧力計が有効である．ただし，裂罅（れっか）を充填する鉱物脈の沈殿は，最も深くまで沈み込んだときのみならず，それ以後の上昇過程も含めて形成される．そこでメランジュのブロックインマトリックス構造の形成と切った切られたの関係（たとえば砂岩層が破断し，レンズ化する際のくびれている部分に集中して裂罅を充填する鉱物脈が形成されている）など，野外での産状による形成順序を認定し，知りたい事件の温度・圧力の関係を明確にして分析しなければならない．得られたデータの温度も圧力も一定のばらつきを示すのが普通である．これは，測定時の誤差だけではなく，流体から沈殿する際の温度が変化したことや，求められた圧力は流体圧なので静岩圧と静水圧の間のどこであるか決定が難しいことによると考えられる．深度に換算する場合，この圧力データを用いるが，上の理由で一義的には決まらない．しかし，圧力データの範囲を静岩圧と静水圧の間の変化と解釈し，最頻値を間隙水圧比* 0.6-0.7 程度と解釈して深度へ換算することが試みられている（Hashimoto et al., 2003; Matsumura et al.,

---

* 　間隙水圧比 λ_b =（間隙水圧－静水圧）/（静岩圧－静水圧）（4.1節参照）

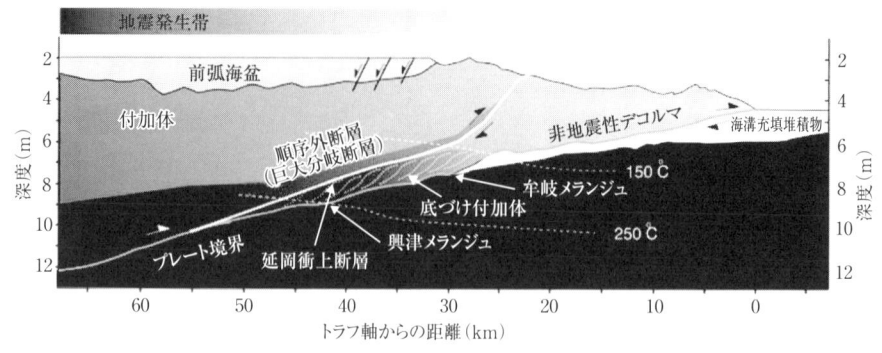

図 3-2-6 四万十帯断面図と形成深度（Kondo et al., 2005）

2003; Kondo et al., 2005). それによると四万十帯のメランジュで石英粒子の塑性変形を示さないものの形成深度は，5-6 km 程度から 15 km 程度である（図 3-2-6）.

これらの温度・圧力範囲を，現在の沈み込み帯の温度モデル（Hyndman and Wang, 1993）と比較すると，プレート境界における逆断層型地震を生じている「地震発生帯」に一致する.

(5) メランジュの成因

メランジュは付加体を特徴づけている構成要素であり，成因を含めず，硬いブロックが柔らかいマトリックスに取り囲まれた乱雑な産状を呈する地質体をいう．スケールは問わないが，露頭スケールから地図スケールまでまちまちである．露頭スケールでメランジュの産状を示す場合，サンプルスケールや光学顕微鏡スケールまで同様の産状を示し，フラクタルな組織を示す場合が多い．付加体，特に四万十帯に見られるメランジュのほとんどのものはマトリックスが泥岩である.

成因としては，海底地すべりによって形成される堆積性メランジュ（オリストストローム），流動化した堆積物が間隙水圧の差，あるいは密度差によって移動する際に壁面を破壊し角礫を混合するダイアピルメランジュ（図 3-2-7），そして断層によってより粘性の大きい層が角礫化し，混合する造構性メランジュ（図 3-2-8）に大別される．現在の海溝周辺ではいずれも観察

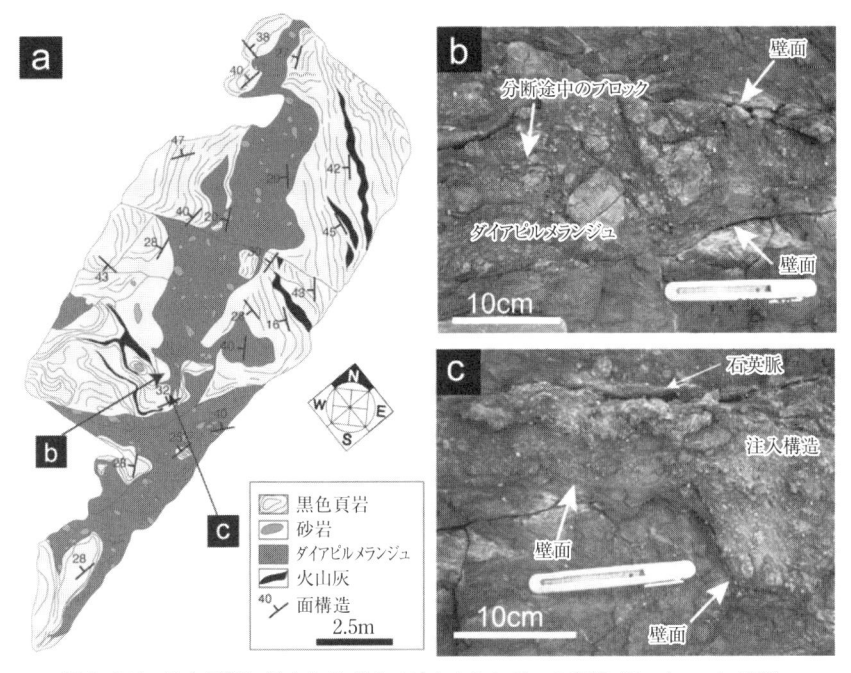

図 3-2-7 日向層群に見られるダイアピルメランジュの産状（Kondo et al., 2005）
a：平面スケッチ，b, c：ダイアピル部と周囲の母岩との境界部の露頭写真．

されるので，過去の付加体の中にもいずれも存在すると考えられる．また，複数の成因が重複する場合もある．

　メランジュの成因を区別する最も重要な手がかりは，その組織である．オリストストロームやダイアピルメランジュの場合，剪断を特徴づけるファブリックは一般に認められない．ブロックの配列に定向性はなく，またブロックの大きさの分布も乱雑である．層状ケイ酸塩からなる泥質マトリックスにも一般に定向性がない．ただし，ダイアピルメランジュの場合，壁面近くのマトリックスに，壁面と平行なファブリックを持つ場合がある．ダイアピルが流動したときのものであろう．ダイアピルメランジュと母岩の地層との境界は一般に地層の走向傾斜と斜交する．オリストストロームやダイアピルメランジュには裂罅充填の鉱物脈はほとんど発達しない．これは，どちらも堆積物と水が混合，一体化し高密度流体として流動するので，水溶液から沈殿する鉱物脈は形成されないためと考えられる．ただ，ダイアピルメランジュ

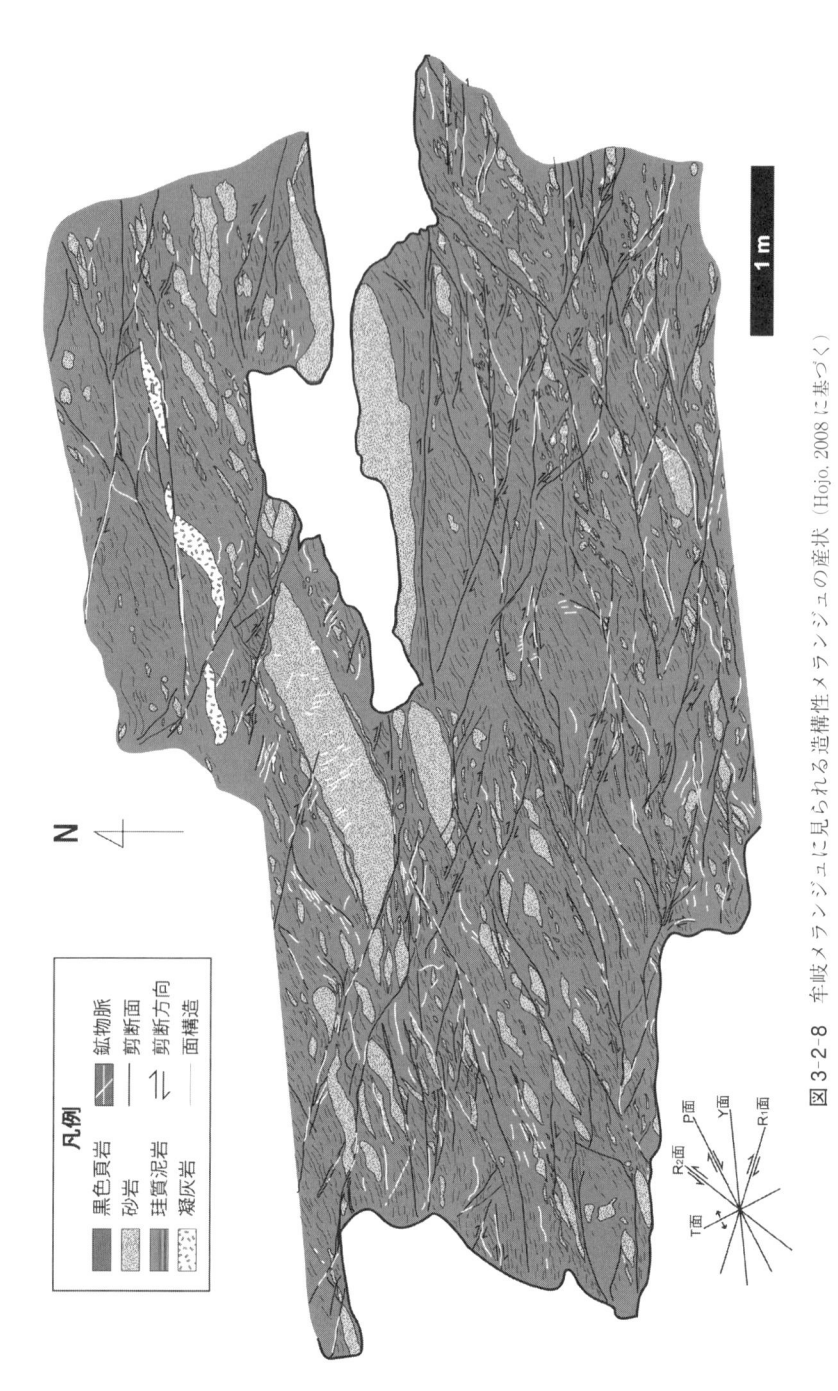

図 3-2-8 牟岐メランジュに見られる造構性メランジュの産状（Hojo, 2008 に基づく）

凡例
- 黒色頁岩
- 砂岩
- 珪質泥岩
- 凝灰岩
- 鉱物脈
- 剪断面
- 剪断方向
- 面構造

の場合，壁面とメランジュ本体の境界面に沿って，鉱物の沈殿が見られる場合がある．これはメランジュの流動後，分離した水が境界面に沿って移動し，そこから沈殿したものと考えられる．この鉱物脈中の流体包有物から，ダイアピルメランジュの流動した深度，ダイアピルの温度の推定が可能であろう．

　造構性メランジュは，断層に沿う剪断によって形成される．ただし，付加体に含まれる造構性メランジュが通常の断層とまったく異なるのは，剪断を受け，変形することによって硬くなることである．通常の断層は剪断を受けるとそこは弱くなり，繰り返しすべることによる断層の発達に伴って，剪断が集中する．それに対し，メランジュは剪断を受けることにより硬化するので，剪断帯が拡大する．メランジュが剪断の発達とともに硬化する理由は，沈み込む堆積物が未固結の間隙の多い状態から出発し，それらが通常の堆積盆地のように圧密や続成作用によって固結する時間もなく沈み込んでしまうことによる．メランジュの形成場では変形により圧密が促進されるので，剪断による硬化が起こるのである．数百mを超える厚いメランジュも一時に形成されたものではなく，このような剪断帯（プレートの境界断層といっていい）が連続的に拡大した結果であると見なされるのである（Moore and Byrne, 1987）．

　造構性メランジュは，剪断に伴う明瞭な複合面構造を持っていること，破断しレンズ化した砂岩ブロックや剪断面などに裂罅充填型の鉱物脈の沈殿が普遍的に見られること，などによって特徴づけられる．マトリックスの泥質岩は層状ケイ酸塩が定向配列し，圧力溶解現象も見られる場合が多い．また，沈殿鉱物脈中の水・メタン流体包有物から変形時の温度・圧力が推定可能である．四万十帯では150℃から250℃程度，深さにして5-6 km程度のものが多く（Sakaguchi, 2001; Hashimoto et al., 2002, 2003; Matsumura et al., 2003など），変形は明らかに表層のものではない．これらのメランジュは薄く引き剥がされた海洋地殻と，その上に堆積した遠洋性〜半遠洋性堆積物の上部にあり，沈み込み帯におけるプレート境界断層そのものであると推定される（Kimura et al., 2007）．

3-3 四万十付加体に見る地震発生断層と断層岩

現在のプレート沈み込み帯におけるプレート境界の地震発生帯が，熱構造とよい関係にあることを示したのは，Hyndman and Wang (1993) である．この関係は大陸地殻において示される脆性的な上部地殻が地震発生帯であり，延性的な下部地殻では一般に地震は発生しないということ（Scholz, 2002）と同じ関係である（図3-3-1）．

地震発生帯の上限は120-150℃程度，下限は350℃程度である（図0-1-3参照）．これが事実であるならば，何がこの上限と下限を決めているのか，そして地震発生帯を特徴づける断層とはどのようなものであり，そこを支配する摩擦構成則，破壊の伝搬拡大や停止を支配する法則はどのようなものであるのか，などが重要な研究対象となる．また，それらの温度領域にかつて位置し，いま地表へ露出するにいたっている岩石の中にプレート沈み込み帯における地震がどのように記録されているのか，それらは摩擦構成則，破壊の伝搬拡大を支配する法則などに対してどのようなメッセージを送ってくれるのか，についても知りたくなる．そのような視点からの付加体あるいはメランジュの見直しは，新しい研究課題として最近活発に進められるようになった．

沈み込み帯は大量の水が存在することで特徴づけられる．その水は直接間

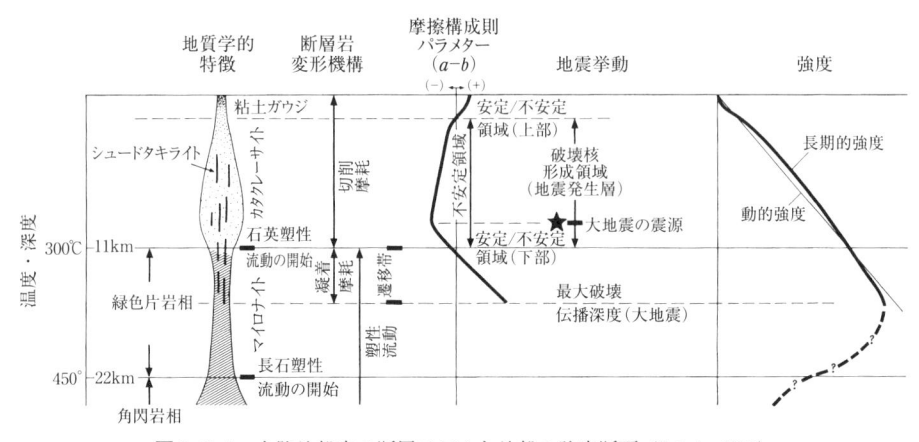

図3-3-1 大陸地殻内の断層モデルと地殻の強度断面（Scholz, 2002）

隙流体として存在したり，含水鉱物として存在したりする．沈み込み帯では，海洋地殻やその下の蛇紋岩化したマントルに含まれる水とともに，沈み込む堆積物中にも大量の水が含まれている．それらがプレートとともに沈み込む．そして温度圧力の上昇とともに排出あるいは脱水し，プレートの境界に沿って移動することとなる．この水の存在が，断層の挙動を決める上で力学的に重要な役割を果たすと考えられる．

そのような条件の下にある地震発生断層とはどのようなものであるのか，という視点で四万十帯は再検討されるようになった．

(1) 付加体からのシュードタキライトの発見

地震性断層岩として最も確実な地質学的証拠は，摩擦熔融により形成される「シュードタキライト」の存在である．断層運動時には，摩擦熱によって断層の温度が上昇する．この温度上昇が，熱の伝導によるすべり面の冷却を上回って岩石の融点を超えた場合が摩擦熔融である．そのためにはすべりの速度が地震程度のもの（1〜数 m/s）でなければならない．したがって熔けている確実な証拠があれば，それは地震の証拠となるというわけである (Cowan, 1999)．

これまで，多くのシュードタキライトが世界各地から発見されているが，それらのほとんどは花崗岩などの大陸性地殻内のものであった．どういうわけか付加体からの発見は2003年まで皆無であった．発見されなかった理由はいくつか考えられる．

最大の理由は，大量の水が存在する条件下では，地震性すべりの重要な機構であるすべり弱化あるいは速度弱化のメカニズムは摩擦熔融ではないであろう，とする先入観であった．すなわち，断層の間隙に水が存在し，かつ断層の透水性が悪い条件では，わずかの摩擦による運動エネルギーの熱への転換は，間隙流体の温度上昇に費やされる．そして，その温度上昇は間隙水圧を容易に上昇させ，すぐに静岩圧を超えるレベルにまで達してしまう．すると断層のすべり面はその高間隙水圧によって浮いてしまい，摩擦強度を失ってしまう．そのような温度上昇は数百℃に満たないで済むので，とても岩石の熔融に必要な1000℃になどならない，というわけである (thermal pressurization; Mase and Smith, 1987). また，同じように間隙に閉じ込められた水が存在する条件で固体部分が弾性的に歪むと，間隙の空間が縮み，やはり間隙水圧が上昇し，そこでは有効強度を失う．したがって弱化してしまう．このような考えから，水が存在すると決して摩擦熔融は起きないという先入観が，シュードタキライトなどあるはずはないと思わせ，探す努力を怠ったことが理由の1つとして挙げられる．

第2の理由は，付加体を構成する岩石が黒いことである．岩石が熔けてガラス状になると色が黒くなる．火山岩としては色の白い流紋岩でも，ガラスでは黒曜石として知られるように色は黒い．これまで発見されているシュードタキライトのほとんどは色の白い花崗岩の中に形成された色の暗い脈状のものである．そのようなものは目につきやすいし，発見が容易である．しかし，黒い泥質岩や色の暗い砂質岩からなる付加体では，そのような目立つ産状はない．したがって見つかりにくかったのである．

第3の理由は，付加体を研究する人たちに，1990年代に大変進んだ地震断層に関する視点が不足していたことが挙げられる．現世の付加体を研究していた多くの人たちは，付加体形成の初期過程，すなわち深さにして2-

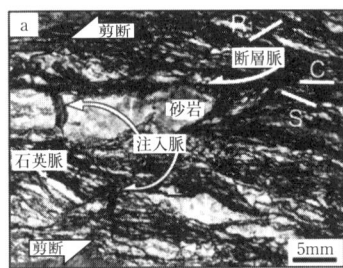

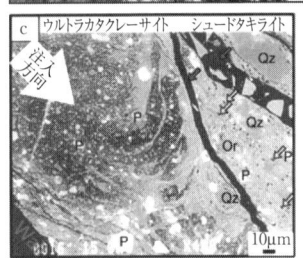

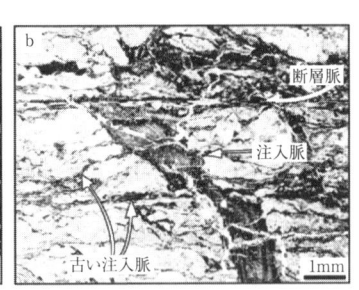

写真3-3-1 興津メランジュに見られる断層岩の産状とシュードタキライト（Ikesawa *et al.*, 2003）
a：断層岩の研磨片写真．シュードタキライトは主剪断面（C面）で形成され，壁岩に注入している．
b：シュードタキライトの注入脈の薄片写真．新しい注入脈がより古い注入脈を切っていることから，複数回の地震が示唆される．c：シュードタキライトの走査型電子顕微鏡写真（反射電子像）．注入組織および透明感をもつ熔融度の高い箇所での気泡（矢印）が認められる．Qz：石英，P：斜長石．

3 km 程度の浅い領域に関心が集中し，そこでの流体循環などを定量的に描き出す水理学的機能に研究対象の中心があった．また，陸上の付加体研究は構造発達史に重きが置かれていた．

しかし，発見は思わぬところからやってきた．2001 年，高知大学の 4 年生であった池澤栄誠は，卒業論文として，高知県の興津地方のメランジュを研究対象とすることをテーマとして坂口有人から与えられた．池澤の趣味ともいうべきことは岩石薄片の作成であった．フィールドで見つけた固結した断層岩には 1 mm 程度の直線的な筋がいくつも入っている．彼はその断層岩から薄片を 300 枚以上作成した．そして，教科書にのっているシュードタキライトと同じ熔融を示唆する産状を次々と見つけたのである（写真 3-3-1）．その当時，日本の断層岩研究のコミュニティーでは，熔融をどう認定するのか，について激しい議論が戦わされていた．池澤はそのようなことをよそに黙々と薄片を作成した．そして，東京大学大学院へ進学後，それらの結果をまとめて論文として公表，それが世界で最初の付加体からのシュードタキライトの発見となったのである（Ikesawa et al., 2003）．ここに「先入観にとらわれていては新しい発見はない」という 1 つの教訓がある．

(2) メランジュとシュードタキライト

四万十帯に見られる多くのメランジュユニットが造構性であり，それらは厚い断層であると見なせることは 3-2 節(5) に記した．そこに薄く引き剥がされた海洋地殻の破片を含むことは，そのメランジュがプレート境界であることを想起させる．しかも，その温度領域は現在の沈み込み帯の地震発生帯に一致する．とすれば，そのメランジュの中に地震の証拠が見られてよい．そのような視点から地震発生断層探しがはじまったのである．

最初に期待されるのは，造構性メランジュを特徴づける複合面構造中のすべり面であり，脆性的断層組織を特徴づける主剪断面が重要な候補である．また，普遍的に発達するリーデル剪断面もその可能性がある（面の定義は図 3-2-8 参照）．これらの面は厚さ数 mm 程度のカタクレーサイトからなる場合がほとんどである．沈殿鉱物脈を伴っている場合も多い．しかし，不思議にこれらの剪断面からは，今のところシュードタキライトは発見されていな

い．複合面構造を特徴づけるP面はよく発達する．砂岩がレンズ化しているのは，この面に平行な引っ張りによる場合がほとんどである．泥質マトリックス中に発達するP面に沿っては圧力溶解現象の見られる場合が多く，圧力溶解劈開を形成している．それらは最高被熱温度の高い場所ほどよく発達している．

さて，シュードタキライトが最初に発見された高知県興津メランジュにおけるシュードタキライトの地質学的位置を見てみよう．それは大局的に見ると，メランジュユニットとコヒレントユニットの境界，それもメランジュユニットの北側，すなわち上盤側の境界断層に位置する．現在は高角な逆断層であるが，メランジュがプレート境界の断層であるとすると，本来はより低角であったと見なすことができる．坂口の研究したビトリナイトの反射率からすると，この断層の上盤と下盤の間で最高被熱温度に差はない．Ikesawa et al. (2003) は，このことは当時の等温度線とこの断層が平行であったと解釈可能であり，そうだとすると断層はきわめて低角度であり，プレート境界にほぼ平行であったと考えられると解釈している．

筆者らはこの興津メランジュの結果を受けて，四国において興津メランジュの東への延長と見なされている徳島県牟岐のメランジュを調査した．特にメランジュユニットの北側の境界を集中して調査した．そして，北側すなわち上盤側の境界は同じように断層であり，その断層の中にシュードタキライトを発見するにいたった (Kitamura et al., 2005)．この断層帯は厚さ 1 m ほどであり，大量の鉱物脈を伴っている．

なぜ，プレート境界断層の本体たるメランジュの中ではなく，その構造的上位に位置するコヒレント層との境界断層にのみシュードタキライトが発見されるのであろうか？　これは今後の研究を待たねばならないが，1つの仮説は以下のようである (Kitamura et al., 2005)．

メランジュを構成する主要な岩相は陸源の泥質岩である．この主要な粘土鉱物はイライトであるが，この鉱物は水を含み，変形続成作用によって脱水する．一方，その上盤に位置するコヒレント層は主に厚い砂岩からなる．おそらくは付加体先端で引き剥がされ，その後の付加体の成長とともにさらに構造的に厚く積み重なったものであろう．このコヒレント層は続成作用の結

果，間隙率も小さく，きわめて透水性の悪い付加体となる．それに対しメランジュは，変形脱水しながらこのコヒレント層の下に沈み込んだものと考えられる．脱水した水は上へと移動し，このコヒレント層とメランジュの境界付近へ達する．大きな地震の間の期間のプレート境界でのゆっくりとしたすべりは，圧力溶解によってまかなわれるメランジュの変形が担う．しかし，地震時に深部より伝搬してきた破壊は，移動してきた水が停滞し間隙流体として存在するが故に，コヒレント層とメランジュユニットの，有効強度の落ちていた境界を使うのではないか，という説である．この位置には水が大量にあるにもかかわらず，なぜシュードタキライトが形成され得るのかというパラドックスは依然として残されていたが，それを解く鍵は，次章以下で示す延岡衝上断層におけるシュードタキライトの発見が重要なヒントを与えることになる．

(3) OOSTシュードタキライトと大規模な沈殿鉱物脈の発達

これまで四万十帯で発見されたシュードタキライトの特徴を記そう．写真3-3-1に最初に発見された興津メランジュのものを示した．クラストとして取り残された石英や方解石の粒子の縁辺が溶蝕されている．ガラス起源と考えられるマトリックスは半透明であり，その中に沈殿したチタン鉱物が見られる（Ikesawa et al., 2003）．また，発泡した空隙も観察される．このような特徴は，その後発見された徳島県牟岐メランジュのものでも共通している（Kitamura et al., 2005）．このようなシュードタキライトの産状は，実際にメランジュの泥質岩を溶かした実験によって作り出された「人工シュードタキライト」でも再現された（Ujiie et al., 2007b）．

これらと様相を異にするのが，九州の延岡衝上断層から発見されたシュードタキライトである（Okamoto et al., 2006）．この断層は九州四万十帯を南北に二分する衝上断層である．延岡衝上断層は上盤と下盤の間に70℃程度の温度差があり，その温度差をもたらすためには，傾斜方向に10 km程度の変位が予想される大規模な断層である．すでに深部で活動を停止しており，かつて付加体を切る規模の大きい順序外断層として活動したものと考えられる（Kondo et al., 2005）．

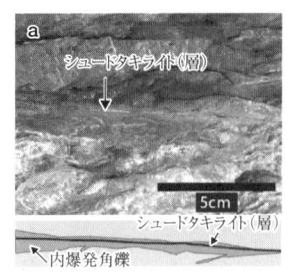

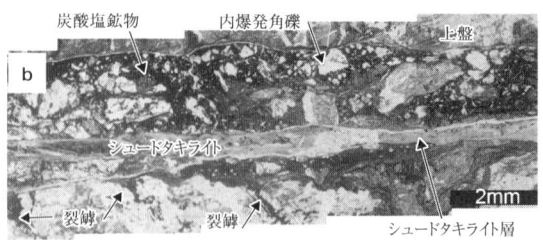

写真 3-3-2 延岡衝上断層に見られるシュードタキライトの産状（Okamoto et al., 2006）
　a：シュードタキライトを含む断層の露頭写真．b：断層面の薄片写真．炭酸塩鉱物（アンケライト・方解石）により充填された内爆発角礫をシュードタキライトが切断する．

　この断層の中心部近辺にシュードタキライトが発見された．シュードタキライトを含む断層コアは厚さ1mm程度のものであり，延岡衝上断層破砕帯内部の1断層である．このシュードタキライト断層のコア周辺のダメージ帯に大変特徴がある．コアの周辺は光学顕微鏡下では一見，暗いマトリックスに囲まれた母岩の粉砕された角礫からなり，いわゆるカタクレーサイトとおぼしき産状である（写真3-3-2）．カタクレーサイトならば，マトリックスは微少に粉砕されたものからなるはずである．しかし，EPMAによって組成マッピングをすると，マトリックスは粉砕粒子ではなく，流体から沈殿した炭酸塩からなることが判明した．このような産状は，この角礫がカタクレーサイトではなく，断層のジョグ（食い違い部分や屈曲部において開く成分を持つ部分のこと）などにおいて流体の断熱膨張・減圧を伴って起こる内爆発角礫（implosion breccia; Sibson, 1986）である可能性を強く示唆する．さらに，よく見ると，断層の伸びと斜交する方向に，やはり炭酸塩鉱物に充填された引っ張り割れ目が断層の下盤側だけに発達することがわかる．このような角礫や割れ目が形成された後に，厚さ1mm程度の断層中核部が形成されている．そして，この断層の中核部にシュードタキライトが産するのである．

　シュードタキライトの熔融の認定に関して，断層岩の研究者の間では論争が続いていた．そこで，これを発見した岡本伸也は，あらゆる方法を駆使し

て検証に努めた．走査型電子顕微鏡による熔融構造の確認，急冷構造の確認，透過型電子顕微鏡による非晶質物質の確認，メルトの急冷によって沈殿した鉄質微粒子の存在，ガラスの変質により晶出した，母岩には存在しない粘土鉱物の存在など，シュードタキライトの熔融認定に最もきびしい研究者さえも納得する十分なデータであった（Okamoto *et al.*, 2006）．

しかし，このシュードタキライトのこれまでにないユニークな特徴は，熔融にかかわることではなく，それに先んじて内爆発角礫を伴うことであった．内爆発角礫は急激な断層の変位に伴って起こる空間の形成と，そこへ流入する流体の断熱膨張に関係する急冷・急沈殿を示すものであり，地震断層の流体挙動を考える際に重要である．このことを最初に指摘したSibsonは，2005年秋のアメリカ地球物理学連合の席で岡本らの発表を見て，このようなシュードタキライトはこれまで見たことがないと明言した．この内爆発角礫の後にシュードタキライトが形成されている事実は，流体の熱圧化による断層の弱化が中断し，摩擦が復活したことを示唆する．最初の摩擦熱による流体圧が静岩圧を超え，さらに岩石の引っ張り強度を超えると破壊する．

(4) 流体と断層弱化メカニズム

固着していた断層の上盤と下盤に弾性歪エネルギーが蓄積し，それが固着の強度を超えたときに断層に沿うすべりがはじまる．そして，すべりとともに断層の摩擦強度が低下することにより，一挙に破壊とすべりが広がる．その破壊とすべりの伝搬によって，弾性波としての地震波は放出される．このすべりとともに摩擦強度が低下する原因を断層弱化のメカニズムという．このメカニズムは何であろうか，ということに関して多くの議論がされてきた．沈み込み帯のプレート境界には大量の水が存在すると考えられるので，特に断層内に流体が存在する場合の効果が重要である．

図3-3-2はSibson *et al.*（1988），Sibson（1992）によって提案された断層バルブモデルである．断層周辺は地震後テクトニックな応力によって弾性的変形が進行し，弾性歪エネルギーが蓄積する．断層は地震活動後，固着が進行したり，間隙に鉱物が沈殿したりして，透水性が悪くなる．水の存在する間隙の周辺で，すべりを開始する摩擦強度は，

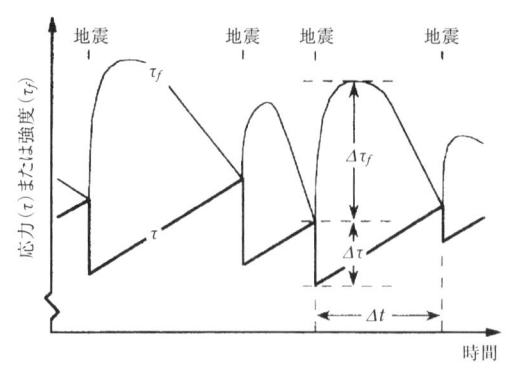

図 3-3-2 Sibson (1992) による地震サイクルと断層バルブモデル
τ：剪断応力，τ_f：摩擦強度，⊿t：再来周期．

$$\tau = C + \mu(\sigma_n - P_f) \qquad (3.3.1)$$

である．ここで，τ は摩擦強度，C は固着強度，μ は摩擦係数，σ_n は断層面への垂直応力，P_f は間隙水圧である．摩擦係数は，すべての岩石の摩擦係数は同程度の値をとるという Byerlee の法則 (Byerlee, 1978) を適用すれば 0.6-0.85 程度である．閉じ込められた水の圧力が大きければ大きいほど，摩擦の強度は低下する．垂直応力 σ_n と同じになってしまえば摩擦強度は C になる．すなわち，断層はほとんど浮いてしまい，地表に置かれたのと同じ程度の強度となるのである．そのような断層はほんのわずかの力（固着強度）ですべってしまう．

　Sibson は地震が繰り返し同じ断層で起こるのは，以下のようなシナリオであろうと考えた．間震期の間に，透水性の悪い断層の間隙水圧が上昇し，断層の摩擦強度は弱くなっていく．一方断層の周囲には弾性歪エネルギーが溜まる．そしてあるとき，剪断有効応力が摩擦の強度を超えてしまうのですべりだす，というわけである．断層がすべりはじめ，破壊されると，それまで閉じ込められていた間隙はつながるとともに，周囲が破壊され，空間の広がるダイラタンシーが起こる．すると流体は一挙に流れ，断層から排出し，間隙水圧は減少する．すなわち，流体の流路として断層を見ると，断層はバルブの役割を果たし，すべりの開始時に地獄の釜が開くがごとく，そのバルブが開くのである．

この間隙水圧の上昇は，間隙が鉱物の沈殿によってシールされたり，あるいは地震時にダイラタンシーによって開いてしまった空間が，その後重力によって閉じてしまったり，あるいはテクトニックな応力によって圧縮され，狭くなることによってもたらされる．断層のコアは粉砕によって周囲よりも細粒な物質から構成されている．そのようなところでは，断層のまわりに比べて地震のないときは透水性が悪い．したがって，脱水反応が起こるような温度・圧力条件下での断層では，周囲の岩石から脱水した水は断層を通過して流れることができない．断層の周囲において脱水した水は拡散によって集まり停滞する．するとますます，間隙水圧が上昇し，徐々に断層の強度を低下させ，ちょっとしたトリガーで一挙に破壊が起こるというわけである．

　温度約200℃で圧力が約200 MPaの水では，密度が1.3程度である．この水に熱エネルギーを注入すると，空間が広がらなければ圧力が急上昇する．その上昇率は2 MPa/Kに達する．地殻程度の深さでは，間隙水圧は一般に静岩圧の7割程度と見積られている（Zoback and Townend, 2001）．このような状態にある間隙水圧は，50℃程度の温度上昇で簡単に静岩圧に達する．静岩圧に達するということは，先の式によって，断層が浮いてしまうようなことが起こり，強度が一挙に低下するということである．このような現象を流体の熱圧化による弱化メカニズム（thermal pressurization）という．このメカニズムは，断層に沿って間隙流体が多く存在する場合に有効に機能して，断層の動的弱化の原因になると考えられている（Mase and Smith, 1987）．

　このようなことはどのような記録として地質学的に残るのであろうか？　それは長い間よくわからなかった．しかし，四万十帯においてOkamoto et al.（2006）の発見した断層の周囲を埋め尽くす内爆発角礫と炭酸塩の沈殿，およびUjiie et al.（2008）の発見した断層充填炭酸塩鉱物脈中の流体包有物の再平衡現象（デクレピテーション）は，断層のすべりに先立ち，この流体熱圧化現象があったことを示唆したのである（次節参照）．

(5) 流体包有物温度・圧力計

　断層すべり時の流体の挙動を正確に描き出すためには，いくつかの分析をほどこさなければならない．それらについて紹介しよう．石英や方解石の鉱

物脈は，いうまでもなく水溶液（熱水）からの沈殿物である．この鉱物脈の結晶中には，沈殿時の流体がトラップされている場合が多い．それらを流体包有物と呼ぶ．ただし，鉱物が後に変形すると，流体包有物は最初にトラップしたときの状態を保持しないので気をつけなければならない．この流体包有物を使って，付加体についてトラップしたときの温度・圧力を推定することを本格的に行ったのは，アラスカにおける Vrolijk らの仕事が最初である (Vrolijk, 1987; Vrolijk *et al.*, 1988)．日本の四万十帯では Sakaguchi (1999) であった．ただし，水・メタン系の不混和流体を仮定して，温度とともに圧力を推定したのは Hashimoto *et al.* (2002) が最初であった．以降，多くの研究例が出されている．

写真 3-3-3 は四万十帯に見られる石英中の 2 相包有物と 1 相包有物の例である．この流体はそれぞれ水とメタンである．これらの流体組成はラマンや FT-IR などの分光分析により確認する．メタンは不混和で水と共存したと仮定する．そして，水とメタン系の状態図を根拠に加熱実験と冷却実験をほどこす．2 相の水を加熱していくと，ある温度で気液 2 相であったものが 1 相となる．これは状態図の蒸気圧線に沿って温度上昇し，その線から離脱し，液相の領域に入った瞬間を示す．この温度を水の等比容積線（単位質量当たりの容積＝密度の逆数）に沿って，温度・圧力とも上昇させた場合のどこかでこの流体は石英の中に捕獲されたと推定できる．しかし，その線上のどこなのかは不明である．それを知るためには圧力が必要である．

そこで，次にメタンに富む包有物，すなわち 1 相包有物の冷却実験をほど

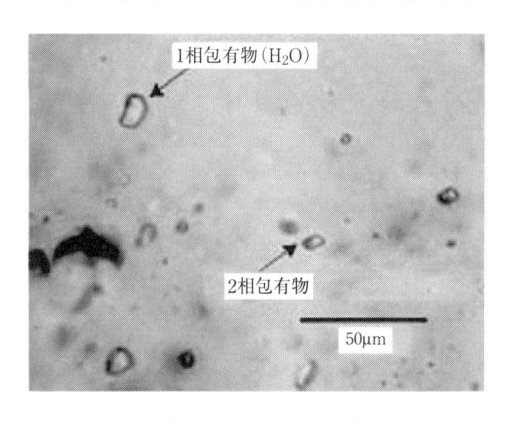

写真 3-3-3 石英中の流体包有物の産状（Kondo *et al.*, 2005）

こす．こんどは冷却していくと，ある温度で1相であったものが気液2相へと変化する．メタンが水から分離するのである．メタンへの水への飽和度は温度とメタンの密度に依存する．液相1相として常温で水にメタンは溶け込んでいる．それを冷却していくと，ある温度で気相が現れる．その場合の温度は飽和曲線上で密度に換算できる．そして，その密度からメタンの状態図上の等比容積線を決める．その線上で水包有物から求めた温度領域が求める圧力範囲である．ただし，ここで注意が必要で，水から求めた温度は真の捕獲温度ではなく，最低の捕獲温度であるということである．水の等比容積線の圧力/温度の勾配は大きいので，そこから大きくは違わないだろうとの仮定をもとに推定しているにすぎない．また，圧力はいうまでもなく，流体圧である．そのような仮定のもとではあるが，どの程度の深さでこの鉱物が流体包有物を捕獲したかの目安とはなる．

　これまで，四万十帯ではこの水とメタンの包有物を使った温度・圧力の推定は，Hashimoto et al. (2002, 2003)，Matsumura et al. (2003)，Kondo et al. (2005) などによってなされた（図3-3-3）．それらをビトリナイト反射率温度計（Sakaguchi, 1999; Ohmori et al., 1997）から求めた結果と比較すると，場所によって，ビトリナイト温度計より高い．特に，延岡衝上断層の破砕帯では，断層の密集する部分の温度が高い（Kondo et al., 2005）．これは，断層に沿って母岩より温度が高い熱水が流れたと推定されている．今後，この方法の充実と適用はますます重要になるであろう．ただし，最も重要なことは，変形と沈殿が繰り返される領域において，露頭や顕微鏡下の観察では，事件の順番を厳密に記述しておくことである．そうでなければ得られた結果を自然へ帰すことは決してできない．

　さて，このようにして求めた温度・圧力と変形の順序，流体の起源を結びつけた研究例を見てみよう．Okamoto et al. (2007) は，延岡衝上断層周辺のシュードタキライトを伴う小断層に付随する内爆発角礫を伴う炭酸塩，およびその周辺の石英中の H_2O 包有物の均質化温度を測定した．その結果，炭酸塩鉱物脈中の流体包有物の方が，石英中のそれよりも最大で100℃近く高い均質化温度を持つことがわかった（図3-3-4）．露頭での産状から，この小断層は1回のすべりの記録を保持しているものとみなされ，かつ炭酸塩

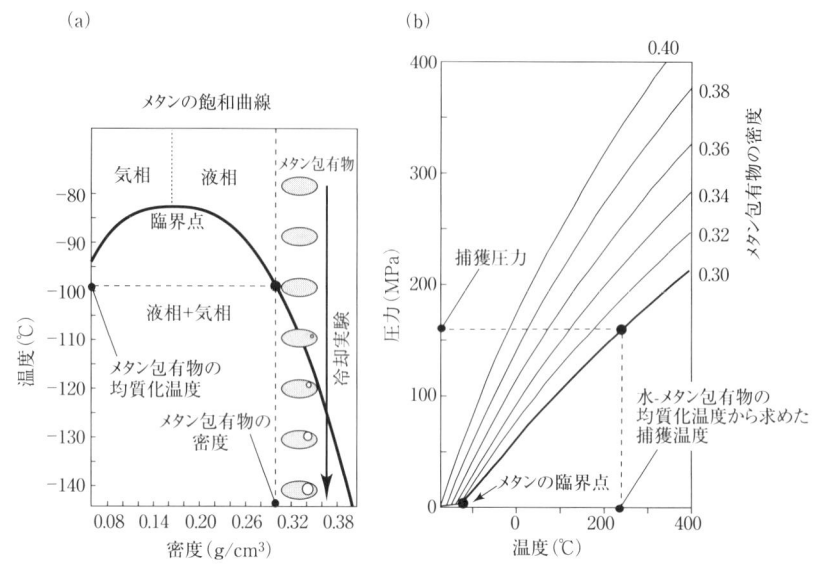

図 3-3-3 流体包有物を用いた温度・圧力の推定法（Vrolijk *et al.*, 1988）
(a)メタンの飽和曲線．冷却実験により得られたメタン包有物の均質化温度から，メタンの密度が推定される．(b) a で得られたメタンの密度から，温度-圧力平面上にメタンの等密度曲線を描くことができる．ここで，水-メタン包有物の加熱実験により得られた均質化温度はそのまま包有物の捕獲温度とみなされるので，捕獲温度と等密度曲線を用いて流体の捕獲圧力を見積ることができる．

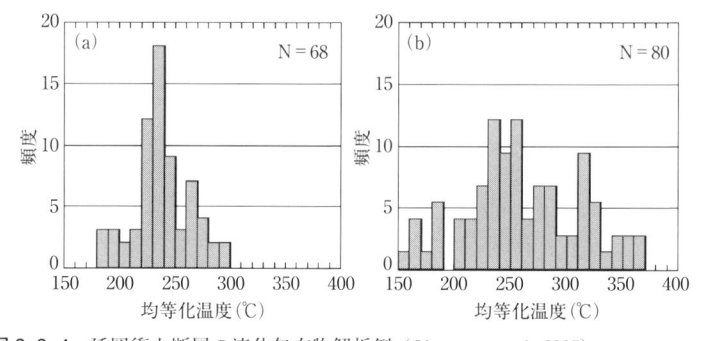

図 3-3-4 延岡衝上断層の流体包有物解析例（Okamoto *et al.*, 2007）
H_2O 包有物の均質化温度を示す．a：断層周辺の石英脈，b：内爆発角礫を伴う炭酸塩鉱物脈．

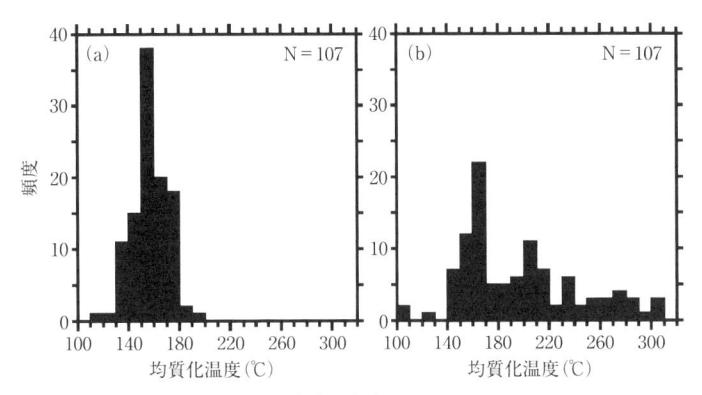

図 3-3-5 牟岐メランジュの流体包有物解析例（Ujiie et al., 2008）
H_2O 包有物の均質化温度を示す．a：母岩（メランジュ）中のもの，b：断層面を充填する方解石脈中のもの．

鉱物脈はシュードタキライトに切られている．このことから，炭酸塩鉱物脈に見られる高温以上は，断層のすべりの開始後，摩擦熔融がはじまるまでの間の，摩擦発熱による温度上昇を記録していると考えられた．

また，Ujiie et al.（2008）は，徳島県牟岐メランジュにおいて，流動化を記録したウルトラカタクレーサイトおよびその直上直下の方解石中に含まれる H_2O 包有物の均質化温度を多数測定し，ウルトラカタクレーサイト中に取り込まれた方解石のみ均質化温度の分布が高温側に尾を引くパターンを示すことを見出した（図3-3-5）．これは，摩擦発熱による温度上昇に伴う流体包有物の体積増加（ストレッチング）を反映していると考えられ，急速過熱実験との比較から，摩擦発熱時の温度上昇量は50-150℃と推定された．このことから，流動化の成因として摩擦発熱による流体の熱圧化が示唆されている（Ujiie et al., 2007b, 2008）．

このいずれの結果も，断層面の温度上昇の指標として流体包有物による熱履歴の解析が有用であることを示している．摩擦発熱による温度上昇量からは断層面に働く剪断応力を見積ることが可能なので，流体包有物の解析は単に地質体の温度・圧力条件のみならず，断層の力学を考える上でも重要なデータを提供する．

3-4　南海付加体の地震断層の描像

　南海トラフでは，3-1節で述べたように，これまで足摺沖，室戸沖で掘削が実施された．それに伴い反射法地震探査によって付加体の内部が詳しく調べられた．その調査の結果，付加体内部の構造がよくわかってきたことも記した．

　Kimura et al. (2007) は，これらのどの地域でも付加体の内部構造は大きく3つのドメインに区分できることを示した．外ウエッジ（outer wedge），漸移帯（transition zone），そして内ウエッジ（inner wedge）である（図3-4-1）．外ウエッジは，①小さな尖形角度，② in-sequence-thrust，③非地震性のデコルマによって特徴づけられる．この尖形は臨界にあると見られる．内ウエッジは，①小さな尖形角度，②ほとんど内部変形のない付加体，そして③地震発生帯のプレート境界によって特徴づけられる．この両ウエッジをつなぐ漸移帯は，①大きな尖形角度，②順序外断層，そして③地震発生プレート境界からの分岐断層と非地震性断層のステップダウンによって特徴づけられる．

　この漸移帯から外ウエッジ内部の断層群は，大きな分岐断層下部を除いて，巨大地震を起こさないという意味で非地震性と見なされてきたわけであるが，近年発見された低周波地震（Ito and Obara, 2006）との関連で考えると，単純

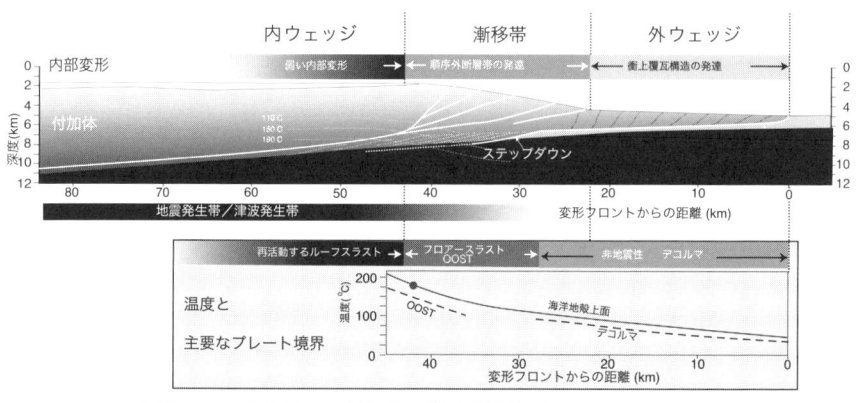

図3-4-1　南海トラフ付加体の構造的特徴（Kimura et al., 2007）

に非地震性とはいえない．ただ，短い時間に高周波の地震波を放出するような断層ではなく，ゆっくりとすべる，あるいは巨大地震時に津波を発生させる地震として機能するという可能性は大きい．そのような断層が，間震期である現在，どのような姿で見えているのか，それはどのような状態や物性を反映しているのかを把握しておくことは重要である．なぜなら，それらの描像は「いざ地震！」という際の前後に変化する可能性が大きいからである．

(1) 分岐断層反射面

1944年，紀伊半島沖で起こった東南海地震の領域の地震反射断面をはじめて示したのは Park *et al.* (2002a) である．この断面の解釈は興味深い．

まず，付加体先端部の特徴である．これまでの室戸沖などの付加体では，プレート境界のデコルマは海溝充填堆積物の特定の層準に発達し，一定の間隔で前縁スラストが外側へ伝搬拡大することが知られていた．したがって，付加体の先端部の時代は限りなく現在に近い．しかし，紀伊半島沖では前縁スラストは長期間（〜100万年スケール）にわたって変わらず，海溝堆積物は付加することなく，すべて沈み込んでいるように見えるのである．ただ，最近，新たなデコルマの形成が海溝充填堆積物の特定の層準ではじまっているようにも見える．

次の特徴は，そのデコルマがステップダウンしているように見えることである．これは室戸沖や足摺沖でも共通している．Kimura *et al.* (2007) は，これは沈み込んだ堆積物が固結し，プレート境界が海洋地殻中の弱面に移動することによるのではないかと予想している．陸上の四万十帯において，海洋地殻を巻き込んだメランジュ形成の温度・圧力条件が，このステップダウンしている領域のそれとほぼ一致していることが根拠の1つとしてあげられている．陸上の露頭において見られる，海洋地殻と，泥質岩をホストとするメランジュの境界断層は，流動化したカタクレーサイトで特徴づけられる．Ujiie *et al.* (2007a) は，この流動化した断層は地震断層の可能性があると指摘している．

紀伊半島沖の断面でさらに陸側へいくと，明瞭な反射面が現れる．これは深さ15km程度のところで沈み込む海洋地殻上面と推定される反射面へと

収束する．Park et al. (2002a) は，この反射面こそ1944年の東南海地震を発生させた最も浅い分岐断層であると推定した．その根拠は，津波や地震の逆解法から求めた破壊領域の海側の限界が，ほぼこの断層の位置と一致するからである（第1章参照）．また，海底には明瞭な活断層があり，その深部を表すからである（第2章参照）．Park et al. (2002a) は，この反射面が負の反射係数によって特徴づけられるところが多いと報告した．この反射面は波長が200m程度であり，それを断層帯として説明する場合には，少なくとも数十mの破砕帯が必要であることを示している．

さて，地震反射面が示す重要な観察の1つが，付加体を覆う熊野トラフの堆積物の変形である（図1-2-10）．Park et al. (2002a) は，熊野トラフを充填する堆積物の南端が大きく北へ傾いていること，それらは正断層によって寸断されていることを示し，これらは付加体内部の分岐断層のすべりに伴うものであることを推定した．上盤側に形成されるバックスリップであるというのである．注意深く見ると，この堆積物にはいくつもの不整合がある．この不整合も分岐断層の活動史を反映したものである．最も傾斜している南端の傾斜を水平に戻し，傾斜は分岐断層のすべりによる変動であると仮定すると，断層に沿って10kmほどのすべりが必要となる．この近傍は先の東南海地震の際に1mほどすべったのであるから，各地震で同じ程度すべり，再来周期が150年程度だとし，地震のとき以外はすべらないと仮定すると，10kmの変位を得るためには少なくとも150万年は必要である．これらの正確な活動史は掘削の結果によって解明されるであろう．

(2) プレート境界の描像

これまで，掘削から知られている現在の南海トラフのデコルマ，数kmから10km程度の深さに相当する四万十帯のメランジュの変形と，それに対応する現在のプレート境界，付加体を切る地震断層としての順序外断層（分岐断層）を見てきた．これらから，付加体の卓越する場合のプレート境界の一般的描像を探ってみよう．

変形フロントから地震発生帯までは，デコルマの地震反射面がどこでも明瞭である．これは，激しく変形していることが掘削によって確認されている．

また，コスタリカにおける掘削は，変形フロントより陸側，すなわちより変位の累積しているところほど変形帯の厚さは大きくなる．このようなデコルマが数十 km は続いている．

　一般に，変形した泥質堆積物は，間隙率が小さくなり，浸透率も小さくなっている．変形組織としては，鱗片状劈開が発達し，いわゆるメランジュマトリックスと同じ産状を示している．しかし，このデコルマの直下の堆積物，すなわち沈み込んでいる下盤の堆積物では，突然変形が見られなくなる．そして間隙率は再び大きくなる．透水性の悪いデコルマの下に間隙率の大きい層があると，地震波の反射に対して反射係数が負となり，極性の反転した反射面として捉えられることはよく知られている．このような層の透水性が悪いときには，すでに変形しているデコルマの直下がすべりに対して最も小さい摩擦抵抗の場所となるので，次にすべるときにはそのようなところが新たなデコルマ面として選択される．そして，デコルマの変形域はどんどん下の方へ伝搬拡大していく．このような変形の過程では，変形によって堆積物の間隙が小さくなり，固化が進行する．そしてより強くなるので，変形強化の過程でもある．変形帯で小さくなった間隙は，さらに上載荷重の増加による圧密と，間隙への新しい鉱物の沈殿（化学的続成作用）により固化が進む．堆積物が岩石になる過程が，変形によってより促進されることを意味している．

　以上のような過程は従来の堆積学が教える静的「続成作用」では記されていなかったことであり，また，プレート収束速度の大きい海溝域での堆積物に特有な現象でもある．数 cm 〜 10 cm/年以上に及ぶような収束速度は，大陸内の圧縮域や大陸間衝突帯よりは明らかに大きく，沈み込みに伴って堆積物の埋没がきわめて早く進行してしまう．そのような場では普通，圧密は遅れる．しかし，その圧密が変形によって進行するのである．このことが，なぜ泥質マトリックスに富む造構性メランジュが付加体に特有なのかの理由である．変形岩石化作用とも呼ぶべき過程である．

　沈み込んだ堆積物がほぼ岩石化してしまうと，岩石としての付加体と岩石の海洋プレートとの境界がプレート境界となる．そこが地震発生帯のはじまりであると考えられる．そこでは，プレート境界に沿っての剪断によって，

海洋地殻と上盤の堆積岩との混合が起こる．玄武岩のレンズを挟みながら変形しているメランジュが形成される．

この場は，地震反射面では最初のデコルマがステップダウンするところとして見ることができる (Kimura et al., 2007)．実際にはステップダウンではなくて，厚いメランジュ層の剪断がついに海洋地殻まで達した，ということかもしれない．このあたりは将来掘削によって明らかとなるであろう．

地震反射面によって変形フロントから追跡できるプレート境界は，ここまでである．その陸側はこれらとは別のフレームで見なければならない．海洋プレートの上面は地震反射面でも追跡できる．たとえば紀伊半島沖の断面では，その上面，すなわち付加体との境界から低角に分岐した断層が，デコルマが不明瞭あるいはステップダウンした背後から立ち上がり，一気に海底へ達するように見える (図3-4-1)．この立ち上がるまでの分岐断層は，海洋地殻の上面からは1kmほど上に位置する．この分岐断層と海洋地殻の上面の間を構成するものは，一度底づけ付加したもの（おそらくメランジュ）が再度付加体からそぎ落とされたものであろう．この断層は分岐断層でもあるが，分岐した部分から高角となり立ち上がるまでの部分は，この断層がプレート境界断層そのものをなしている可能性がある．すなわち，海洋地殻とその上の変形したメランジュの間はここでは断層として機能していないかもしれない．最近，四国で相次いで見つかったシュードタキライトは，厚さ1km程度のメランジュユニットの天井にあたる断層からである．この位置はまさにこの低角分岐断層とその下盤側の地質体との関係と同じなのである．

さて，このように一度底づけ付加したものが再びそこから引き剥がされる過程は，上盤プレートの底面から進行する造構性浸食作用と見なすことができる．沈み込み帯のどこまで持ち込まれるかは，この低角分岐断層が長い時間の中でどのようにその位置を変えるかに依存する．前縁での継続付加によって付加体が成長すると，分岐断層の位置は海溝側へ移動するであろう．その場合，分岐断層の下盤側に位置していた地質体，すなわちメランジュは再び底づけ付加する．そして，分岐断層の変位が累積すると，上昇することとなる．一方，分岐断層の分岐が深い方へ移動すると，下盤側はさらに深く沈み込み帯の中へ持ち込まれることとなる．

このようなプレート境界としての低角分岐断層は一度形成されると，何度も地震時にすべることとなるであろう．地震後の断層の固着回復によって，広いアスペリティーとして機能することとなるのであろう．どの位置が震源として機能するのかはランダムな過程であり，一義的には決まらないと考えられる．

　海溝に大量の堆積物が流れ込み付加体が形成される沈み込みプレート境界では，同様の過程が進行する可能性が高い．海洋地殻上面は一般には，凹凸が激しく，それ自身が上盤と直接すると，小さなアスペリティーが多く存在するプレート境界となる．しかし，Lay and Kanamori (1981) がすでに指摘しているように，上のような過程は，その凹凸を覆い隠す役割を果たす．このことが付加体の卓越する沈み込み帯で，巨大地震となる最大の理由と思えてならない．

　もしも，これらの堆積物の厚さを超えた高さの海山などの大きな海洋地殻の突起部が沈み込むと，当然それはきわめて重要なアスペリティーとして機能することとなる．Cloos (1992) やScholz and Small (1997) が指摘している通りである．

　最近，地震発生帯下限域で周期的に発生する低周波微動，低周波地震，スロースリップが発見され，大きな話題となっている（図1-3-6）．この領域を考えてみよう．この領域の温度は350℃を超え，400℃を超えるような領域である．この温度領域は緑色片岩相から角閃岩相の領域である．さらに，このスロースリップの発生している領域はちょうど，プレート境界断層の上盤が島弧の地殻からマントルウエッジへ変わるところである．ポアソン比（P波速度とS波速度の比）はこの領域に流体が多く存在することを示唆している (Kodaira et al., 2004)．これより深い領域ではもはや，プレート境界での地震は発生しておらず，プレート境界では恒常的にすべっていると予想される．

3-5 1999年台湾集集地震を解析する
―台湾チェルンプ断層掘削のコア試料

　前節までに説明されたように，地表に露出した断層物質を使った試料をもとに，地震発生に関するモデルが描かれてきた．ここでは1999年台湾集集地震で動いたチェルンプ断層の掘削を例に，その成果を紹介することにする．

(1) 1999年台湾集集地震で揺れた大地

　1999年9月21日，台湾災害史上未曾有の大災害が起きた．台湾中西部を震源とするM_w 7.6の地震が発生し（たとえば Lee *et al.*, 2000, 2003; Ma *et al.*, 2000），建物の崩壊とともに約2500名におよぶ人命が失われた．世にいう99年台湾集集（Chi-Chi）地震である．

　地震学の立場から見ても，この地震は重要な意義を持つ．なぜならば，台湾中央気象局が展開する地震計とGPSの観測ネットにより，地震発生前後で高精度の観測データが集積され（Ji *et al.*, 2003），地下深部における地震断層（チェルンプ断層）のすべり挙動の詳細が克明に復元されたからである（Shin and Teng, 2001; Ma *et al.*, 2001）．具体的にどのようなデータが集積されたのか，断層北部に位置する各観測点の地震計記録（図3-5-1）を示すことから説明をはじめよう．

　今回の台湾集集地震において特に注目されたのは，チェルンプ断層の南側と北側とで記録された地震波の特徴である．具体的には，北側先端の観測点（図3-5-1のTCU052およびTCU068）では，それ以南の観測点に比べ，①短周期の地震動成分が少ない，②地震すべり速度やすべり量は特徴的に大きく，③求められた応力降下も南側のそれに比べ大きなものとなっている（Zhang *et al.*, 2003）のである．

　他方，地震断層全域での観測結果に基づき復元された地震時の地震すべり量の時空分布を図3-5-2に示す．これを見ると，約30秒弱の間に，地震に伴う断層面のすべりは約70 km長にわたり記録され，震源から主として北側に向かって伝搬したことが読み取れる．詳細にその変化を眺めると，地震すべりの伝搬の様子は必ずしも一様というわけでなく，最初の4秒間はすべ

| 加速度 | 速度 | 変位量 |

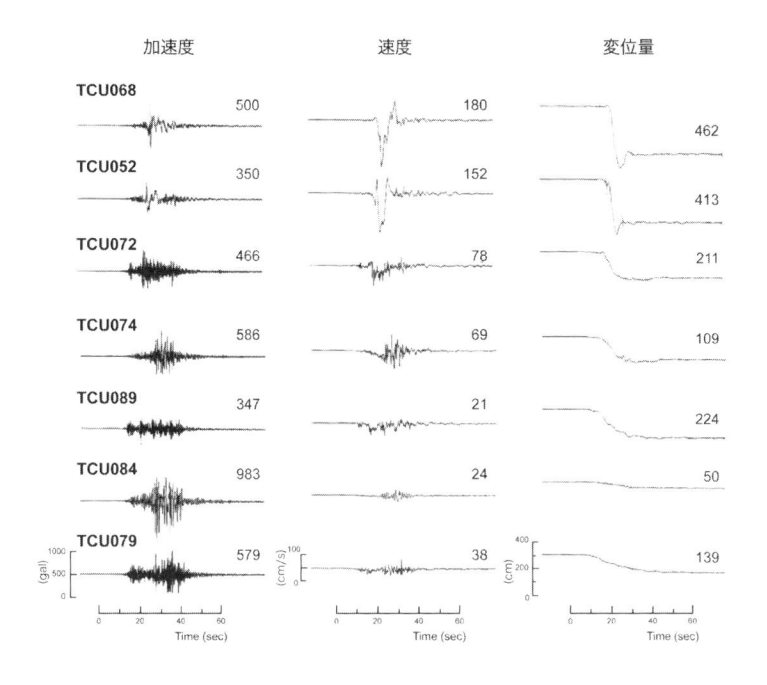

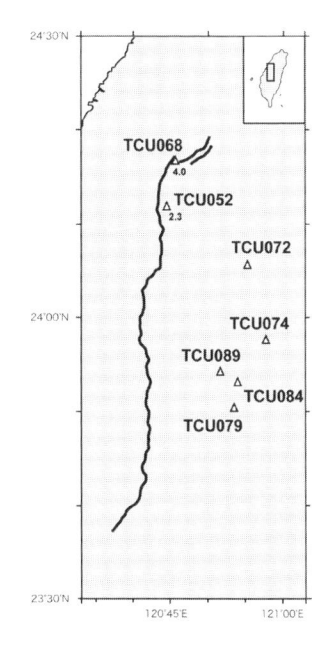

TCU068 500 / 180 / 462
TCU052 350 / 152 / 413
TCU072 466 / 78 / 211
TCU074 586 / 69 / 109
TCU089 347 / 21 / 224
TCU084 983 / 24 / 50
TCU079 579 / 38 / 139

図3-5-1 1999年集集地震で観測されたチェルンプ断層の観測点と地震波の記録（Ma et al., 2001）

チェルンプ断層北端部の2つの観測点では，特に大きなスリップ速度と変位量が観測されている．一方，それより南側では短周期の加速度の揺れが観測されるが，その変位量は小さい．

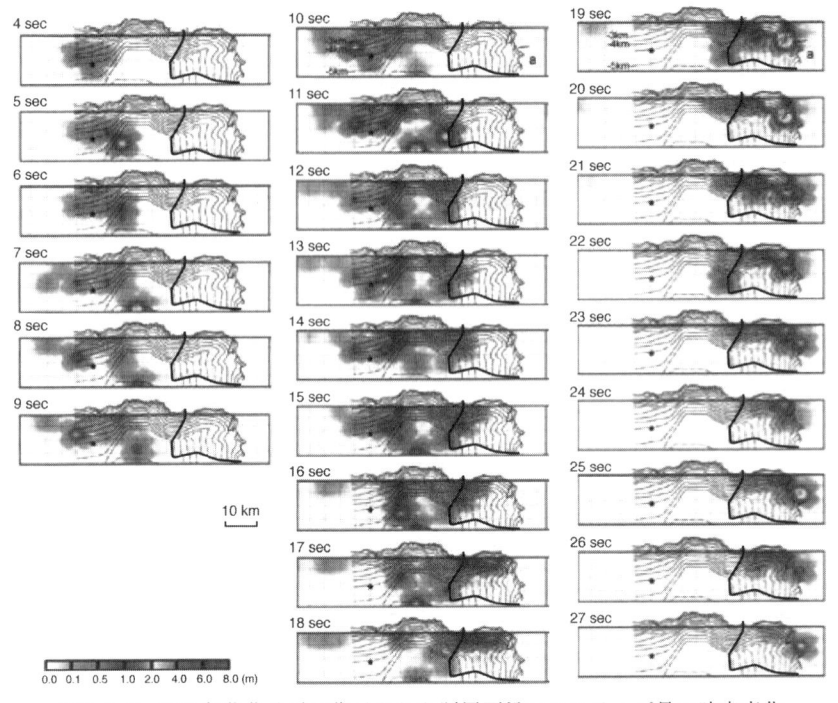

図3-5-2　1999年集集地震で復元された断層面沿いのスリップ量の時空変化
（Yu et al., 2001; Yue et al., 2005）
　　太い線は三義断層とチェルンプ断層との境界線（図3-5-3参照）．断層面の形状などについても図3-5-3参照．地震の変位は地震発生の4秒後から顕在化する．その後変位量の中心は北に向かって進行するが，17秒過ぎからスリップの中心はチェルンプ断層の北側が中心となり，その量も増加する傾向にある．19秒後のイメージではスリップの量は浅部でも大きく，27秒後までスリップ（計算では最大約12 m）が記録されている．

り量が小さく，5-16秒かけて震源域から北方へ広がる最初の段階，その後17-27秒の間は主として北側でのみ活動する段階と，3つの段階が見てとれる．一方，図3-5-3には既知の断層形状と今回の集集地震の際に破壊伝搬した断層（破断；rupture）面を示した．図3-5-2と併せて見ると，今回の地震は2つの断層面を使っているように見える．すなわち，チェルンプ/三義（Sanyi）断層面と，三義断層から分岐したように発達した北部チェルンプ断層面である．地震発生から17秒後に地震すべりの伝搬は，前者から破

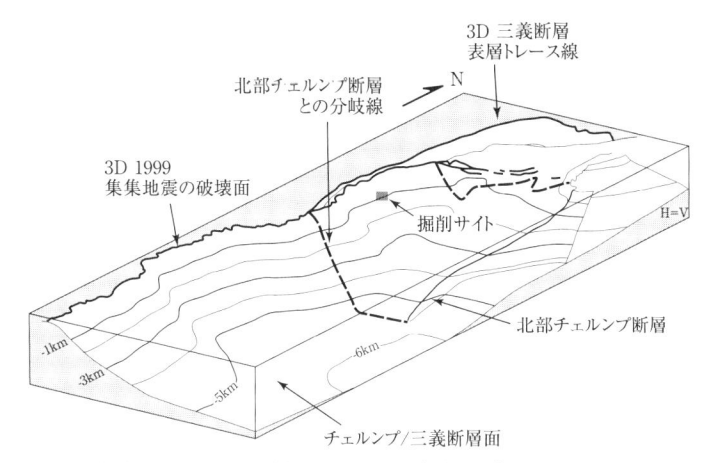

図 3-5-3 集集地震の際に破壊伝播した地震断層面の復元図（Ji *et al.*, 2003 を改訂）
地震に伴う破断は南でチェルンプ／三義断層面を使い伝播するが，北側では三義断層から離れた北部チェルンプ断層面（破線域）に枝分かれし伝播した．

壊特性の異なる後者へのり移り，これによってあたかも下火になった地震すべりが再び活性化したように見える．

これらの図から，震源からの破壊伝播の様相は思いのほか複雑であることがわかる．また，必ずしも大きな地震すべりが震源域近傍に起こるのでなく，むしろ断層の末端部で生じているのも興味深く，これを分岐断層（splay fault）と考える研究者もいる（Kao *et al.*, 2000）．このように集集地震の観測の詳細は，地震断層の，特に破壊伝播過程におけるわれわれの理解を向上させる一方で，新たな疑問を突きつける契機ともなった．

たとえば，今回の破断は北側に向かってその延長である三義断層へとは続かず，なぜ，北部チェルンプ断層面へと枝分かれしたのかである．その疑問に答えるためには，枝分かれを起こした境界部周辺の応力と歪，摩擦強度の違い等の岩石破壊に伴う状態を知らないといけないが，そのような地下のデータについてはよくはわかっていない．

もう1つの疑問は，すべり量の偏在性である．北部チェルンプ断層面へとのり移った後，地震すべりの中心は断層の浅部域へと偏り，そのすべり量は増長する傾向が見られた．なぜ，このようなすべり量の増加が生じるの

か？　もちろん，アスペリティーという考えを用いて，断層面の固着がこの場所で特に進み，歪が大きく蓄積され一気に解放されたと考えられなくもない．しかし，埋没深度が 5 km 以浅の地殻浅部で粘土粒子をはじめとする堆積岩（間隙率十数％～20％）から構成されているという状況下では，上載圧は十分に小さかったことなどを考えると，この場所だけ特に固着が進み，まわりと比べ歪の蓄積量に顕著な違いが生じたとは考えにくい．ちなみに上載圧は封圧とも記述されるが，地下現場にかかる等方圧力を指し，一般には静岩圧に等しい．今回の掘削断層が見つかった深さでは，静岩圧は 26 MPa で，静水圧は 11.1 MPa となる（Boullier et al., 2009）．

　むしろ，このような地震すべり量の違いを説明する要素として，断層面における地震時の動的摩擦特性の違いが，その主たる原因となったと考える方が自然であろう．つまり，摩擦強度を軽減する何かしらのメカニズムが地震時に断層面に働き，周囲に比べ摩擦強度の著しい低下を引き起こし，たとえ小さな剪断力であっても，大きな地震すべりとなって表れるとする考えである．具体的に大きなすべりを起こした今回の台湾チェルンプ断層の場合には，破砕伝搬が生じた断層における摩擦強度低下を引き起こす機構として，現在まで以下の 3 つの説が提案された（Ma et al., 2000, 2003）．すなわち，

　①熱圧化（thermal pressurization; PT）説：　地震時のすべりに伴い，断層岩物質中の間隙流体が断層の剪断に伴う温度上昇によって体積を膨張させ，間隙水圧の増加を引き起こす．この間隙水圧の上昇によって断層面での垂直応力は見かけ上減少し，その結果として断層面での摩擦強度が下がる（Lachenbruch, 1980; Mase and Smith, 1987）．

　②断層ガウジの粘性流潤滑化説：　断層粘土物質（ガウジ）が地震時の震動に伴い力を受け，あたかも粘性流体として変位するようになると，すべり面の形状効果等による断層ガウジの潤滑化が生じ，結果として周囲に比べ小さな断層面の垂直応力でも大きく変位することになる（Brodsky and Kanamori, 2001; Ma et al., 2003）．

　③断層摩擦熔融説：　断層面がすべる際に生じる摩擦熱によって断層構成物質が熔融しはじめ（1200℃前後），粘性の低い熔融物が断層面を覆うことによって，断層の摩擦強度が減少する（Tsutsumi and Shimamoto, 1997）．

このような動的な摩擦低下機構に関する仮説を検証し，地震時の断層面に生じた破壊伝搬の動的挙動のメカニズムを探るため，地震時にすべった断層物質を物質科学的に検討する目的もあって，2003年から台湾チェルンプ断層掘削計画（TCDP; Taiwan Chelungpu fault Drilling Project）が開始された．

(2) 台湾チェルンプ断層掘削計画

地中深部を掘削する台湾チェルンプ断層掘削計画の事前調査として，①地震探査による地殻構造断面（Wang et al., 2002），②断層に沿う地表踏査とトレンチ調査による断層変位や履歴調査（Kano et al., 2006; Tanaka et al., 2007），③南北2地点における300m程度の浅部掘削調査（たとえば，Tanaka et al., 2002）が行われ，地下での地震断層の概要が明らかにされた．たとえば，掘削地点の地質構造は東に傾斜する単斜構造であって，断層面は約30度で傾斜する衝上断層であること，また，断層面は東に向かって傾斜する錦水頁岩層（Chinshui Shale）とほぼ平行であることが明らかにされた（Wang et al., 2002）．これを受け，今回ターゲットとなる地震断層の掘削サイトの場所と断層面までの深さが推定され，具体的な掘削計画が立案された．

掘削サイトは，台湾の中西部，台中市の北東に位置する川の河原で，バナナ園を営む敷地の一画を借りうけ，2003年夏から本格的地震断層掘削調査がはじまった．掘削地点では，地震探査から得られた記録に基づき，錦水頁岩層全体を貫通し，さらにその下の三義断層まで十分届くよう，深度約2000mまでの掘削が計画された．結果としては当初予定した2000m孔（Hole A）以外にも，幸いに1350mの新たな孔（Hole B）と，さらにそこから枝堀（Hole C）の3つの孔が掘削された．それぞれの位置関係は，Hole BがHole Aから傾斜方向に下流側へ40m離れた場所に設置された（図3-5-4参照）．

図3-5-5に掘削コア中に確認された3つの断層破砕帯を示す．写真3-5-1は錦水頁岩層の中で見つかった3つの断層のうちの1つ，1136mの断層破砕帯である．断層破砕帯とその中心に黒色に変色した層（黒色バンド）が特徴的に見られる．図3-5-5に示すように，Hole Aの1111mで確認された

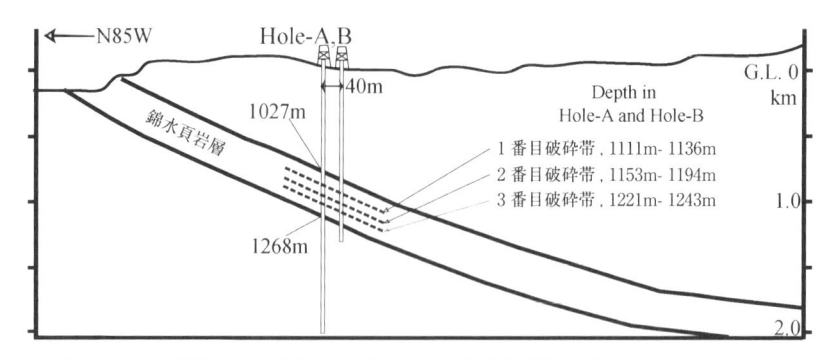

図 3-5-4 掘削地点の地質断面と確認された断層破砕帯の深度
　断面は断層の傾斜方向と平行に切ってある．今回の地震断層剪断帯は錦水頁岩層内部に発達した．

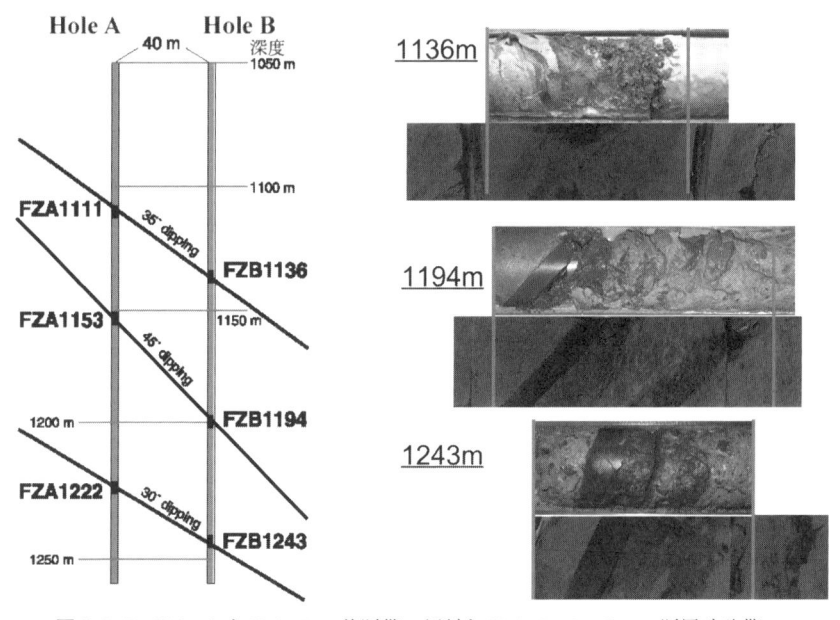

図 3-5-5 Hole A と Hole B の剪断帯の傾斜と Hole B での 3 つの断層破砕帯の写真イメージ
　剪断帯の傾斜は，上下の 2 つでほぼ平行しているが，真ん中の剪断帯はその傾斜が若干高角となる．コア試料は，上が掘削時，下が半裁後の表面を表している．1194 m と 1243 m では黒色の固化したディスクが見えるが，1136 m ではそれは見つかっていない．掘削コアの幅は 8 cm．

破砕帯が，Hole B では 1136 m でそれぞれ対比できる．一方，深部まで掘り進んだ Hole A では，約 1712 m 付近において三義断層と考えられる複数の断層破砕帯を確認することができた．

コア試料は掘削現場で記載と写真等の非破壊試験が行われ，Hole A は台湾で半裁され分析された．また，Hole B は非破壊のまま日本に送られ，高知コアセンターにおいて非破壊試験をはじめとする詳細な測定と分析，コアの半裁が行われた．

(3) 掘削コア試料の解析結果

これまでも指摘されてきたように，コア試料中に残された断層破砕帯がすべて地震断層の痕跡というには早計であろう．なぜならば，破砕帯は必ずしも地震波を発生する高速破壊の産物でなくともよく，たとえばクリープ等でゆっくりと変位をするものもあるからである．また，既存の断層には，かつて地震断層であったが，すでに活動を終えたものなどがあり，コア試料中の剪断帯をどう捉えるのか問題がないわけでもない．しかし，地震断層を特定することで，従来は地震波探査の結果からしか求められない地震断層の特性（厚さ，性質等）や形状の把握が，掘削コア試料を分析することでより正確に求めることができるようになる．

事実，今回得られた Hole B のコア試料の場合でも，同じ錦水頁岩層内に 1136 m，1194 m，1243 m の 3 つの異なる断層破砕帯が見つかった．このうち，①孔内計測で得られた温度異常と，②孔内計測と採取されたコア試料から求めた応力解析の結果から，今回の地震が 1136 m の剪断帯で生じたものと判断された．すなわち，孔内の温度を精度よく測定すると，Hole A ではあるが Hole B の 1136 m に対応する 1111 m で，地震時の摩擦発熱によって 0.06℃ の正の温度異常が認められた（Kano et al., 2006）．見つかった温度異常は地震発生後 5 年が過ぎてから測定されたものではあるが，99 年の地震に伴う断層の剪断発熱作用によるものと解釈された．

一方，ハイドロフラクチャーリングの方向を用いた孔内応力分布の測定結果（Wu et al., 2007）とコア試料を使った解析結果（Lin et al., 2007）では，1136 m 周辺の断層周辺はまわりと比べて主応力分布の方向に顕著な違いが

認められた．すなわち，それぞれの結果から求まった主応力軸の方向は N120°の方向にあたるが，問題となる断層帯のところだけ 210°へと急変している．前者は断層面の伸び方向と直交する方向であり，地震時の変位方向と平行するものである．一方，後者は断層面と平行する方向である．このことは地震の変位によって，直交する方向の成分がなくなってしまったためと解釈され，時間が経過すると断層以外と同じ方向に逆戻りする．このような温度や応力異常は，1194 m ならびに 1243 m の剪断帯では確認することができなかった．一方，地震により期待されたラドンの濃度異常は，少なくとも掘削時には確認できなかった．このように，今回のケースを通して，断層活動の新旧関係を知る方法として，地震直後の孔内での温度計測と応力・歪解析が有効であることがわかった．

　他方，剪断による粉砕細粒化したウルトラカタクレーサイトによって全体は覆われているものの，電子顕微鏡等で黒色ガウジ内を詳しく眺めてみると，きわめてまれに「砂時計構造」と呼ばれる鉱物の熔融を示す産状が見てとれる（Hirono et al., 2006; Otsuki et al., 2009）．また，全炭素量や炭酸塩含有量においても，減少傾向を示している（Ikehara et al., 2007）．Hirono et al. (2008) では，断層の剪断熱によって炭酸塩鉱物が熔融したと仮定し，アレニウスの式に基づき，その最大被熱温度を約 800-1100℃と見積っている．もちろん，このような温度や変形構造の異常は，断層破砕帯としての黒色ガウジの特徴であり，固体粒子の点対点での接触で粒子がかみ合い生じた極微小部分で高温化といったように，きわめて限られた個所での現象と考えられる．

　次に，黒色ガウジ内部の詳細な観察結果を見てみたい（写真 3-5-1）．主として粘土鉱物からなる細粒な基質と少量の岩片や石英，長石等のあまり角張っていない粒子から構成され，後者は散在するようにして分布する．オープンニコルの状態では茶色を示す．注目すべきは，白い筋の上下の境界面であり，とりわけ上盤側となる上の部分との境界はシャープで漸移するようには見えない．このような細粒化の特徴は，ウルトラカタクレーサイトと呼ばれている．それ以外にも，粘土鉱物の配列に富んだ筋状のシームが偏向ニコルの像で白い筋として観察できる．粘土鉱物と思われる構成粒子の軸が同じ

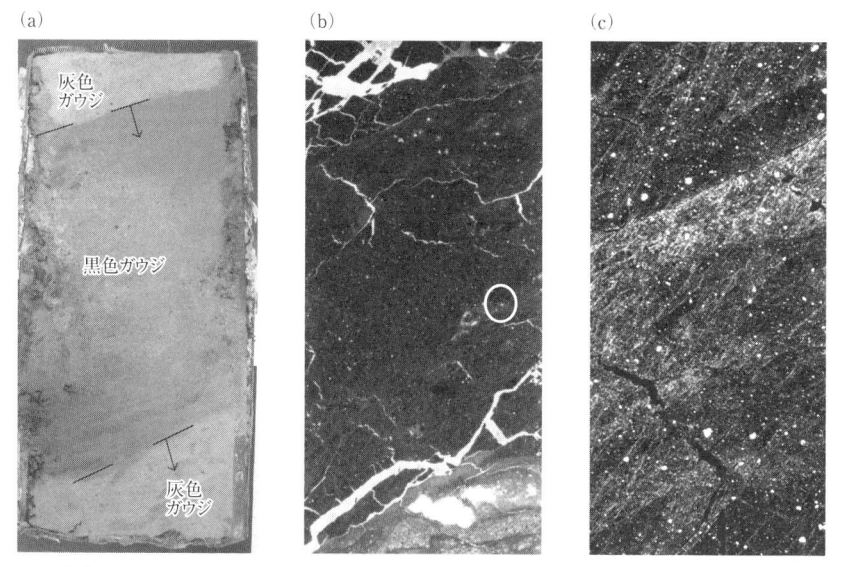

写真 3-5-1 （a）1136 m に見られる黒色ガウジの写真イメージ，（b）全体のオープンニコル薄片写真と（c）LZ2 の上盤側境界面付近のクロスニコルによる拡大薄片写真（場所は（b）の丸で示すポイント）（Hirono et al., 2008）

方向に配列しているため，ステージの角度によって鏡下では筋状に全体が白く光ったシーム構造をなす．

一方，X線CTスキャンの画像データをくわしく見ると（写真 3-5-2），1136 m の黒色ガウジ帯には LZ1，LZ2，LZ3 の 3 つの剪断面が観察できる．このうち，LZ1 や LZ3 は面自体が撓んでいたりする一方，LZ2 は直線的でシャープな形状を示している．このことから LZ2 は他に比べ最も直近にできた主スリップ帯（principal slip zone; Sibson, 2003）と判断される．これは，Hole A や Hole C での Ma et al.（2006）の観察結果とも対応しており，LZ2 が先の 99 年台湾集集地震の主すべり面と推定される根拠の 1 つである．問題の LZ2 の部分の顕微鏡下イメージを観察してみよう．相当する部位は厚さ 2 cm の細粒化の進んだ薄層で，偏向ニコルを入れた状態で内部を詳しく観察すると，比較的粗粒の石英や長石粒子が万遍に含まれるものの，全体としては細粒化の進んだウルトラカタクレーサイトである．

次に，チェルンプ断層掘削で得られたコア試料の非破壊試験の測定結果を

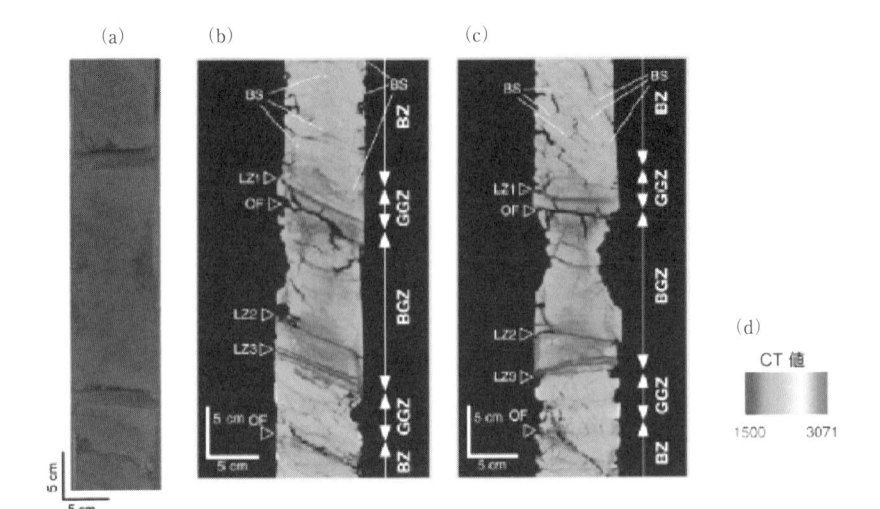

写真 3-5-2 1136 m 付近を撮影した X 線 CT スキャン像（Hirono et al., 2008）LZ1 から LZ3 までの 3 つの剪断面が見られる．また，剪断面周辺では CT 値（バルク密度）が特に小さくなっており，含水率が大きいことが読み取れる．

眺めてみよう．非破壊試験は，部分ごとに採取された試料の分析に比べて分析精度に若干問題を抱えるが，連続的に計測可能であること，面倒な前処理の必要もなく簡便かつ短い時間で計測でき，結果としてコア試料全体を見わたすことができる有効な手法である．今回の非破壊試験の結果で興味を引くのは，断層破砕帯中の黒色ガウジでの帯磁率強度の異常（増加）である．帯磁率強度の増加は，単に粒度の細粒化ではなく，堆積物中の鉄鉱物の一部が分解・酸化することで新たに晶出する強磁性鉱物に起因する（Mishima et al., 2006）．また，帯磁率強度の復元実験から，このときの温度は 400℃以上で，さらに剪断のような外力が加わって起こるメカノケミカルな反応によって，このような異常がよく再現できることがわかった（Tanikawa et al., 2007）．

さらに，黒色ガウジを含め断層破砕帯より堆積物試料を採取し，含まれる鉱物や主元素および微量元素の含有量の変化等を調べた（写真 3-5-1，図 3-5-6）．その結果，主スリップ帯では粘土鉱物が主たる構成鉱物であり，それ以外に石英や長石が含まれる．熔融を示すアモルファス（または非晶質物質）はほとんど見られない．ただし，初期続成に伴い晶出したパイライト

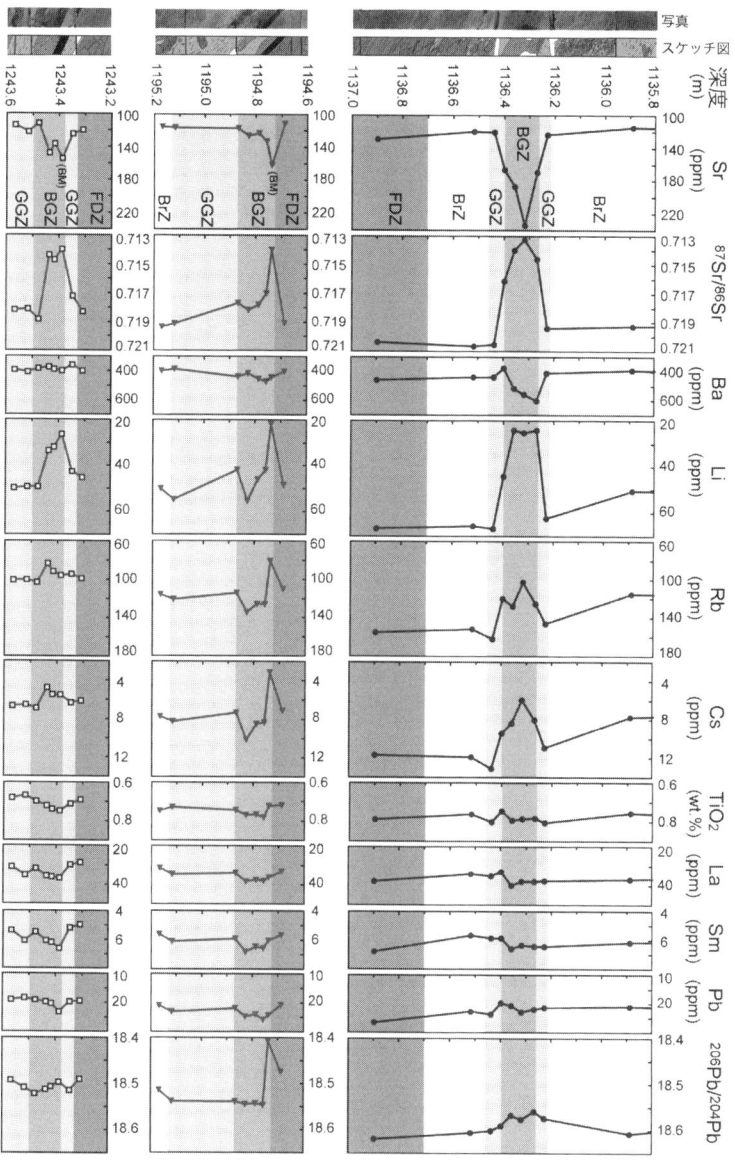

図 3-5-6　黒色ガウジ中に見られる微量元素の異常（Ishikawa *et al.*, 2008）

(Hirono et al., 2006) やシデライト，さらに他の続成起源の炭酸塩類は，微量もしくは検出されなかった．このような一部の構成鉱物の欠損は，地震時の温度上昇に伴う反応によることが考えられている．他方，微量元素の分析結果を見ると，Cs, Li や Rb などの不適合元素が堆積物から間隙流体へと溶け出す一方，Sr は逆に間隙流体より溶出している (Ishikawa et al., 2008)．南海トラフの半遠洋性の泥質堆積物を使った熱水実験の結果（You et al., 1996）から求まった間隙流体と堆積物との元素の分配係数に基づき，その含有量の変化を説明しようとすると，350℃以上の高温状態が必要とされた (Ishikawa et al., 2008)．結論として，先の帯磁率強度の変化と希土類元素の挙動は，黒色ガウジで温度場が 350-400℃以上まで上昇し反応したことを示唆している．孔内計測で図られた現在の温度は 46.5℃（Kano et al., 2006）であることからこの値がいかに大きなものかがうかがえる．

(4) 断層面における摩擦強度低下を引き起こしたメカニズム

　断層の剪断に伴い推定された温度と，地震波の解析から求められた地震時のすべり量とは，どのような関係にあるのであろうか？　一般には，剪断に伴い生じる温度変化（ΔT）は，熱拡散分を考慮しないとき，

$$\Delta T = \frac{\tau v t}{w C_p \rho} \tag{3.5.1}$$

のように簡便に記述される．ここでは w は剪断体の厚さ，C_p は定圧比熱係数，ρ は密度，v は変位速度，t は変位の時間である．

　剪断応力（τ）は摩擦と深度に相関するので，剪断応力から摩擦係数を求めることができる．これまで明らかにされたデータを使って，掘削地点周辺における台湾集集地震の際の動摩擦係数と上昇した温度，スリップ時間の関係を図 3-5-7 に示した．ここで灰色のゾーンで示す断層時の発熱温度（〜350℃）と，地震波解析より求めた断層すべりの時間（6秒）との関係から，適当と思われる摩擦係数はおおよそ 0.05-0.1 に相当する．この値は多くの場合で考えられている摩擦係数（0.2-0.4）のそれと比べて小さい．しかし孔内計測の温度異常より求めた Kano et al. (2006) の摩擦係数 0.04-0.08 とは一致するように見える．

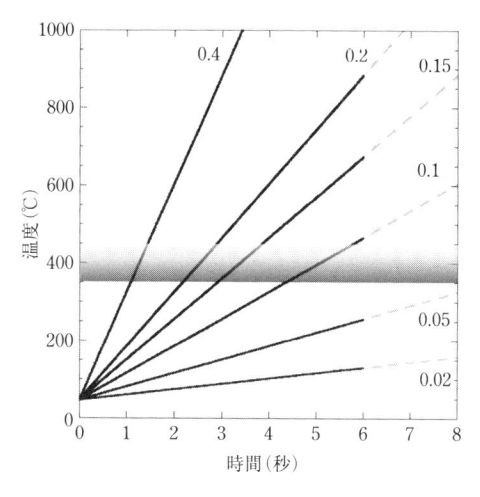

図3-5-7 剪断に伴い生じる発熱温度と摩擦係数の相関図

6秒は問題となる北部域での地震波より求まる最長活動時間．斜線部は推定される発熱温度（本文参照）．「場」に関わるさまざまな物性値は Hirono *et al.*（2007），断層の動きに関する物理量は Ma *et al.*（2006）などを引用．

この結果を受け入れるためには，集集地震の地震断層面の摩擦を小さくするためのなんらかの仕組みが必要とされる．本節（1）に戻り，摩擦係数を小さくする3つの仮説について考えてみたい．これらの仮説の中で，断層を構成する物質の熔融による断層摩擦熔融説は，鉱物の存在や化学組成等のこれまでのいくつかの検討結果から容易に否定される．すなわち，①鏡下で観察される断層物質はそのほとんどがウルトラカタクレーサイトからなり，決してガラス質のシュードタキライト（熔融した後に急冷し固まった岩石）にはなっていない．②推定された温度はおおよそ350-400℃となり，粘土鉱物や長石，石英を熔融させるまでの温度を示さない．

次に，断層ガウジ物質の粘性流潤滑化説について検討する．これはBrodsky and Kanamori（2001）の elastohydrodynamic lubricant model や Otsuki *et al.*（2005）の hydrodynamic lubricant model と呼ばれている考え方で，粘性流体を記述するナビエ・ストークスの式を用い，断層面内の形状効果に基づく断層ガウジ内部の圧力増加によって摩擦強度の降下を説明しているのが特徴である．もちろん，今回のようなコア試料から地震当時の断層面の凹凸の状況やその内部圧力を直接復元することなどできない．したがって，視点を変えて，破壊伝搬時の断層ガウジ物質の変位（流れ）の状態からこの考えの正当性について検討を試みたい．

一般に，理想流体とは異なり，断層ガウジ物質のような場合では，粘性の

項が十分に大きいという理由から，粘性流体は変位する際に層流もしくは乱流のいずれかの状態をとることになる．その際の遷移条件を規定しているのがレイノルズ数（Re）である．今回の条件での断層ガウジ物質のレイノルズ数を求めてみた（表3-5-1参照）．計算結果として求まるレイノルズ数の値は0.1-30程度と，一般的に知られる乱流の場合のそれに比べ著しく小さな値となる．したがって，断層ガウジ物質全体が粘性流体として挙動したとすれば，この値から考えられる地震時の流体の挙動は層流状態でしかありえないことになる．

　断層ガウジ物質についての変形構造は，顕微鏡等の観察を含め，その組織を細かく観察することができる．すなわち，Hole Bで問題となるLZ2はあくまで等方的で塊状の構造を示している．一方，断層ガウジ物質の変形が層流状態で進んだのかどうかは，含まれる固体粒子の配列様式や基質との様相（ファブリック）に反映されるはずである（たとえばAllen, 1984）．層流状態で変位した際，最も特徴的なファブリックは，変形した方向に含まれる粒子が配列し層状をなすことである．たとえば，含まれる粒子は基質の中でも優先的な配列（preferred orientation）を示し，また，流線に沿ってしばしば葉理等の層状の構造を示すこともよく知られた特徴である．また，連続体で層流である故に，まわりの動かない層との境界面では変位が漸移的に移行する構造を示すことも少なくはない．しかし，たとえばLZ2層の境界は比較的シャープな面をなしており，層状の粘性流体の特徴である漸移的な移行は見つけられない．鏡下で見られるこのような変形物質の特徴は変形の最終段階の特徴が強調されて残される．したがって，この特徴が仮に最終ステージの運動だけを捉えているとしても，層流状の粘性流体と見なされる証拠をここから読み取ることはできない．

　では観点を変え，剪断によって生じた発熱という点から検討してみよう．

表3-5-1　チェルンプ断層ガウジ物質の粘性と変位速度

スリップ速度（U : m/s）	1.38	(Hirono et al., 2007)
粘性率（μ : Pa・s）	10-10000	(Ma et al., 2003; Otsuki et al., 2005)
ガウジの厚さ（L : m）	0.03-0.002	
粘性流体を作るガウジ物質の密度（ρ : kg/m^3）	1000-2200	

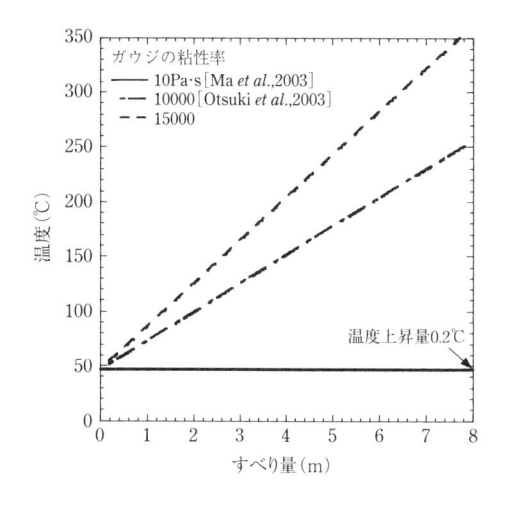

図 3-5-8 粘性流体を仮定したときの断層ガウジにおける発熱およびすべり量から見た粘性率の相関図 断層のすべり速度：1.38 m/s,変形帯の厚さ：20 mm.他は図 3-5-7 のキャプション参照.実線および 1 点鎖線は Ma et al. (2003) と Otsuki et al. (2005) の提唱した粘性率.この場所での地温は 46.5℃（Kano et al., 2006).

この粘性流潤滑化説では断層面の凹凸を使っての流体圧の増加が摩擦強度低下を引き起こす原因と考えられる故に，流体の粘性以外に効果的に全体を発熱する要因を有していない．今回，化学分析の結果等からは 350-400℃ の剪断発熱による高い温度の存在が指摘されており，この値を説明する粘性率を計算してみた．図 3-5-8 に温度およびすべり量と粘性率との関係を示す．ここではニュートン流体として仮定してある．実線は Ma et al. (2003) で想定された粘性率であり，極端な例として Otsuki et al. (2005) を 1 点鎖線で示した．推定された掘削場所でのすべり量は 8 m（Ma et al., 2006）である．この図から，いずれの粘性率を仮定しても分析から得られた温度異常を説明することができず，仮にこの温度を満足させるためには 15000 Pa・s を超える高い粘性率が必要となる．

最後に，熱圧化に伴う摩擦強度低下の可能性について述べる．この概念は，ガウジ物質と間隙流体の熱膨張率およびガウジ物質とその周辺物質との透水係数の違いによって，摩擦発熱に伴い地震時の間隙水圧上昇が引き起こされることによって断層面内の有効応力が低下し，結果として断層面の摩擦抵抗を小さくできるという考えである．先に述べたように，350℃に及ぶ摩擦発熱と間隙流体の関与（水の存在），そして LZ2 での膨張，密度の低下（熱圧化に伴う間隙・クラックの生成）と含水率の増加は，熱圧化が働いたことを

示唆する結果と思われる．このことを検討するため，TCDP以前に行われた浅いパイロットホールの試料を用いた室内実験により測定した摩擦特性と流体移動特性をもとに，チェルンプ断層の北側で熱圧化の発生の存否に関する計算シミュレーションが行われた（Tanikawa and Shimamoto, 2009）．その結果によれば，問題となったチェルンプ断層の北側だけに熱圧化が働くことが明確に示された．特に，このシミュレーション結果では，すべり面近傍の細粒断層ガウジの透水係数の重要性が認識された．すなわち，今回測定された透水係数は比較的低い値（10^{-16}-$10^{-17}\,\mathrm{m}^2$）で断層面より小さく，その結果，断層面が非透水層に囲まれていたことが熱圧化の発生にとって重要な原因となった．このような地質条件下では，地震によって断層で摩擦発熱が起こると，瞬時に体積膨張した間隙流体が断層から周囲のガウジに逃れられず，結果として断層内部の間隙水圧を上昇させ，断層物質を壊すことになる．その結果，断層面の摩擦強度低下が引き起こされる．併せて，物質の破壊による膨張によって，上昇した温度は冷やされる．したがって，熱圧化が有効に働くことにより，すべり量がたとえ大きくとも断層内部は剪断発熱による高温化を免れ，結果として断層物質の熔融を起こさなくとも十分な摩擦強度低下が生じることになる．すでに述べた掘削サイト周辺の環境因子を考慮した彼らのシミュレーション結果によれば，求まる最大温度が400℃前後となる．この値は，Mishima et al.（2006）やTanikawa et al.（2007）の帯磁率変化や，化学分析に基づくIshikawa et al.（2008）の反応温度とも調和的な結果となっている．

　今回，われわれが台湾集集地震の断層掘削と物質の分析で学んだことは，地震の破壊伝搬機構の推定に際し，地震の剪断熱による断層物質が被る温度の重要性である．これは，地震を引き起こす主すべり帯の厚さや変形構造の特徴等と併せ，同じく堆積岩の付加体からなる南海トラフで起こる巨大地震の破壊伝搬メカニズムの理解にとって有用な情報を与えてくれる．特に，北部チェルンプ断層面周辺のように，その断層すべりが主として5 km以浅で集中して生じるような場合，破壊伝搬の機構の理解は重要である．当然，南海トラフで同じことが起これば，深い海底での大規模な隆起ということにつながり，大きな津波を引き起こす原因ともなる．台湾で行われたこのような

物質研究によって断層面の摩擦係数を小さくする機構がよりよく理解されれば，それを利用し間もなく起こるであろう南海地震による津波被害の予測にも大いに利用できるかもしれない．

4 ■ 付加体の理論と地震発生

4-1 付加体形成の古典的モデル

(1) 付加体の臨界尖形モデル

　付加体の断面を見ると海溝に向かってだんだんと先細りし，くさび（ウエッジ）のような形状をしている．このため付加体は付加ウエッジとも呼ばれる．付加体の形成過程は，よくブルドーザーによって掃き寄せられた土の山にたとえられる．土の山はブルドーザーが動くことで作られるが，付加体の山はブルドーザーが固定され，地面が動いて作られる．つまりプレートが沈み込んで，陸側の固定した支え（これをバックストップと呼ぶ）がブルドーザーの役目を果たす．掃き寄せられた付加体は，デコルマと呼ばれる陸側に向かってゆるく傾くすべり面と，海溝へ向かってゆるく傾く表面の斜面に挟まれた形をしているので，くさび型になる．

　デコルマが陸側に傾く角度（β）と斜面が海溝側へ傾く角度（α）を足した角度でくさびの形を表現することができる．Davis *et al.*（1983）はこのくさびの形（$\alpha + \beta$）はある臨界値（critical taper）を持っていて，同じ条件のもとでは，付加体は自己相似的に成長することを示した．つまり，ブルドーザーで掃き寄せられる土の山は成長してもその傾斜角度は変わらないことを，岩石のクーロンの破壊力学と摩擦力学によって示した．

　臨界尖形理論の要点を簡単に整理してみよう．臨界尖形理論とは端的にいえば，ウエッジの形状，すなわち尖形角は，デコルマの摩擦強度とウエッジ内部の摩擦強度の釣り合いで決まることを示した理論である．理論によれば，

付加体の尖形角は，付加体内部とデコルマの間隙水圧比（静岩圧に対する間隙水圧の比），摩擦係数，そして付加体の密度で表すことができる．より簡単にいい表すと，尖形角の式は，デコルマの摩擦強度を付加体の内部強度で割った形になっている．つまり，付加体の内部強度に対してデコルマの摩擦が弱ければ，より低角な尖形角で安定となり，尖形角を急角にするような内部変形にはいたらず，デコルマですべるだけとなる．逆にデコルマの摩擦が大きく，付加体内部の強度が弱ければ，高角な尖形角で安定となる．摩擦強度には間隙水圧が大きく関与する点が重要である．臨界角よりも大きい不安定な状態を supercritical（超臨界）と呼び，重力崩壊が起こる．逆に臨界角よりも小さい不安定な状態を subcritical（亜臨界）と呼び，内部変形により付加体が成長する．このようにして，プレート沈み込み帯のウエッジ状地質体（付加体）はクーロン破壊により自己相似成長する．

　以下に Davis らの臨界尖形モデルを，数式を追いながら紹介してみよう．

臨界尖形モデル

　海底下の付加体が以下のような条件下にあると考える（図 4-1-1）．斜面は平坦で一定の傾斜角 α とする．ウエッジの密度はどこでも一定で ρ とする．ウエッジの上の海水の密度も一定で ρ_w とする．座標系はウエッジの上面に x 座標（斜面の上に向かって正），それに直交し地下へ向かって z 座標とする（地下へ向かって正）．本章では応力は圧縮を負とする．

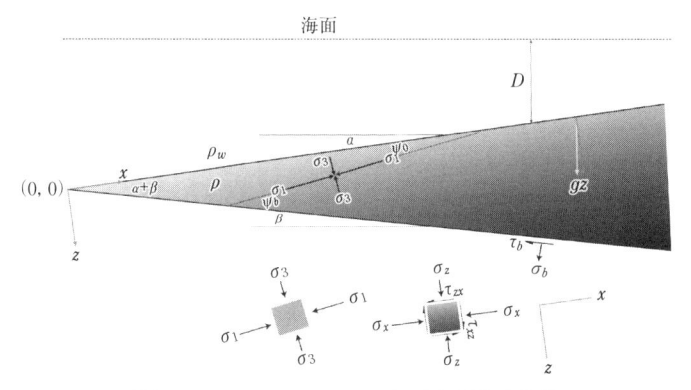

図 4-1-1　クーロンウエッジの座標系と応力場

静的平衡を考えると，x 座標と z 座標でそれぞれ，

$$\frac{\partial \sigma_x}{\partial x} + \frac{\partial \tau_{zx}}{\partial z} - \rho g \sin \alpha = 0 \tag{4.1.1a}$$

$$\frac{\partial \tau_{xz}}{\partial x} + \frac{\partial \sigma_z}{\partial z} + \rho g \cos \alpha = 0 \tag{4.1.1b}$$

が成り立つ．g は重力加速度である．境界条件はウエッジ表面，すなわち $z = 0$ において，

$$\tau_{xz} = \tau_{zx} = 0 \qquad \sigma_z = -\rho_w g D \tag{4.1.2}$$

ここで微小角度近似，$\cos \alpha \approx 1$ を用いた．D は水深である．

最大主応力を σ_1，最小主応力を σ_3 とし，σ_1 と x 軸とのなす角度を ψ とおく．ウエッジが非結合のクーロンの破壊基準ぎりぎりの状態にあるとするならば，以下の条件を満足していなければならない．

$$\frac{1}{2}(\sigma_z - \sigma_x) = \frac{-\overline{\sigma}_z}{\csc \phi \sec 2\psi - 1} \tag{4.1.3a}$$

$$\tau_{xz} = \frac{-\tan 2\psi \overline{\sigma}_z}{\csc \phi \sec 2\psi - 1} \tag{4.1.3b}$$

ここで，$\mu = \tan \phi$ はウエッジの内部摩擦係数である．$\overline{\sigma}_z$ は有効応力で，

$$\overline{\sigma}_z = \sigma_z + P_f \tag{4.1.4}$$

である．P_f は間隙水圧である．$z = 0$ において $P_f = \rho_w g D$ なので，有効応力で表記すると，境界条件を示す式（4.1.2）は，

$$\tau_{xz} = \overline{\sigma}_z = 0 \tag{4.1.5}$$

となり，一般化された間隙水圧比は，

$$\lambda = \frac{P_f - \rho_w g D}{|\sigma_z| - \rho_w g D} \tag{4.1.6}$$

である．

ウエッジの μ，λ，ρ が一定で，クーロンの破壊基準の結合強度を無視してよい場合は，ウエッジ内部のどこにおいても $\psi = \psi_0$ となる．したがって

式 (4.1.1), (4.1.3), (4.1.5) は以下の式を満足している.

$$\overline{\sigma}_z = -(1-\lambda)\rho gz \cos\alpha \tag{4.1.7a}$$

$$\tau_{xz} = (\rho - \rho_w)gz \sin\alpha \tag{4.1.7b}$$

この式と式 (4.1.3b) から, 以下の式が得られる.

$$\frac{\tan 2\psi_0}{\csc\phi \sec 2\psi_0 - 1} = \left(\frac{1-\rho_w/\rho}{1-\lambda}\right)\tan\alpha \tag{4.1.8}$$

この式は, α によって主応力の方位 ψ_0 を与える式である. さらに式を書き換えると,

$$\psi_0 = \frac{1}{2}\arcsin\left(\frac{\sin\alpha'}{\sin\phi}\right) - \frac{1}{2}\alpha' \tag{4.1.9}$$

となる. ここで, α' は修正された傾斜角で, 以下によって定義される.

$$\tan\alpha' = \left(\frac{1-\rho_w/\rho}{1-\lambda}\right)\tan\alpha \text{ すなわち } \alpha' = \arctan\left[\left(\frac{1-\rho_w/\rho}{1-\lambda}\right)\tan\alpha\right] \tag{4.1.10}$$

陸上のウエッジであれば, $\rho_w = 0$, $\lambda = 0$ なので, 式 (4.1.10) より $\alpha = \alpha'$ となる.

$\psi_0 = \psi$ の応力場は, 平衡方程式, 破壊基準, 上面の境界条件を満たすので, 残るのはウエッジ底面の状態である.

底面の摩擦係数を $\mu_b = \tan\phi_b$, 間隙水圧を P_f^b とすると,

$$\tau_b = -\mu_b(\sigma_n + P_f^b) \tag{4.1.11}$$

である. ここで, σ_n は底面にかかる垂直応力である.

底面の間隙水圧比は,

$$\lambda_b = \frac{P_f^b - \rho_w gD}{|\sigma_z| - \rho_w gD} \tag{4.1.12}$$

である. この間隙水圧比と, 摩擦係数 μ_b が一定であると仮定する.

底面の有効摩擦係数, $\mu_b' = \tan\phi_b'$ を以下によって定義する.

$$\mu_b' = \mu_b\left(\frac{1-\lambda_b}{1-\lambda}\right) \tag{4.1.13}$$

4-1 付加体形成の古典的モデル

底面の境界条件式（4.1.11）は，もっと明確に書くと，

$$\tau_b = -\mu_b' \overline{\sigma}_n \quad (4.1.14)$$

ここで，$\overline{\sigma}_n = \sigma_n + P_f$ は底面のデコルマ直上の有効垂直応力である．

　臨界尖形が存在するためには，一般に底面はウエッジの内部より弱くなければならない．したがって，

$$0 \leq \mu_b' \leq \mu \quad (4.1.15)$$

ウエッジ底面の傾斜を β とすると，

$$\tau_b = \frac{1}{2}(\sigma_z - \sigma_x)\sin 2(\alpha + \beta) + \tau_{xz}\cos 2(\alpha + \beta) \quad (4.1.16a)$$

$$\overline{\sigma}_n = \overline{\sigma}_z - \tau_{xz}\sin 2(\alpha + \beta) - \frac{1}{2}(\sigma_z - \sigma_x)[1 - \cos 2(\alpha + \beta)]$$

$$(4.1.16b)$$

式（4.1.16）を，境界条件の式（4.1.14）に代入すると，

$$\alpha + \beta = \psi_b - \psi_0 \quad (4.1.17)$$

ここで，

$$\mu_b' = \frac{\tan 2\psi_b}{\csc\phi \sec\psi_b - 1}, \quad \tan\phi_b' = \mu_b' \quad (4.1.18)$$

を用いた．これを書き直すと，式（4.1.9）の場合と同様に，

$$\psi_b = \frac{1}{2}\arcsin\left(\frac{\sin\phi_b'}{\sin\phi}\right) - \frac{1}{2}\phi_b' \quad (4.1.19)$$

式（4.1.17）を式（4.1.16）に入れると，

$$\tau_b = (\rho - \rho_w)gz\sin\alpha\left(\frac{\sin 2\psi_b}{\sin 2\psi_0}\right) \quad (4.1.20)$$

この式の $\tau_b = (\rho - \rho_w)gz\sin\alpha$ 部分は，$\rho_w = 0$ とすれば，氷河方程式として知られた氷河底面の剪断応力を表す式となる．すなわち，臨界尖形底面の剪断応力は，この氷河方程式に係数 $\left(\dfrac{\sin 2\psi_b}{\sin 2\psi_0}\right)$ を掛けたものとなっている．これはウエッジ表面と平行な面における剪断応力に対する底面デコルマの剪断応力の比である．

臨界尖形理論は，クーロンの破壊基準や静的力学的平衡を前提としているので，スケールに依存しない．すなわち，α，β，ψ_0 が一定であれば，先端部の形態が全体に及び，ウエッジの形態は相似形となる．

安定ウエッジと不安定ウエッジ

式 (4.1.9) $\psi_0 = \frac{1}{2}\arcsin\left(\frac{\sin\alpha'}{\sin\phi}\right) - \frac{1}{2}\alpha'$ と，式 (4.1.19) $\psi_b = \frac{1}{2}\arcsin\left(\frac{\sin\phi_b'}{\sin\phi}\right) - \frac{1}{2}\phi_b'$ から，式 (4.1.17) $\alpha + \beta = \psi_b - \psi_0$ を用いて，α と β の関係を導く．ただし，理解をやさしくするために，$\alpha = \alpha'$，$\phi = 30°$，$\phi_b' = \phi_b$ とする．この意味は $\rho_w = 0$, $\lambda = \lambda_b = 0$ ということである．

間隙水圧比はウエッジ内部も底面デコルマでも 0，内部摩擦角 30° として，α，β の関係を示したのが，図 4-1-2 である（Dahlen, 1984）．左の図は底面の摩擦角が 10° の場合である．中央の白抜きが，ウエッジが安定的に存在する領域である．図の左下の灰色の領域 I は圧縮の不安定領域で，ウエッジ内部は逆断層によって変形が進行（付加体では衝上断層などにより付加体が成長）する．また，右上の領域 III もまた不安定である．そこでは，ウエッジ内部は正断層系によって変形する．左上および右下の領域 II，IV では，正断層，逆断層の混合によってウエッジの変形が進行する．白抜きと灰色の領域の境界が，臨界状態にあるウエッジを示している．

図 4-1-2 の右の図に示したように，乾いた砂と同じ状態を仮定すると，底面の摩擦角が小さくなるに従い，この安定な領域は狭くなる．そして，底面の摩擦角がウエッジの内部摩擦角と同じになると安定領域は消滅し，圧縮

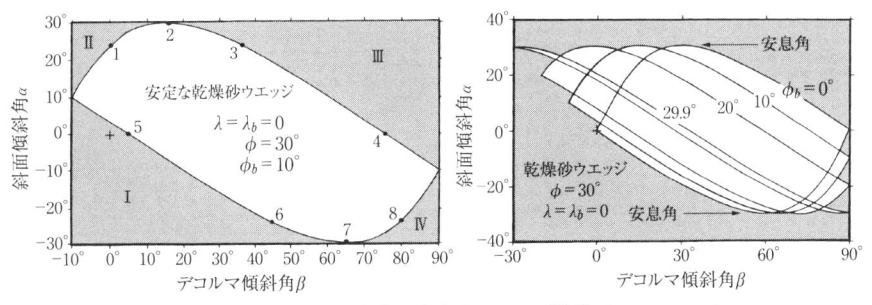

図 4-1-2 ウエッジの安定不安定と α，β の関係（Dahlen, 1984）

性と伸張性のウエッジを分ける臨界のみが出現する.

　以上の Dahlen の理論はウエッジの固着強度がない場合のものであるが，その後，深さに比例して固着強度が増す場合にも，厳密に理論が成立することが示された (Zhang et al., 1987). また，この理論は単に付加体，あるいは褶曲衝上断層帯のみならず，底部にデタッチメントを持つリフト帯のウエッジ（引張尖形 extensional taper）にも適用できることが示されている (Xiao et al., 1991).

自然界への適用例：台湾ほか

　Davis et al. (1983), Dahlen et al. (1984) によって，台湾の例が典型的なものとして取り扱われている. 台湾では $\alpha=2.9°\pm0.3°$, $\beta=6°\pm1°$, $\lambda=\lambda_b=0.67\pm0.05$ である. 海水面下で，$\mu=\mu_b=0.85$, $\lambda=0.67$ のとき，底面の間隙水圧比 λ_b の変化に応じて，α, β がどう変化するかを図4-1-3に示した.

　世界の沈み込み帯における前弧域のウエッジを示したのが図4-1-4である. 中米グアテマラ沖，日本海溝，ペルーなど付加体のない浸食縁辺 (von Huene and Scholl, 1991) は底面の間隙水圧比が小さくなり，アリューシャン，マクラン，バルバドス，オレゴン沖など，付加体の発達するところは間隙水圧比が大きくなっている（底面の有効摩擦が小さくなっていることと同じ）. これはウエッジを構成する岩石の内部摩擦などを一定としてあることによるので，そのような底面の摩擦の違いだけではなく，ウエッジを構成する内部

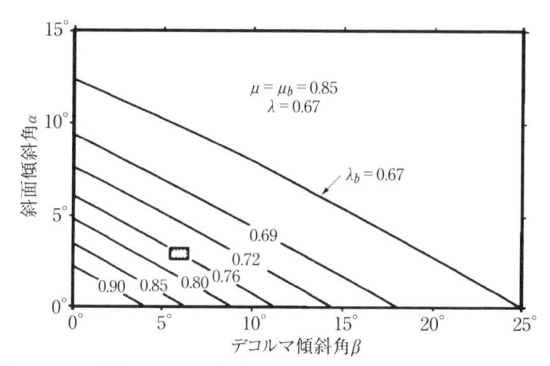

図4-1-3　台湾における海水面下での臨界尖形 (Dahlen, 1984) $\mu=\mu_b=0.85$, $\lambda=0.67$ の場合.

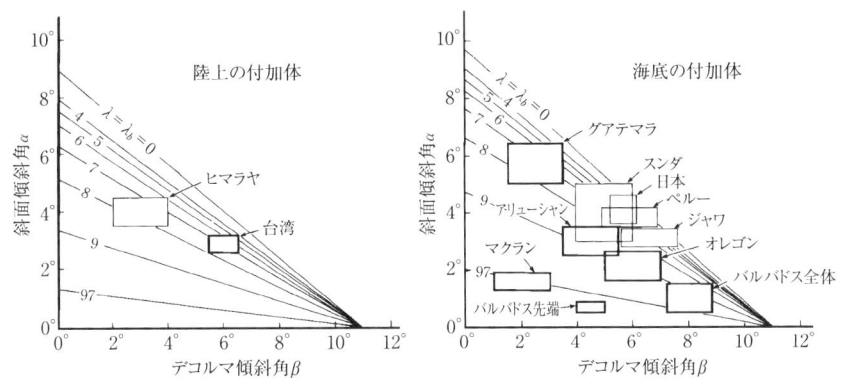

図 4-1-4 実際のウエッジ臨界尖形と底面デコルマでの間隙水圧比の推定
(Davis et al., 1983)

摩擦の減少によっても，上のグラフの傾斜は小さくなることに注意して読み取らなくてはならない．

　海溝斜面は，この理論のように平面として処理できない．たとえば，ウエッジの表面（海溝斜面の地形）は多くは上に凸であり，特にその傾斜の変化はウエッジ先端部で明白である．この問題に関しては，John Suppe グループの Zhao et al.（1986）が，Davis et al.（1983）や Dahlen（1984）が考慮しなかった固着強度をこの理論に取り入れ，その固着強度が深さに線形に増加することによって描けることを明らかにした．海溝斜面のより上部に存在する海溝斜面傾斜転換点（trench slope break）は，この理論によって説明されていない．

(2) 付加体アナログ実験

　付加体や褶曲衝上断層帯の力学的挙動を調べるために，乾燥した砂を用いたアナログ実験が行われてきた．乾燥した砂はもちろん岩石ではないが，砂は立派なアナログ物質として評価され，実験材料とされてきた．

　砂と砂岩の違いについて整理しておこう．岩石は鉱物粒子の集合体である．それぞれの鉱物粒子はしっかりと噛み合っており，粒子同士の相対的位置関係を変えるのは容易ではない．一方，乾燥した砂は粒子間の固着強度が小さいため，粒子同士の相対的位置関係を変えることができる．乾燥した砂であっても，粒子の詰まり具合が強くなれば，砂の表面同士の接触が多くなる．

その表面の凹凸によって一定の噛み合いが生じ，一定の固着強度を持つことになる．

　乾燥状態でも鉱物の集合状態を保ち，かつ人間の力だけでは容易に分割することができないものを「砂岩」と呼んでいる．それらの固着強度は 5-30 MPa 程度である (Hoshino *et al.*, 1972). 一方，きつく締まった砂の固着強度は 100 Pa 程度である (Kranz, 1991). 砂岩の方が 5 桁ほど大きい．また砂岩は密度 2.5 程度であるが，砂は 1.5-1.7 程度である．

　一方，岩石の脆性的物性を表す量として内部摩擦係数がある．実験によって得られた内部摩擦係数は，ゆるく詰めた砂の場合は約 0.6 であるが，きつく詰めた砂では 0.8 から 1.1 程度である (Kranz, 1991). これは経験的に得られている岩石の内部摩擦係数 0.6 ないし 0.8 とほぼ同じである（最近，砂粒子の形に依存して，これらがどのように変化するかが，検討されている；Schellart, 2000).

　砂はまた，きつく詰めた後に変形させると，粒子の境界をずらす剪断が局所化する．このような特徴を持つ砂は，空間スケールを 10^5 倍程度にすると，岩石と同程度の固着強度を持つことになる．そこで砂を用いたアナログ実験をする場合に，横の長さ数 m，高さ数 cm 程度の断面を持つ箱を作り，側面は摩擦なし，底面には一定の摩擦を与えて，側方に圧縮する実験をする場合が多い．この実験は，数十 km ～ 100 km の平面規模で厚さ数 km ～ 10 km 程度の現実の付加体を再現していることになる．

　Lohrmann *et al.* (2003) は，砂はこのような変形に関わる特徴に加え，典型的なクーロン物質とは違って，より脆性領域の岩石の変形破壊に近い特性を持つことを指摘している．すなわち，クーロン物質は，破壊にいたるまでは応力と歪の関係が線形であり，弾性変形する．そして破壊後は，破壊時と同じ応力で変形が安定的に進行する塑性的変形をする（図 4-1-5). したがって，摩擦係数は破壊時の強度と垂直応力に依存することとなる．しかし，自然の岩石は未変形のものと変形したものとでは異なる (Brace and Byerlee, 1966; Byerlee, 1978; Paterson, 1978). 未変形の岩石は，破断面を多く持つ岩石に比べて，より大きな強度と大きな摩擦係数を持つ．内部に破断面を持つ岩石の強度は，既存の断層の摩擦強度に支配される．砂のような粒子からなる

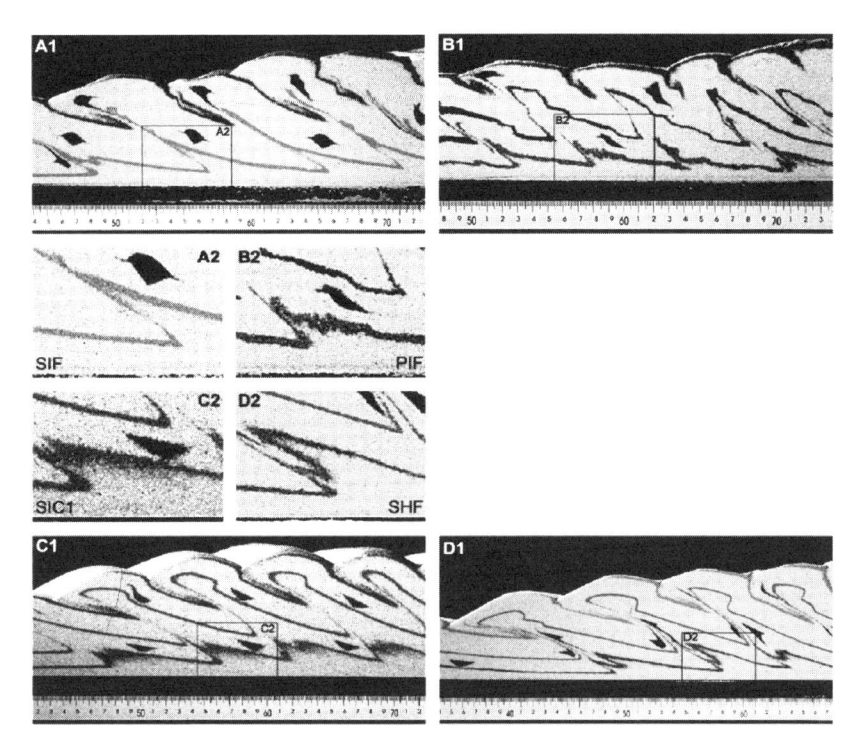

図 4-1-5 砂を用いたアナログ実験の例（Lohrmann *et al.*, 2003）
実験の条件によって程度の異なる断層スライス内部での塑性変形（ダイラタンシー過程）が認められる（A1-D1）．A2-D2はそれらの拡大図．

アナログ物質の変形では，より複雑な歪-応力の関係を示す．破断する前は，安定的な剪断荷重に達するまで，歪硬化に引き続く歪軟化によって特徴づけられる弾性的特性を示す．この変化はアナログ物質の圧密過程とダイラタンシー過程を意味している．そして，最大摩擦係数は破断開始時の最大強度から得られる．しかし，その後は強度が低下し，より低い摩擦係数によって安定的にすべる（図4-1-6）．

このような砂の変形挙動は，クーロン物質というより，より自然の岩石に近い．ただし，自然界における歪硬化や歪軟化は，歪速度，温度，有効応力，すべり面の粗滑度などに依存する．

以上のような共通性や違いを前提として，砂を上部地殻のアナログ物質として使用する．その変形にクーロンウエッジ臨界尖形理論を適用するために

4-1 付加体形成の古典的モデル —— 195

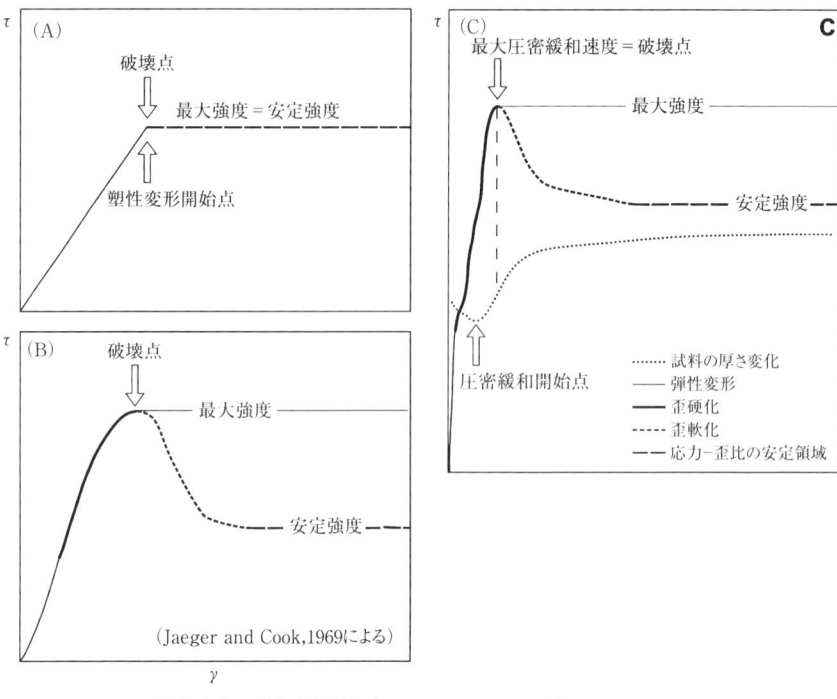

図 4-1-6 応力-歪関係（Lohrmann et al., 2003）
(A) クーロン物質，(B) 一般的岩石，(C) 乾燥した砂．

は，理論の最も本質の部分，すなわちウエッジの内部摩擦とウエッジ底面の摩擦をきちんと評価することが重要である．

現実の付加体とクーロンウエッジ臨界尖形理論の齟齬の1つに，現実のウエッジは理論で示されたものと異なり，断面が決して相似的な三角形になっていないことがある．現実のウエッジは，大局的に表面地形が上に凸であり，より詳細に見ると，斜面の傾斜に2段階のステップがあるように見える．ウエッジの先端部は比較的急で，その後，一度緩斜面となる．上部斜面に再び急になるところがあり，その上端に trench slope break と呼ばれる斜面傾斜の転換点があり，それより上部ではきわめてゆるい．あるいはむしろ陸側へ傾斜し，それを埋める堆積盆地（前弧海盆）があることさえある（図 4-1-7）．

この幾何学的形状について，砂を用いたアナログ実験によって再現した例を見てみよう（Mulugeta and Koyi, 1992; Lohrmann et al., 2003）．上に凸の形

状は，深度の増加に伴う固着強度の増加によって説明される（Zhao et al., 1986）が，乾燥した砂を用いたアナログ実験では，固着強度が大きく変化することはない．

Lohrmann et al.（2003）は，それまで指摘されていた「付加体ウエッジ表面は上に凸である」のではなく，斜面の傾斜が異なるセグメントからなることを強調している（図4-1-8）．海側から傾斜は「ゆるい-きつい-ゆるい」と変化する．図4-1-8の一番フロント側に位置するFDZでは，ウエッジは臨界に達しておらず，断層によって成長する．しかし，その次のFIZでは臨界尖形であり，相似形で成長する．その成長は衝上断層のずれと陸側への回転，そしてFDZからFIZへの新たなスラストシートの供給によって進行する．そして，IAZでは衝上断層の陸側への回転により，その断層面をずら

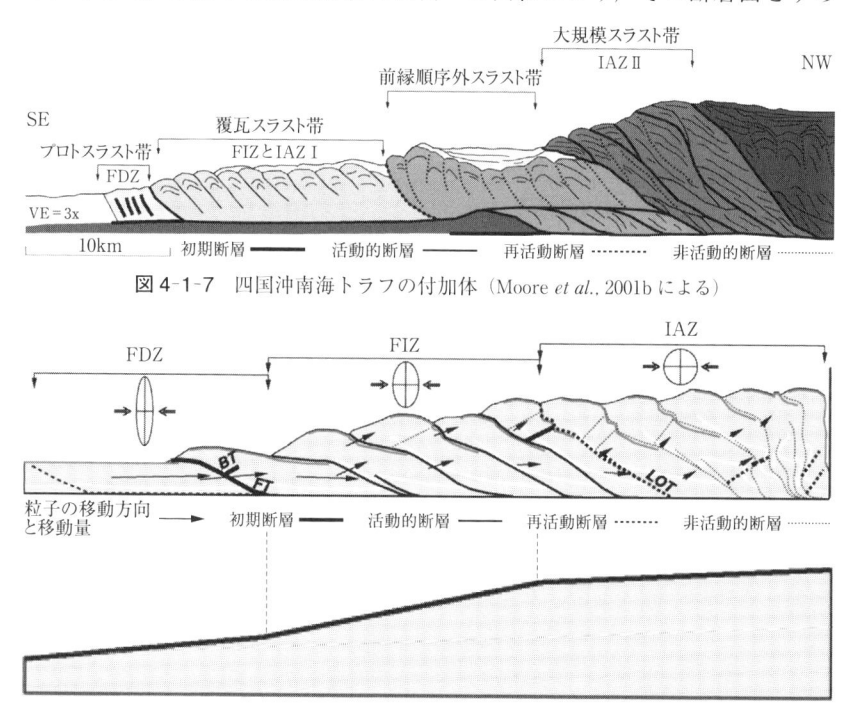

図4-1-7 四国沖南海トラフの付加体（Moore et al., 2001b による）

図4-1-8 砂の変形に認められる3つの部分からなるウエッジ（Lohrmann et al., 2003 を修正）
　　FDZ（Frontal Deformation Zone: 前縁変形帯），FIZ（Frontal Imbricates Zone: 前縁覆瓦帯），IAZ（Initial Assimilation Zone）．

すためにはより大きな差応力を必要とするようになるので，断層の活動は停止し，ウエッジは安定状態となる．

FIZの臨界尖形角度がIAZより小さい理由について，Lohrmann et al. (2003) は，砂の応力歪曲線で得られる最高強度より低い安定強度が支配していることに帰せられるとして説明している．FIZ内の断層は臨界にあるために，常に活動しているので，最高強度よりも安定すべり強度が支配する．すなわち，ウエッジ底面の摩擦が同じであれば，ウエッジの内部摩擦は最高強度に比べて小さい．クーロンウエッジ理論は，そのような場合，尖形角度は小さくなることを示している．一方，IAZでは，断層が回転し，断層に沿っての摩擦がより大きくなる必要があることとなり，活動が停止する．さらに砂は圧密が進行して内部摩擦が大きくなる．底面の摩擦が同じ場合，そのようなウエッジでは小さな臨界尖形となる．したがって，ウエッジ表面の斜面傾斜のセグメント化は，ウエッジの内部摩擦の変化となる．

このように，砂の圧密によって砂の内部摩擦が変化し，それがウエッジ表面を凸な形状にするとの指摘は，すでにMulugeta and Koyi (1992) のアナログ実験で指摘されていた．しかし，そのことに加えて，内部摩擦の違いは，最高強度（静摩擦）と安定すべり（動摩擦）の摩擦係数の違いも重要なのである，とするところがLohrmann et al. (2003) のアナログ実験の新しいところである．

さて，この実験を注意してみると，一見室戸沖の南海トラフをよく再現しているように見える．しかし，南海トラフとこのアナログ実験には決定的な違いが2つある．1つは，順序外断層（out-of-sequence thrust）群の形成がうまく再現できていないことである．もう1つは，この順序外断層群のさらに陸側のウエッジ底面のデコルマは地震発生帯に入っており，その摩擦特性が大きく変わっていると見られるが，そのことが考慮されていないことである．

この順序外断層をうまく再現したアナログ実験がある（Gutscher et al., 1996）．淘汰のよい石英砂（粒径300-500 μm，密度1600 kg/m^3，内部摩擦係数 μ = 0.6，固着強度20 Pa）を用いて，底面デコルマの摩擦として低摩擦の場合 μ_b = 0.35 と高摩擦の場合 μ_b = 0.5 を実験した例である．背後には，最

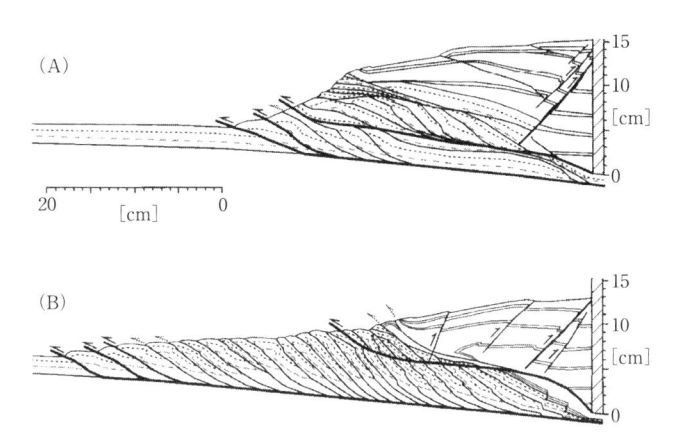

図 4-1-9 ウエッジ底面の摩擦の異なる条件での砂を用いた付加体再現実験
(Gutscher *et al.*, 1996)
(A) 底面に沿う摩擦が大きい場合，(B) 小さい場合．

初から充填度が大きく，固着強度の大きい（〜100 Pa）砂をウエッジ状に配置している．この結果を示したのが図 4-1-9 である．

図 4-1-9A は底面に沿う摩擦が大きい場合であり，図 4-1-9B は小さい場合である．先端部のウエッジは A が急斜面であるが，B は緩斜面である．これはクーロンウエッジ臨界尖形理論と整合的である．B では順序外断層が内部摩擦の異なるウエッジの境界付近に形成されている．また，覆瓦状に重なる砂の厚さが，変形前は同じであるにもかかわらず，スラストシートの大きさは低摩擦の方が小さくなっている．

短縮の進行によって，先端部の角度がどのように変化していったかを示したのが図 4-1-10 である．底面デコルマの摩擦が小さい場合は，ウエッジ先端部の傾斜はほとんど変化することなく，安定的に成長している（図 4-1-10）．つまり，常に臨界尖形を保ちながら進行し，相似形のウエッジを成長させている．それに対して，底面デコルマの摩擦が大きい場合，急傾斜の形成と崩壊を繰り返しながら，ウエッジは成長している（図 4-1-10）．それは具体的には，順序外断層の形成に対応している．すなわち，臨界尖形を超えた不安定を経験しながら，変形が進行しているということである．

このようなスティックスリップ的挙動は，Mulugeta and Koyi (1992) のアナログ実験でも指摘されており，ウエッジの内部摩擦が大きくなり，かつ

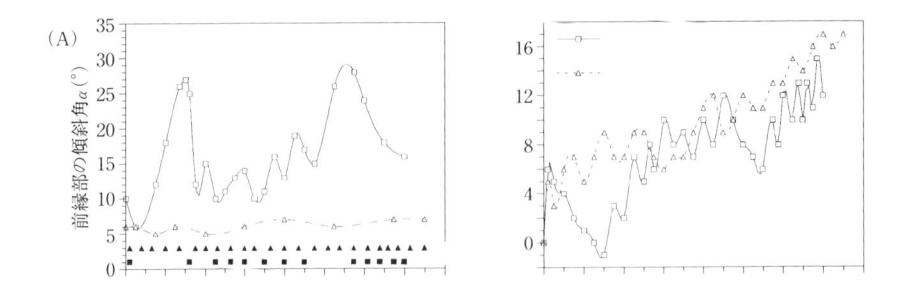

図 4-1-10 付加ウエッジの進行（短縮の進行）によって変化するウエッジ先端部の角度（Gutscher et al., 1996）

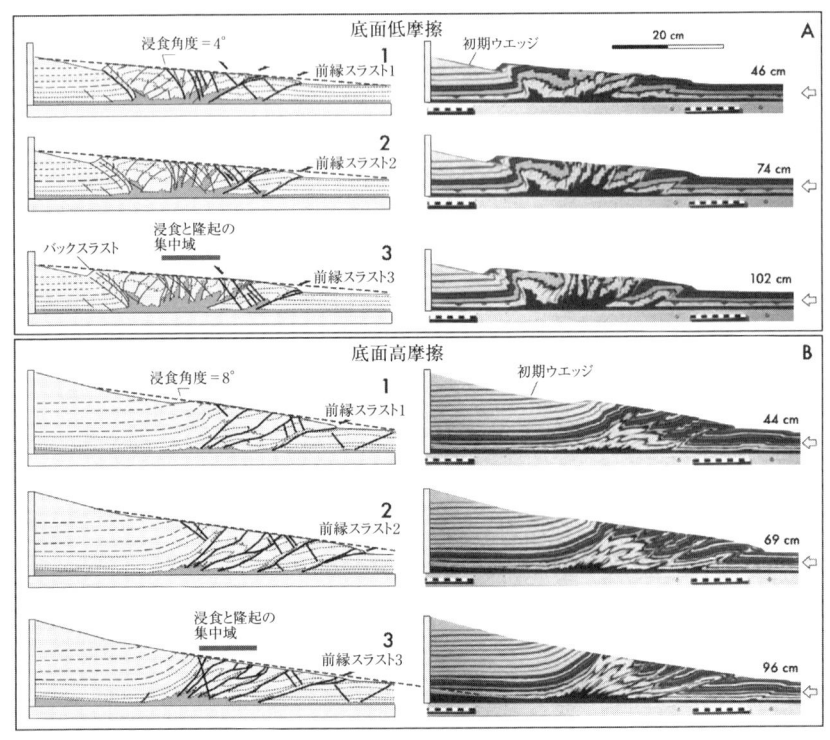

図 4-1-11 アナログ実験による変形と浸食が進行する付加体ウェッジ（Konstantinovskaia and Malavieille, 2005 による）
　（A）底面の摩擦が低い場合（尖形角 4°），（B）底面の摩擦が高い場合（尖形角 8°）．

底面デコルマの摩擦が大きくなってウエッジの内部摩擦に近づいた場合の共通した挙動であるのかもしれない．底面の高摩擦は，尖形角を大きくしようとする．それに対して，大きくなったウエッジの内部摩擦は抵抗し，尖形角を小さいまま維持しようとする．そのせめぎ合いが臨界前後で進行し，結果として間欠的挙動となると解釈できる．

また Konstantinovskaia and Malavieille（2005）は浸食作用を考慮したアナログ実験により，付加体の変形様式を検討した．彼らの実験の特徴は，臨界尖形角（4°，6°，8°）を超えて隆起した部分が浸食されることを取り入れ，断層の伝播，活動とそれに伴う物質上昇を復元した点である．彼らのいずれの実験の結果でも，隆起と浸食が集中する部分が認められる．デコルマの摩擦が小さい場合は，付加体の中部に高角の断層帯が形成され，断層帯に沿って隆起帯が形成される．デコルマの摩擦が大きい場合は 20°から 50°の傾斜角を持つ断層群が形成され，その断層帯に沿って隆起と浸食が進行する．そして隆起帯はバックストップに向かって後退していく（図 4-1-11）．

彼らが指摘する浸食作用の重要性とは，浸食の進行によって付加体内部のダイナミクスが変わり，断層の発達パターンや伝搬パターンに影響を与え，隆起帯の位置，隆起速度も変わるという点である．この実験結果では，基底部の摩擦の強い部分から分岐断層群が発達し，分岐断層に沿って物質上昇が起こるため変形と上昇により尖形角が急角となり，分岐断層の存在と上に凸な付加体の形状をよく説明できる．

4-2 付加体形成の水理学モデル

付加体の幾何学的形態は，付加体内部の間隙水圧と付加体底面の摩擦によって決定されるというモデルを提示したのが，古典的臨界尖形理論（critical taper theory）であった．その後，深海掘削によってバルバドス，コスタリカ，南海トラフなど各地の沈み込み帯のデータが徐々にそろいはじめるにつれ，付加体形成の水理学モデルに関する研究が進展した．本節では，1990年代後半以降に Saffer や Bekins らが構築した付加体水理学モデルを概説する．彼らのモデルは，流体の供給量や排出経路，付加体の透水性構造

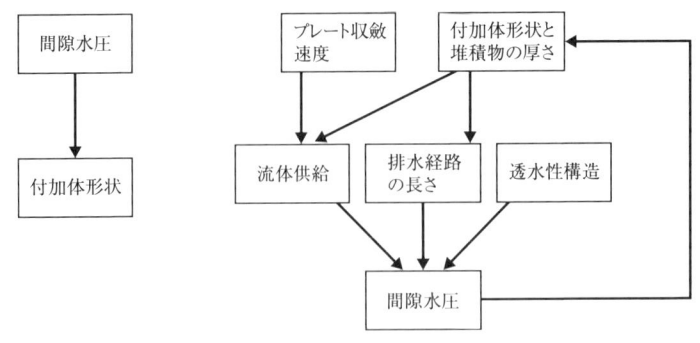

図 4-2-1 Saffer and Bekins (2006) によるフローチャート
　　左が従来の，右側が彼らが提案する付加体臨界尖形モデル．修正モデルでは，間隙水圧は流体供給要因（幾何学的形態，堆積物の厚さ，プレート速度）と流体排出要因（透水性と排水経路の長さ）のダイナミックなバランスの結果とみなす．

の発達などを考慮した流体移動の数値モデルであり，古典的臨界尖形理論を発展させたものである（Saffer and Bekins, 2002, 2006 など）．

　付加体の形状は付加体内部の間隙水圧によって変わりうることを示したのが，古典的臨界尖形理論であるが，間隙水圧を決める要素は多様である．主な要素は，付加体への流体供給量（間隙水圧を上げる要因）と，付加体内部の透水性や排水経路の長さ（流体移動を制御する要因）である．このうち，付加体への流体供給量は，付加する堆積物の厚さと間隙率，およびプレート収斂速度によって与えられる．一方，排水経路の長さは堆積物の厚さによって変化し，付加体の形状（尖形角）によっても変わってくる．これらの複合要因によって間隙水圧が決まり，その結果，付加体形状が変化し，排水経路の長さも変わる．これらの関係を示したのが図 4-2-1 である．たとえば，排水速度が大きければ間隙水圧は十分に上昇せず，付加体の斜面は徐々に急角になる．しかし付加体形状が急角になれば流体排水経路が長くなり，排水を抑えられるため，間隙水圧を上昇させる負のフィードバックが働く．このように付加体の形状は多くの要因の相互作用によって，水理学的にバランスを保ちながらダイナミックに成長している．

　Saffer and Bekins (2006) は，付加体の幾何学的形態すなわち臨界尖形角

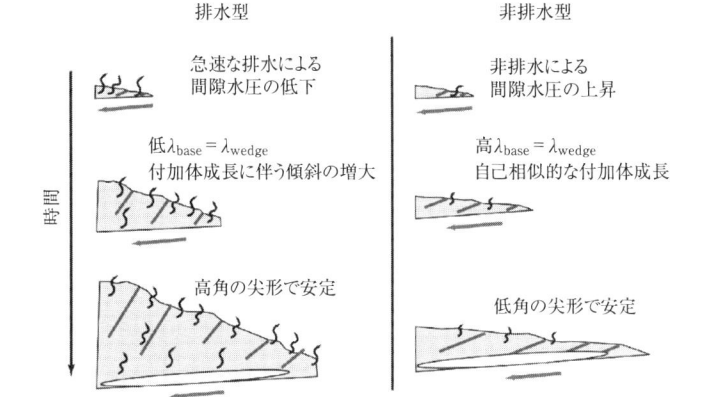

図 4-2-2 Saffer and Bekins (2002) による付加体の形態に影響を与える要因同士のフィードバックを示した模式図
　低い透水性または急速に流体が供給されるシステムは低角尖形となり，一方，高い透水性またはゆっくりと流体供給されるシステムでは排水が進行し，高角な尖形となる．

に影響を与えるさまざまな要因の中で，何が大きく作用しているかを数値計算によって検討した．その結果，付加体内部の透水性と堆積物の厚さが最も重要な要因であることを指摘している．一方，断層の透水性と堆積物の分配（剥ぎ取られるか沈み込むか）はそれほど大きな要因にならない．つまり，透水性が低く堆積物が厚ければ（水はけが悪く厚い泥質堆積物が付加すれば），低角の付加体となり，逆に透水性が高く堆積物が薄ければ（水はけがよく薄い砂質堆積物が付加すれば），高角の付加体となる．

　このような付加体の発達様式の多様性は，排水型・非排水型という 2 つのエンドメンバーによって説明される（図 4-2-2）．流体が急速に排水される付加体では，内部の間隙水圧は上昇せず，付加体の成長・変形に伴い付加体の傾斜は徐々に急角になり，高角の臨界尖形角で安定する（排水型付加体）．一方，透水性が低く流体の排出が妨げられると，間隙水圧は上昇し，付加体は自己相似的に成長し，低角の臨界尖形角のままで安定となる（非排水型付加体）．

　付加体中の間隙水圧のほかにも，付加体を構成する堆積物の組成の違いもまた，付加体の幾何学的形態と関係している．バルバドス，室戸沖南海トラ

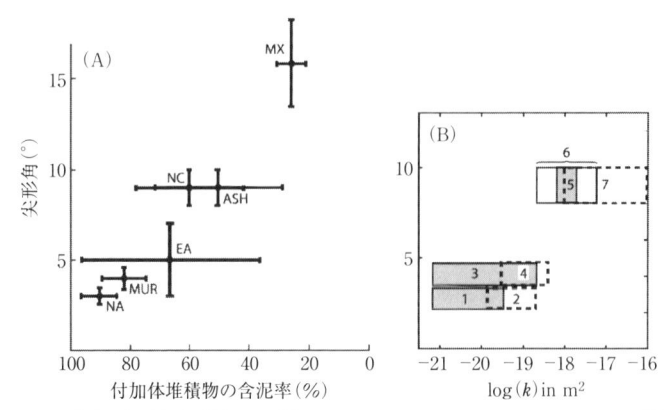

図 4-2-3 （A）尖形角と岩相の関係（Saffer and Bekins, 2006）．インプット堆積物の掘削が行われた活動的な付加体．岩相は船上での肉眼記載のコンパイルによる．水平方向のエラーバーは岩相の不確実性．垂直方向のエラーバーは尖形角の水平方向のバリエーション．NA：北アンチル（バルバドス付加体），MUR：室戸沖南海トラフ，EA：東部アリューシャン，NC：北カスカディア（カスカディア付加体），ASH：足摺沖南海トラフ，MX：メキシコ沖．
（B）尖形角と透水（浸透）率（k）の関係を示したプロット．1-2 はバルバドス，3-4 は室戸沖南海トラフ，5-7 はカスカディア．1, 3, 5 はモデリングにより推定された透水率．2, 4, 6, 7 は試料の計測による透水率．

フ，足摺沖南海トラフ，東部アリューシャン，北部カスカディア，メキシコの付加体を構成する堆積物の砂泥比を求め，それらと尖形角との関係を調べると，バルバドスや室戸沖南海トラフ付加体のような泥質岩が卓越する付加体ほど尖形角が小さい．同時に泥質の付加体を構成する堆積物ほど透水性が低い（図 4-2-3）．すなわち，透水性が低く非排水で，なおかつ泥質であれば，尖形角が低角になるというのが，付加体の形状に関する現在の一般的な理解である．

以上のような議論は付加体の水理学的発達様式を包括的に説明しているが，定量的な議論をするためのデータはまだ十分といえず，透水性や排水量，底面の断層（デコルマ）の性質に関する実データが不足している．孔内検層に基づいた研究によれば，透水性が低く非排水で典型的な低尖形角の付加体であるとされるバルバドス付加体は，従来の見積りよりも排水量が大きく，単純な解釈はできないことが指摘されている（Saito and Goldberg, 2001）．今後，コア計測，孔内検層，孔内試験などを組み合わせたデータ解析により，付加

体の水理的性質と付加体内部構造との関係を詳細に解明する必要があろう．また，従来の議論は付加体浅部の発達過程を説明しているに過ぎず，地震発生帯を含めた系で流体移動と構造発達の関係を論じる必要がある．2007年秋より開始されたNanTroSEIZEプロジェクトによる，熊野沖南海トラフでの解明が期待される．

4-3 付加体形状と地震発生サイクル

4-1節で紹介した臨界尖形（critical taper）理論では，地震を発生することなく一定の速度・摩擦力でプレートが沈み込んでいる場合を想定している．また，そのような状況で付加体が常に臨界状態（critical state）であると仮定して，さまざまな沈み込み帯における付加体の内部摩擦係数やプレート境界面の摩擦係数を推定してきた．いい換えれば，付加体を完全塑性体としてモデル化していた．しかしながら，序章から繰り返し述べている通り，付加体が発達する場所の1つの大きな特徴は，そこでプレート境界巨大地震が発生することである．巨大地震の発生サイクル中には，付加体内部やプレート境界に働く応力が変化するはずであり，付加体が常に臨界状態であるという仮定が成り立つ保証はない．実際以下に述べるように，地震時以外には安定状態（stable state）と考えた方が妥当ともいえる．

プレート境界面（沈み込み口を除き，地震発生帯下限くらいまで）では，固着状態にある地震間でも剪断応力レベルが非常に低いと考えられており，有効摩擦係数でいえば0.04前後とされている（Wang and He, 1999 など；これは付加体発達の有無に関わらない）．その条件下で観測される尖形角（taper angle）を従来の臨界尖形理論で説明しようとすると，付加体内部の強度が非常に低い必要が出てくる．内部摩擦が特別小さい理由はないので，従来は付加体内部の間隙水圧が高い状態（λ大，非排水状態）が長い時間スケールで保持されていると説明されていた．付加体内部の亀裂や断層の存在を考えれば，地質学的な時間スケールで非排水状態を保つことは難しいと思われるが，そう考えない限り従来の臨界尖形理論では観測される付加体の傾斜を説明することができなかった．

このように従来の臨界尖形理論には，地震発生サイクル中の応力変化が付加体形状に与える影響が考慮できない，臨界状態でないときの付加体内部の応力状態を扱うことができない，そして観測事実を説明するために不自然な非排水状態を仮定しなければならないといった問題があった．この問題に対する1つの考え方の道筋を示した論文が最近になって出版された（Wang and Hu, 2006）．彼らは安定状態での応力場を扱えるように臨界尖形理論の拡張を行うとともに（Wang and Hu, 2006; Hu and Wang, 2006），地震発生サイクルに伴うプレート境界面の摩擦力や応力状態の変化を取り入れ，地震時のみ地震発生帯上限付近が臨界状態になると考えることで観測される付加体の傾斜が説明できることを示した．以下ではまず理論の拡張について（1）で紹介し，地震発生サイクル中の応力変化を（2）で取り上げる．

(1) 臨界状態と安定状態での応力場

安定状態での応力場の解を示す前に，上に紹介した臨界状態での応力解を，安定状態と比較しやすい形で以下に示す．図4-1-1と同じ座標系で，ウェッジ内がすべての点で臨界状態であるとすると，有効応力を使って各応力成分は下記のように書くことができる．ただし添字の c は臨界状態を示す．

$$\overline{\sigma}_z = -(1-\lambda)\rho g z \cos\alpha \qquad (4.3.1a)$$

$$\overline{\sigma}_x = m^c \overline{\sigma}_z \qquad (4.3.1b)$$

$$\overline{\tau}_{xz} = (\tan\alpha')\overline{\sigma}_z \qquad (4.3.1c)$$

m^c は最大圧縮応力 σ_1 が海底面（x軸）となす角 ψ_0^c（ウェッジ内で一定）を含む次の式で表される．

$$m^c = 1 + \frac{2}{\csc\phi\sec 2\psi_0^c - 1} \qquad (4.3.2)$$

また $\tan\alpha'$ は次式で与えられる．

$$\tan\alpha' = \frac{1-\rho_w/\rho}{1-\lambda}\tan\alpha = \frac{\tan 2\psi_0^c}{\csc\phi\sec 2\psi_0^c - 1} \qquad (4.3.3)$$

ここで (4.3.1a) は (4.1.7a) と同じであり，(4.3.1b) と (4.3.2) は (4.1.3a)

を $\bar{\sigma}_x$ について解けば得られる．また，(4.3.1c) と (4.3.3) は (4.1.3b) と (4.1.8) に対応している．

なお，Wang and Hu (2006) では，深さに依存する結合力を仮定した定式化をしているが，前の節や後の例で結合力なしとしているので，ここでは結合力なしの式を示す（Wang and Hu, 2006 で $\eta = 0$ とした場合に相当する）．

そして沈み込むプレート境界面と海底面のなす角（taper angle）は

$$\alpha + \beta = \psi_b^c - \psi_0^c \qquad (4.3.4)$$

と表され，最大圧縮応力 σ_1 が境界面となす角 ψ_b^c は，境界面の有効摩擦係数 μ_b'（$\tau_n = -\mu_b' \bar{\sigma}_n$）との間に式 (4.3.3) と同様な関係を満たす．すなわち，

$$\mu_b' = \tan \phi_b' = \frac{\tan 2\psi_b^c}{\csc \phi \sec 2\psi_b^c - 1} \qquad (4.3.5)$$

であり，(4.1.18) に対応している．

次に安定状態での解を示す（導出は Hu and Wang, 2006 を参照されたい）．弾塑性体の場合，歪と応力の関係は最も単純な場合を模式的に示すと図 4-3-1 のようになる．B や B′ が降伏点で，これよりも歪が大きくなった状態が臨界状態で，一定応力で塑性変形を生じる．B よりも小さい歪 A や A′ では塑性変形にはいたらず，歪に応じて応力が増加する弾性変形の状態（安定状態）になっている．この図からわかるように，どのような臨界状態の解（B や B′）に対しても，安定状態での等価な解が存在するはずなので，前述の臨界状態の解と似た形になるはずである．実際，安定状態での解は下記のように表すことができる．

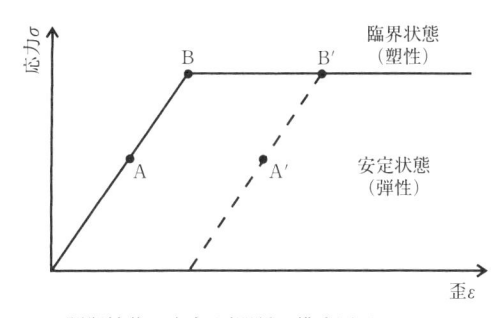

図 4-3-1　弾塑性体の応力-歪関係の模式図（Wang and Hu, 2006）

$$\overline{\sigma}_z = -(1-\lambda)\rho g z \cos\alpha \qquad (4.3.6a)$$

$$\overline{\sigma}_x = m\,\overline{\sigma}_z \qquad (4.3.6b)$$

$$\overline{\tau}_{xz} = (\tan\alpha')\,\overline{\sigma}_z \qquad (4.3.6c)$$

ただし，臨界状態の場合と異なり，m が尖形角（$\theta = \alpha + \beta$）や境界面の有効摩擦係数 μ_b' に依存し，逆に内部摩擦 $\mu = \tan\phi$ とは無関係になる．

$$m = 1 + \frac{2(\tan\alpha' + \mu_b')}{\sin 2\theta(1-\mu_b'\tan\theta)} - \frac{2\tan\alpha'}{\tan\theta} \qquad (4.3.7)$$

もし $m = m^c$ が成り立てば，上式は臨界状態の場合と一致することになり，図 4-3-1 の B や B′ での解を与えることになるわけである．

安定状態の場合にも，最大圧縮応力 σ_1 が海底面やプレート境界面となす角 ψ_0 や ψ_b は領域内で一定であると仮定しており，尖形角と次の関係を満たす．

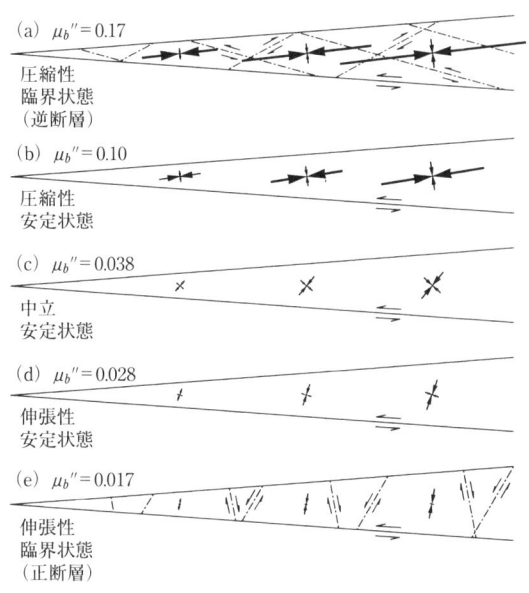

図 4-3-2 底面摩擦を変えたときに理論から期待されるプリズム内の応力分布
（Wang and Hu, 2006）

$$\alpha+\beta = \psi_b - \psi_0 \tag{4.3.8}$$

そして角 ψ_0 を求めるには式（4.3.5）と似た形をした下記を用いることができる.

$$\frac{\tan 2\psi_0}{\csc \phi^p \sec 2\psi_0 -1} = \frac{1-\rho_w/\rho}{1-\lambda} \tan \alpha \tag{4.3.9}$$

この ϕ^p は，ここで扱っている安定状態がちょうど臨界条件を満たすような内部摩擦係数 $\mu^p = \tan \phi^p$ を与える摩擦角であり，下記を満たす.

$$\sin^2 \phi^p = \frac{(m-1)^2 + 4\tan^2 \alpha'}{(m+1)^2} \tag{4.3.10}$$

　これで安定状態での解や最大圧縮応力と海底面のなす角等を求める準備ができた．そこで，与えられた付加体形状に対してプレート境界面の摩擦を変えていったときに，付加体内部がどのような応力状態になるのかを見てみることにする．ただし，境界面の摩擦特性を表す数値としては，間隙水圧による摩擦係数変化を考慮した $\mu_b'' = \mu_b'(1-\lambda)$ を用いる．従来の理論では圧縮性（逆断層が発達）の臨界状態（図4-3-2a）と，伸張性（正断層が発達）の臨界状態（図4-3-2e）しか扱うことができなかったが，理論を拡張することで，その中間の状態として圧縮場から伸張場へ連続的に応力状態が変化している様子を表せるようになったことがわかる（図4-3-2）.

(2) 地震発生に伴う場の変化と付加体形状

　巨大地震を起こす沈み込みプレート境界では，どの深さでも巨大地震が発生するわけではなく，巨大地震の震源域（地震発生帯）とそうでない領域が

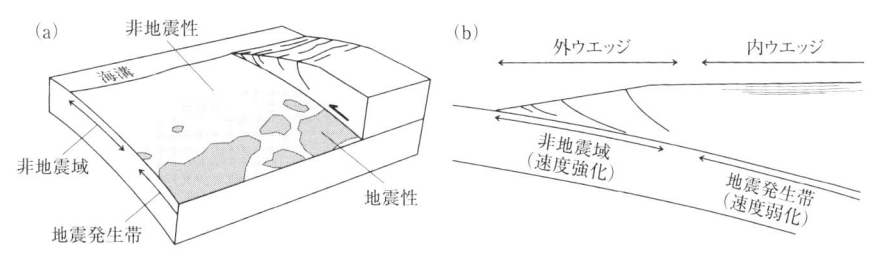

図4-3-3　(a) 地震発生帯上限付近とその浅部延長のプレート境界摩擦特性の模式図．(b) 付加体形状とプレート境界摩擦特性との位置関係（Wang and Hu, 2006）

ある．特に震源域の上限付近に着目すると，図4-3-3aに示したように，浅くなるにつれて巨大地震を発生する領域から，徐々に非地震性の領域に移り変わると考えられる．そして図4-3-3bに模式的に示したように，地震発生帯とその浅部の非地震域では付加体の形状が異なっている．低角で前弧海盆が発達する前者を内ウエッジ，高角で逆断層が発達する後者を外ウエッジと呼ぶことにする．Wangらの動的臨界尖形理論では，地震発生サイクルに伴うプレート境界面の摩擦力や応力状態の変化を考慮することで，このような付加体形状と地震発生域との対応関係が説明できるとしている．以下では，外ウエッジと内ウエッジそれぞれについて，南海トラフ（熊野灘沖）の付加体の幾何学形状をモデル化した計算例とともに見ていくことにする（図4-3-4）．

まず外ウエッジについて，地震発生サイクルに伴う応力場の変化やプレート境界面の摩擦力変化を考えてみる．プレート境界巨大地震が地震発生帯で起きると，その浅部の非地震域ではプレート境界面のすべりに対する摩擦抵抗が大きくなるとここでは仮定する．いわゆるすべり速度強化（章末のコラ

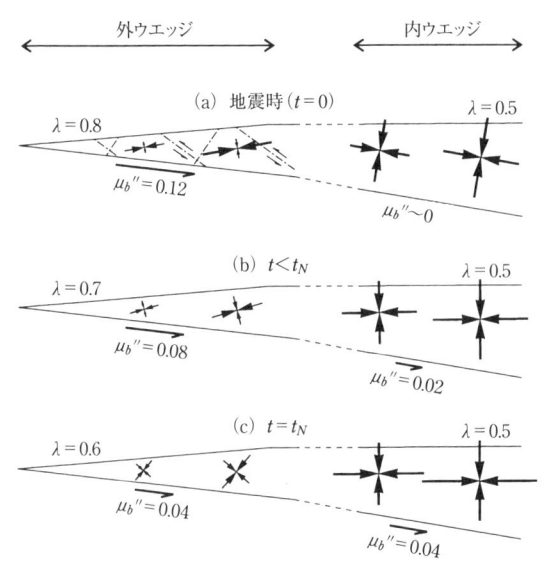

図4-3-4 外ウエッジと内ウエッジで各々パラメター値を仮定して求めた地震時とその後に予想される応力分布（Wang and Hu, 2006）

ム参照）の性質を非地震域のプレート境界が持っていると仮定するわけである（図 4-3-3b）．そうすると，地震発生帯で巨大地震が発生したときには，その浅部の非地震域でプレート境界面が深部からのすべりの進展に対して摩擦力が上がることで抵抗し，そこで急激にすべり量が小さくなることによって付加体内の水平圧縮応力が増加する．臨界尖形理論の用語でいえば，非地震域で底面摩擦が増加するとともに，σ_1 が水平に近い状態になり，圧縮性の臨界状態が実現する．これにより付加体内部の逆断層運動が生じる（図 4-3-4a）．場合によっては深部からの断層運動の延長として破壊することで，分岐断層運動を生じる．また地震時のような短い時間スケールであれば，非排水状態になることも可能と考えられ，それにより付加体内部の強度が一時的に低下することで，さらに臨界状態が実現しやすくなることもあり得るだろう．つまり尖形角として観測される付加体の形状は，地震時に一時的に臨界状態になった際の応力場を反映していると考えるわけである．

　一方，地震後は，速度強化の性質で高くなっていた摩擦力が減少するとともに，付加体内部で断層運動が生じて，さらに応力緩和が進行すると考えられる．一時的に間隙水圧が上昇していた場合，その緩和も進行すると思われる．そしてある程度時間が経てば，安定状態で弾性変形が支配的になる（図 4-3-4b）．さらに緩和が進行すると，ある時点で圧縮性から伸張性に移る中立状態にいたる．図 4-3-4c では $\lambda=0.6$ の場合に，ちょうど有効摩擦係数 0.04 で中立状態となる．さらに摩擦係数が下がるか，間隙水圧比が下がれば伸張性応力場になるが，付加体の発達した地震発生帯上限付近で伸張性応力場になっているという観測事実は今のところない．

　今後は，緩和の時間スケールがどの程度なのか，ある沈み込み帯が現在緩和過程にあるのか，それとも安定状態にあるのか，といったことがさまざまな沈み込み帯で課題になると思われる．こうした問題を考えるためには，第 5 章で取り上げるような沈み込み帯における掘削孔内での長期モニタリングといったことが重要になってくる．

　次に内ウエッジであるが，こちらのプレート境界はすべり速度弱化と仮定する（図 4-3-3b）．この節のはじめにも触れたように，沈み込みプレート境界での有効摩擦係数は固着状態にある地震間ですら 0.04 程度（深さ 20 km

で20 MPa 程度の剪断応力に相当）であり，地震時には応力降下量から考えて摩擦はほとんど0になると思われる．この状態では図4-3-4aの右側に示したように，付加体の内ウエッジ部分は伸張性の安定状態にあると考えられる．地震後は外ウエッジと違ってプレート境界面の強度が回復してから固着しはじめるので，徐々に圧縮性が高まっていくはずである（図4-3-4b）．ただし，十分に強度が回復した地震間においても剪断応力レベルは低く，圧縮性の臨界状態になることは地震発生サイクルを通じて一度もない（図4-3-4c）．このことは内ウエッジ部分である前弧海盆が安定していて，反射法地震探査でも断層と思われる構造がほとんど見られず，活断層も発達していないこととよく対応している．こうした一連の現象が，一般的な内部摩擦や妥当と思われる範囲の間隙水圧を付加体の物性として仮定した上で定量的に説明できる．

コラム■すべり速度弱化とすべり速度強化

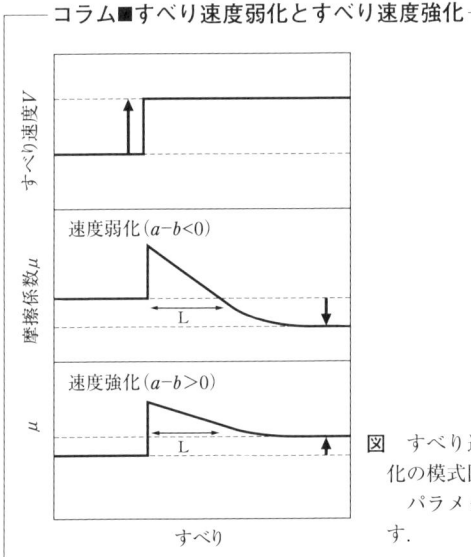

図　すべり速度を変化させたときの摩擦係数変化の模式図
　パラメター $a-b$ が負の場合と正の場合を示す．

岩石の切断面同士をこすり合わせる断層すべり模擬実験から，岩石の摩擦は次のような3つの性質を持つことがわかっている．
　①すべり速度を急変させると，抵抗が大きくなる
　②すべることで剪断強度が低下する

③固着していると時間が経つにつれて強度が回復する

これらの性質が実験結果をもとに定式化されており,次のように書ける.②③については定式化がいろいろあるが,ここでは単純な例を紹介しておく.

$$\mu = \mu_* + a\ln(V/V_*) + b\ln(\theta \cdot V_*/L)$$

$$\frac{d\theta}{dt} = 1 - \frac{V\theta}{L}$$

ここで,μ,V,θ は変数で,それぞれ摩擦係数,すべり速度,状態変数,a,b,L は摩擦特性を決めるパラメーター,V_*,μ_* は基準となるすべり速度(任意)とその速度で定常すべりをするときの摩擦係数,である.

すべり速度 V の変化に対して摩擦係数 μ がどう変化するかを,これらの式に従って求めた結果を図に示す.パラメーター a,b の大小によって,すべり速度が大きくなったときに結果的に μ が大きくなる($a-b>0$:すべり速度強化)場合と,小さくなる($a-b<0$:すべり速度弱化)場合があることがわかる.

$a-b<0$ の場合,すべることで摩擦が低下するのですべりやすくなって加速する.加速に対する抵抗である①よりも②の効果が大きいので,さらに加速が進んで地震のような高速すべりになる.逆に $a-b>0$ の場合には,すべるとそれに対して抵抗して摩擦力が大きくなるので,地震時にはその場所はすべりの広がりを妨げる役割を果たすことになる.

地震発生帯上限よりも浅部の非地震域は,すべり速度強化の性質を持った粘土鉱物が存在するなどの理由から $a-b>0$ であると仮定されることが多く,Wang らもその仮定の下で議論を進めている.しかし実験や断層帯浅部の観察等に基づいて,不安定にならないのは $a-b>0$ であるためではなく L が大きい(剪断帯が厚いことなどに対応)ためであるとする考え方もある(たとえば Hillers et al., 2006).

5 ■ 観察・観測から予測へ

　第4章まで，付加体や巨大地震発生域の構造，成立の経緯を見てきた．ときには陸上の付加体をつぶさに観測することで，ときには音波の反射を利用して海底下の断層・地層断面イメージを獲得することで，あるいは断層の出口に生物群集を発見することで，そして陸上観測網による地殻変動を捉えることで，付加体を含む地震発生帯がどのような構造をしているのか，そしてどのように活動して発達していくのかを明らかにしてきた．掘削による試料の研究や，地下の密度・間隙率・浸透率・地震波速度などの物性計測も欠かせないものであった．

　巨大地震の発生から終了までのメカニズムを理解する上で，掘削研究が決定的に重要な役割を果たすことは間違いない．IODP南海トラフ地震発生帯掘削研究（NanTroSEIZE）では，断層の固着域そのものに到達して断層岩を採取するとともに，断層近傍の物性（密度・間隙率・地震波速度など）の現場計測を実施する．一方，掘削された孔を利用して，断層近くでの地殻変動・地震活動・間隙水圧など，固着や地震発生の仕組みに重要な影響を与える物理量の長期モニタリングを行うことも，必須の目標として研究計画に組み込まれている．巨大地震発生には，第1に地下の断層やその周辺の物質が，プレート沈み込みに伴う応力にどこまで耐えられるか（強度分布），第2に地下にはどれだけの応力・歪，そして間隙水圧がかかっているのか，この両者がわかってはじめてその包括的な理解が可能になる．

　以下に述べるように，ODPでも1991年以来，孔内現場モニタリングが行われているが，その道のりは決して平易なものではなかった．ここでは，これまでODPで行われてきた試みと，得られた成果をいくつか紹介する．

5-1　ODP での掘削孔観測研究

(1) 海底孔内モニタリングの夜明け

　海底掘削研究における最初の孔内長期モニタリングは，堆積物に覆われた海嶺基盤岩中の間隙流体の挙動を明らかにするために設置された．

　1991年，カナダ地質調査所の Davis と米国マイアミ大学の Becker は，ODP 第139次航海において，バンクーバー沖のファンデフカ海嶺の一部，ミドルバレーの熱水地帯付近で，孔内長期温度・圧力観測装置 CORK（Circulation Obviation Retrofit Kit，コーク）の設置を行った（Davis et al., 1992）．ここは，バンクーバー方面から大量に供給されるタービダイト（陸源堆積物）が堆積する環境にあり，中央海嶺で形成されたばかりの熱い海洋地殻が堆積物に覆われるという，特殊な条件の場所である．Davis と Becker は，それまでの中央海嶺での研究結果から，このような環境下では，地殻形成時の熱が水を通しにくい堆積層に覆われているために，熱水として逃げてしまわずに堆積層内に保存され，熱伝導により放熱が起こっているはずだと考えた．その一方で，下の玄武岩層は浸透率が高く，内部で水が十分に循環しているだろうと予測した．CORK による観測により，基盤内部の間隙水圧や堆積層の温度をモニタリングして，熱水循環の挙動を明らかにしようというのが目的であった．

　第139次航海では2カ所の孔に CORK が設置された．水深約2400 m，深度433 m と936 m まで掘削し，CORK は無事に設置された．その後潜水船でデータの回収にも成功し，CORK の名前は世界にとどろいた．

　一方，地震学者の間には，グローバルトモグラフィーによって地球内部構造を高精度化するために，海域にも満遍なく観測点が分布していることが必須であるというニーズがあり，また海溝型地震のメカニズム解明のためには，地震断層を直接掘削し，ニアフィールド観測によって非弾性的な挙動を解明したいという願望があった．前者は広帯域海底地震計を設置することで徐々に達成されつつあるが，周期数秒から10秒の帯域には底層海水の移動によるノイズが存在するという問題があり，海底下に埋設あるいは孔内での観測

の必要性が主張された.

1999年，ODP第186次航海が三陸沖で実施され，三陸沖の地震発生断層の真上の掘削孔2カ所に，広帯域地震計・傾斜計・歪計セットが設置された．日本の末廣潔・金沢敏彦・篠原雅尚・荒木英一郎が中心となり，米国のSacksや掘削技術者のPettigrewなどと密接に連携することにより，掘削船ジョイデスレゾリューション（JOIDES Resolution）号による設置作業が無事終了した．その後北西太平洋やフィリピン海にも同様のシステムが設置されている．これは確実に地震学の前進につながる野心的な試みであった．

以来，海底における掘削研究は，コア採取や孔内検層にとどまらず，その場の値を直接測定するという，新たな時代がはじまったのである．

(2) 孔内温度・圧力モニタリング

付加体の成長過程を規定するのは，付加する堆積物の供給速度や種類，そして間隙流体の量や状態などである．これまで海嶺や付加体などにCORKが設置され，間隙水圧と温度計測が行われている．ここではそのいくつかを簡単に紹介する．なお南海トラフでの結果は第2章に記したので，そちらをご覧いただきたい．

海底のコルク栓CORK

CORKとは，海底下の温度・圧力をその場でモニターすることにより，地下の歪場や間隙水の挙動を調べる装置である．図5-1-1に示す通り，孔口に蓋（シール）をし，孔内に温度計を複数個取りつけたロープと，圧力測定・採水のためのホースが吊り下げられる．データは孔口の記録装置に保存され，潜水船により回収される（Davis et al., 1992）．これらは，ODP第139，146，168，174B次航海などで設置され，着実な成功を収めてきた．この装置は，掘削孔の必要な部分のみを裸孔として残した上で，基本的には孔口にCORKヘッドをはめ込むだけの仕組みであり，設置は比較的容易である反面，原理的に裸孔部分の平均圧力をモニターすることしかできない．それでも科学的有用性は大きく，1991年から2001年まで12地点に設置された実績を持つ．

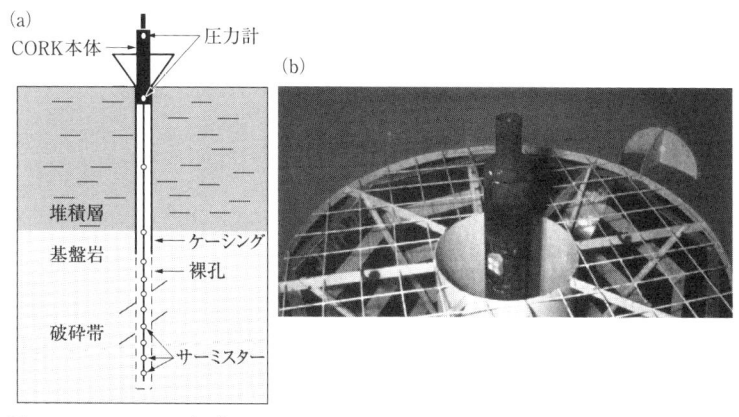

図 5-1-1　CORK の概念
ODP 第 139 次航海や第 168 次航海などで使われた，堆積物に埋められた中央海嶺での基盤内間隙水圧・温度をモニターするための，最初のモデルである．(a)全体の概念（Becker and Davis, 2005），(b)孔口に設置された CORK 本体上部の写真（Davis and Becker, 1994）．

　その後，孔内をパッカーなどで分離し，特定の場所（断層等）での間隙水圧を測定するための ACORK（Advanced CORK）が開発され，ODP 第 196 次航海において，南海トラフ 1173B 孔および 808I 孔に設置された（Mikada et al., 2002）．
　CORK はその後もさらに発展し，孔内に直径 4.5 インチのパイプ（チュービングと呼ばれる）を吊り下げてパッカーで隔離し，その下の間隙水圧や採水を行うという，CORK-II が開発された．現在までに 5 地点に設置されている．その他，掘削船に頼らずに通常の調査船からワイヤーで吊り下ろして設置する，ワイヤーライン CORK も開発されている．
　図 5-1-2 に，これまでに観測を行ってきた CORK ファミリーの設置地点を示す．また表 5-1-1 に CORK 設置地点の概要を示す．

カスカディア付加体（ODP 第 146 次航海，掘削点 892）：パーフォレーションの導入
　カスカディア付加体は，北米大陸西部のオレゴン沖でファンデフカプレートが沈み込んだ海溝上に，北米から供給される陸源物質が堆積することにより形成されている．ODP 892 孔はカスカディア付加体の活断層の上盤側で

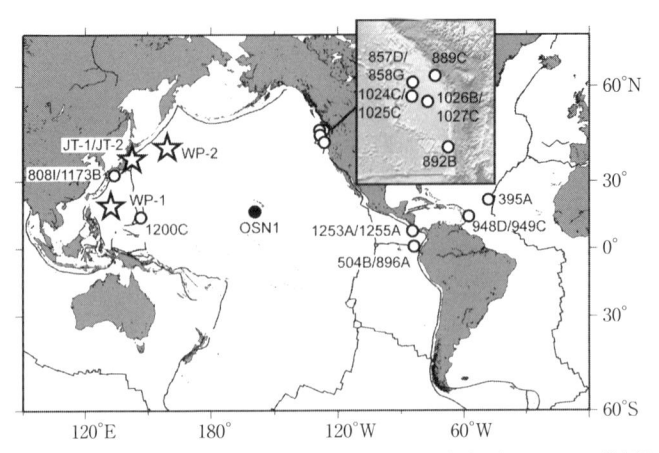

図 5-1-2 これまでに設置された CORK ファミリーおよび NEREID（地震・地殻変動観測所）の地点（Becker and Davis, 2005; Shinohara et al., 2006）
○：CORK（孔口にシールするタイプ），●：CORK の進化型（多層にシールできるタイプ），☆：NEREID.

146 m 掘削され，深度 100 m に断層が認められる（図 5-1-3）．

Davis と Becker（Davis et al., 1995）は，この孔に CORK を設置した（図 5-1-4）．付加体で最初に設置された CORK である．CORK により孔口に蓋（シール）をし，中には圧力計とサーミスター温度計 10 個のアレーが，断層をまたいで海底から 122 m 下まで吊り下げられている．第 139 次航海で導入された CORK では，圧力異常を知りたい区間は裸孔であることが必要であったが，付加体は剪断により地層が破壊されやすいので，孔をケーシング（鉄管）で保護する必要がある．断層付近の圧力をモニターするため，海底下 93.4 m から 145.6 m のケーシングには多くの穴をあける方法，パーフォレーションが導入された．

孔に沿った垂直方向の温度勾配は 68 mK/m で，周囲の温度計測の結果より有意に高いことから，断層に沿った流体移動が示唆された．CORK による 10 カ月の観測中，断層上での温度が徐々に 5.5°上昇した（図 5-1-5 のサーミスター 10）．サーミスター 10 の上下（深度 92 m, 116 m）ではこのような異常が観測されないことから，これが断層内の流体移動を見ているとすると，流体が移動した層の厚さは 1-2 m 程度でなくてはならない．また，

表 5-1-1　ODP における CORK 設置場所の特徴のまとめ（Becker and Davis, 2005）

航海／孔	場所	経緯度	水深(m)	掘削長(m)(堆積物／ケーシング／合計)	タイプ	時期
139/857D 169/857D	ミドルバレー拡大中心	8°26′N, 128°43′W	2432	470/574/936	CORK	1991-1992; 1996-現在
139/858G 169/858G	ミドルバレー	48°27′N, 128°43′W	2426	258/274/433	CORK	1991-1993; 1996-2000?
146/889C	カスカディア付加体 (バンクーバー島)	48°42′N, 126°52′W	1326	385/259(ライナー 323)/385	CORK	1992-1993
146/892B	カスカディア付加体 (オレゴン)	44°41′N, 126°07′W	684	178.94(ライナー 146)/178	CORK	1992-1994
156/948D	バルバドス付加体	15°32′N, 58°44′W	4949	538/535/538	CORK	1994-1995
156/949C	バルバドス付加体	15°32′N, 58°43′W	5016	468/466/468	CORK	1994-1998
168/1024C	JFR 東斜面 (1.0 Ma)	47°55′N, 128°45′W	2612	152/166/176	CORK	1996-1999; 2000-現在
168/1025C	JFR 東斜面 (1.2 Ma)	47°53′N, 128°39′W	2606	101/102/148	CORK	1996-1999; 2000-現在?
168/1026B	JFR 東斜面 (3.6 Ma)	47°46′N, 127°46′W	2658	247/248/295	CORK	1996-1999; 2004-現在
168/1027C	JFR 東斜面 (3.6 Ma)	47°45′N, 127°44′W	2656	613/578/632	CORK	1996-現在
174B/395A	MAR 西斜面 (7.3 Ma)	22°45′N, 46°05′W	4485	92/111/664	CORK	1997-現在
195/1200C	マリアナ前弧域	13°47′N, 146°00′E	2932	—/202/266	CORK	2001-2003
196/1173B	南海トラフ	32°15′N, 135°02′E	4790	1058/927/1058	ACORK	2001-現在
196/808I	南海トラフ	32°21′N, 134°57′E	4676	731/728/756	ACORK	2001-現在
—/504B	CRR 南斜面 (5.9 Ma)	01°14′N, 83°44′W	3474	275/276/2111	ワイヤーライン	2001-2002
—/896A	CRR 南斜面 (5.9 Ma)	01°13′N, 83°43′W	3459	179/191/469	ワイヤーライン	—
205/1253A	コスタリカ海溝	09°39′N, 86°11′W	4376	400/506/600	CORK-II	2002-現在
205/1255A	コスタリカ海溝	09°39′N, 86°11′W	4309	153/144/153	CORK-II	2002-現在

JFR：ファンデフカ海嶺，MAR：大西洋中央海嶺，CRR：コスタリカリフト．

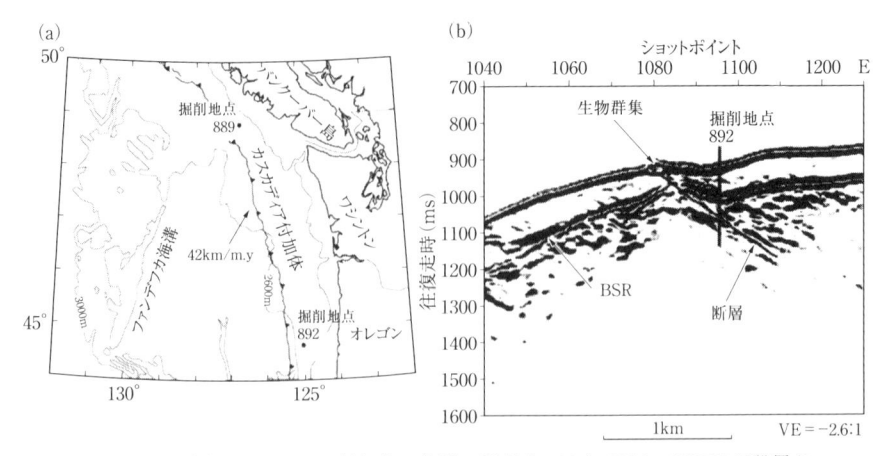

図 5-1-3 (a)カスカディア付加体の位置．掘削点 889 と 892 に CORK が設置された．(b)892 孔周辺の地層断面．断層面が海底に達しており，途中 BSR（メタンハイドレートの下面）を浅方に押し上げていることから，断層に沿った流体の上昇が示唆されている．(Davis et al., 1995)

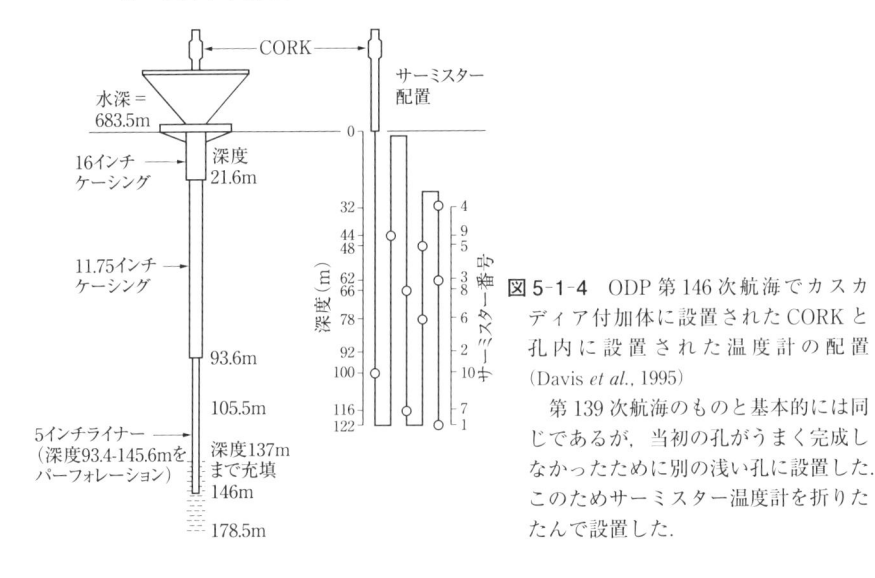

図 5-1-4 ODP 第 146 次航海でカスカディア付加体に設置された CORK と孔内に設置された温度計の配置 (Davis et al., 1995)

第 139 次航海のものと基本的には同じであるが，当初の孔がうまく完成しなかったために別の浅い孔に設置した．このためサーミスター温度計を折りたたんで設置した．

海底面での圧力（水深約 900 m だから 9 MPa）に対する差圧（すなわち孔内の間隙水圧異常）は最初 70 kPa であったが，数カ月後に 13 kPa に下がって安定した．最初の値は断層面での間隙水圧異常を検出していたと思われ，それが掘削により孔を使って間隙水圧の低い別の地層に移動したのだろうと

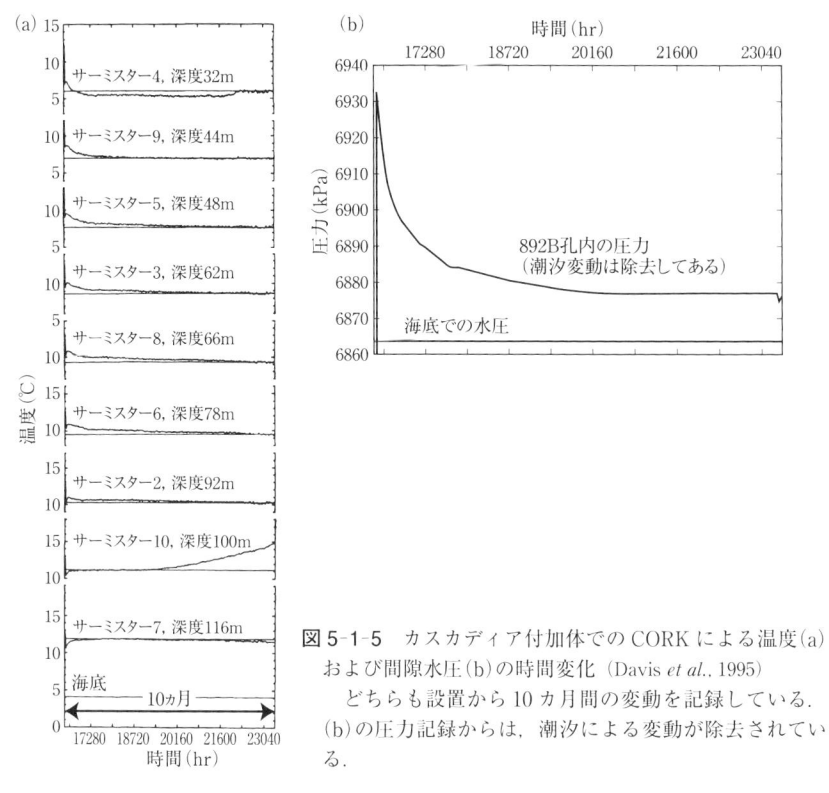

図 5-1-5 カスカディア付加体でのCORKによる温度(a)および間隙水圧(b)の時間変化（Davis et al., 1995）
　どちらも設置から10カ月間の変動を記録している．(b)の圧力記録からは，潮汐による変動が除去されている．

推測された．これは，最初は非排水的であったのが，徐々にドレーンして最終的に排水状態になったと考えてもよい（第2章参照）．したがって，その圧力減少の仕方から浸透率が推定できる．

バルバドス付加体（第156次航海）：2孔で同時観測

　カリブ海東部のバルバドス付加体は，カリビアンプレートの下に大西洋プレートが年間約2-4 cmの速度で沈み込む場所に形成されている（図5-1-6）．バルバドス付加体では，ODP第110次航海以来何度か掘削が行われている．その結果，バルバドス付加体を構成する堆積物は細粒の泥質であるため，間隙流体の流動は浸透率の高いデコルマ（第3章）や断層破砕帯内を通じて起こっていることが示された．

　ODP第156次航海では，CORKは付加体先端部付近の2カ所に設置され

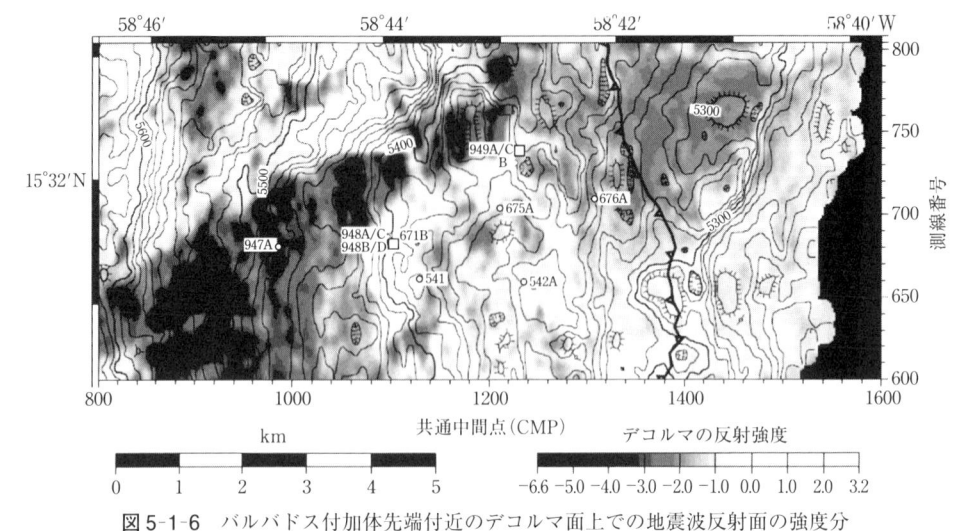

図 5-1-6 バルバドス付加体先端付近のデコルマ面上での地震波反射面の強度分布 (Shipley et al., 1994)
白色が正,黒色が負の極性を示す.ODP の掘削点を数字で示した.

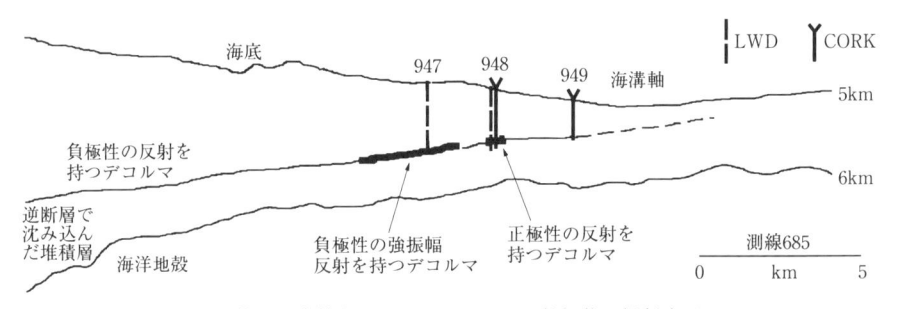

図 5-1-7 ODP 第 156 次航海におけるバルバドス付加体の掘削点 (Becker et al., 1997)

た(図5-1-7).どちらのサイトもデコルマに到達している.一方の 948D 孔にはフランス海洋研究所 IFREMER の Foucher らによる温度・圧力センサーが設置された (Foucher et al., 1997)(図 5-1-8).デコルマの圧力をモニターするため,デコルマ部分のケーシングにはあらかじめ隙間をあけるスクリーン区間が設けられた.もう1つは Becker et al. (1997) によるもので,949C 孔に設置された.第 146 次航海の CORK と同じタイプであり,サーミスター温度計を複数個ロープに沿わせたストリングとし,これを折り曲げて

222 ── 5 観察・観測から予測へ

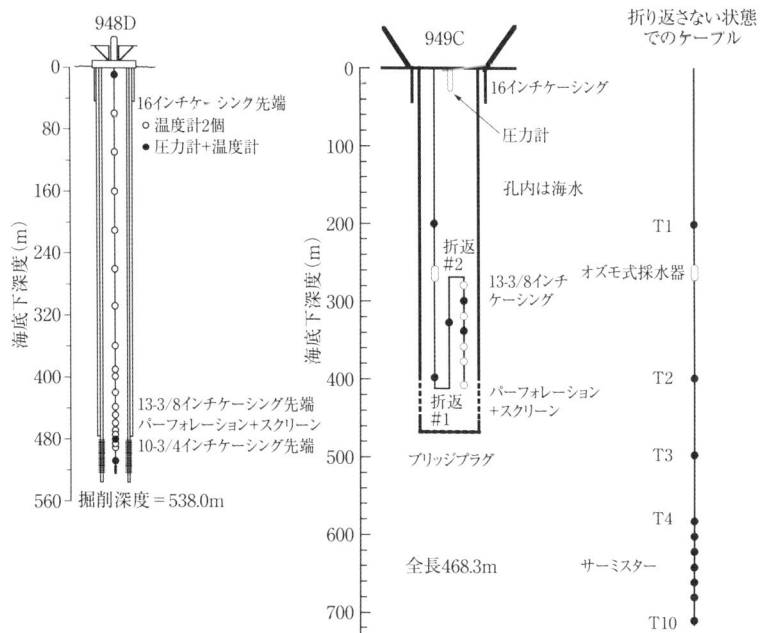

図 5-1-8 (左)バルバドス付加体 948D 孔に設置されたフランス製 CORK センサー (Foucher et al., 1997) データはデジタルで転送される．温度センサーには白金測温抵抗体 20 個を用いた（精度 0.1℃, ドリフト<0.1℃（2 年間で））．圧力計はレンジ 0-80 MPa で，ドリフト<70 kPa（2 年間で）のものを用い，CORK ヘッド直下 8.4 m, デコルマ直上の 478.8 m, デコルマ内部の 508.8 m の 3 カ所に設置した．デコルマの部分はケーシングに孔（パーフォレーション）が開けてある．

(右)米国により 949C 孔に設置された CORK センサー (Becker et al., 1997) 温度センサーにはサーミスターを用いた．途中 2 カ所で折り返してある．また途中に採水器が取りつけられた．

使用した．

Becker は，949C 孔にて 512 日間の連続温度・圧力測定に成功した（図5-1-9 右）．温度勾配は 82 K/m であった (Becker et al., 1997)．海底での水圧は水深により決まる．ここでは水深 5 km 程度に対応して約 51 MPa である．これに対して孔内の圧力は 1.02 MPa 高く，デコルマでの圧力異常を検出したと考えられる．加えて，約 50 日間で 100 kPa の間隙水圧増加が検出された．これらはデコルマに沿った流体移動とその時間変動を見ている可能性がある．

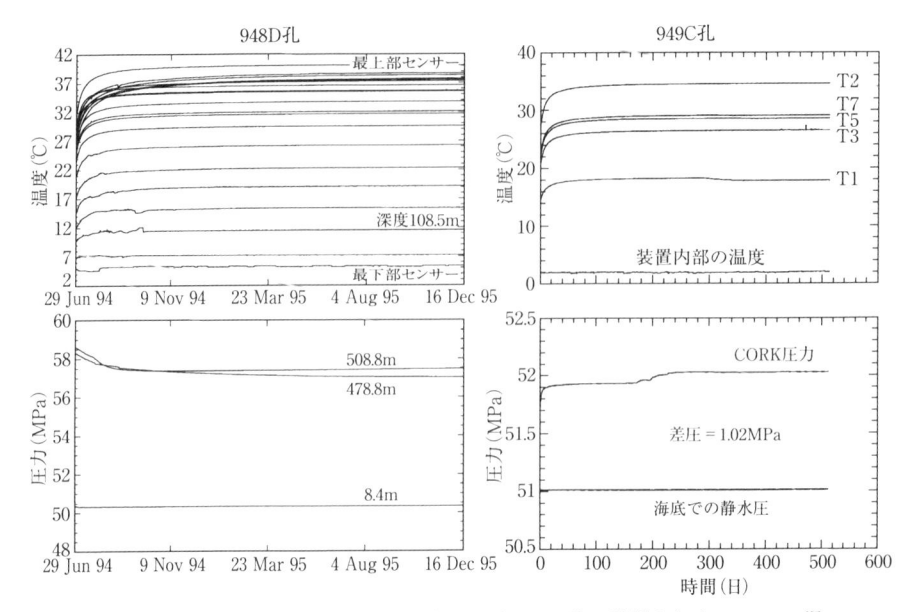

図 5-1-9 バルバドス付加体 949C 孔および 948D 孔に設置された CORK の温度・圧力記録（Becker et al., 1997; Foucher et al., 1997）
　左のフランス製 CORK では，圧力計自体が海底下の孔内に設置されているため，記録された圧力値には深くなった分の静水圧増加（約 5 MPa）が含まれていることに注意。

　一方，948D 孔の CORK は，正の反射極性*を持つデコルマに設置された（図 5-1-9 左）。デコルマでの過剰間隙水圧は 2.2 MPa 程度と 949C での CORK による見積りの 2 倍だが，孔口のシールが十分でないため，これ以上の議論には注意が必要である。しかし，コア試料から推定した間隙水圧が静岩圧（＝封圧）の 90％に達するという結果もあり，デコルマの間隙水圧がかなり高いことは間違いない。

　バルバドス付加体では 1992 年に 3 次元地震探査が実施され，基本的には

＊　地震探査断面に見られる断層に間隙水が含まれる場合，そこで反射する地震波の位相が反転する。このことを利用して，構造断面からデコルマなどの性質を推定することができる。境界面の上下で音響インピーダンス（密度×P 波速度）の差があると反射が生じるが，下が硬いと正の極性（海底面での反射と同じ位相の波），下が柔らかい（含水率が高いなど）と負の極性を持つ。

デコルマに沿って 10-14 m 厚の負の反射極性を持つことが明らかになった (Shipley et al., 1994). 特に 947 孔では強い負の極性を持つが，ここはデコルマの密度が 1.6 g/cm^3 と低い．おそらく間隙流体が豊富に存在するのであろう．一方 CORK を実施した 948 孔は強い正の極性，949 孔ではやや負の極性を持つ．両 CORK での高い間隙水圧は，947 孔のような強い負の極性の場所に比べて相対的に間隙率が小さく，このために高間隙水圧異常が存在するのだろう．

　この地点では，掘削しながら孔内検層を行う LWD やパッカーテスト，コアの圧密試験も実施されており，浸透率や間隙水圧の研究が詳細に行われている．南海トラフ研究のよい対象サイトとなるであろう．特にバルバドスはよく排水されているとされ，非排水的な環境としての南海トラフ（室戸沖）とよく対比される．

南海トラフ（ODP 第 196 次航海）：Advanced CORK

　ACORK（Advanced CORK）は，CORK では不可能だった，複数の深度での間隙水圧測定や採水を行うために開発された．それぞれの計測区間を水理的に隔絶するために，原理的には掘削孔を支持するケーシングの外側を隔離するか，内側を隔離するか，の方法があるが，ACORK では外側にパッカーを配置して隔離する方法を取った（図 5-1-10）．

　2001 年に行われた ODP 第 196 次航海で設置が行われた．その結果は 2-5 節に述べられているので，ここでは設置の状況を説明する．最初に設置した孔（1173B）ではパッカー 5 個が取りつけられていたが，808I 孔は付加体の前縁断層を横切るため ACORK 設置時の障害となることが予想されたので，底付近に 1 個のパッカーのみを設置した．圧力計測は，ステンレス製の水管を計測区間から孔口の ACORK ヘッドに置かれた圧力トランスデューサーまで導いて行うが，水管がケーシングの外側にあるため，地層の砂泥で目詰まりを起こさないよう，スクリーンと呼ばれる金属のメッシュをかぶせてある．また，ケーシング内側には何もない状態であるため，中に別のセンサー（地震計・傾斜計・温度計など）を設置することが可能である．ただし孔底はブリッジプラグと呼ばれる器具を用いてシールする必要がある．

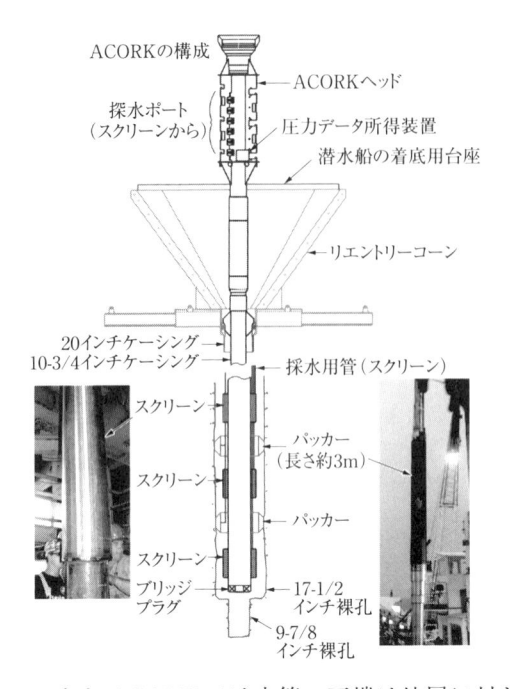

図 5-1-10 ODP 第 196 次航海で設置された ACORK（Mikada et al., 2002 を改変）
スクリーンの内部に水圧測定用の水管の下端が入っている．

なお ACORK では水管の下端は地層に対してオープンであるが，計測自体は海底で行っているため，静水圧による圧力増加はキャンセルされる．つまり記録される値は，その地点の静水圧からの差である．断層などにより静水圧よりも高い異常がある場合には，その異常値がそのまま記録されることになる．

コスタリカ前弧域（ODP 第 205 次航海）：CORK-II による圧力・温度計測/採水

コスタリカのニコヤ半島沖の中米海溝は，南海トラフやカスカディア，バルバドスなどの付加体とは異なり，浸食型の構造を持つ（図 5-1-11，図 5-1-12）．付加型・浸食型の違いについては序章に詳しい．

ODP 第 205 次航海では，2 個の CORK-II を導入した．CORK-II とは，CORK や ACORK の経験を踏まえ，両者の利点を生かして開発されたものである（図 5-1-13）．ケーシング外にパッカー等を設置する ACORK では，設置時にケーシングを押し込むのが大変で，実際南海トラフでの ACORK の設置では最後の 30 m あまりが設置できずに海底に残った．このため，

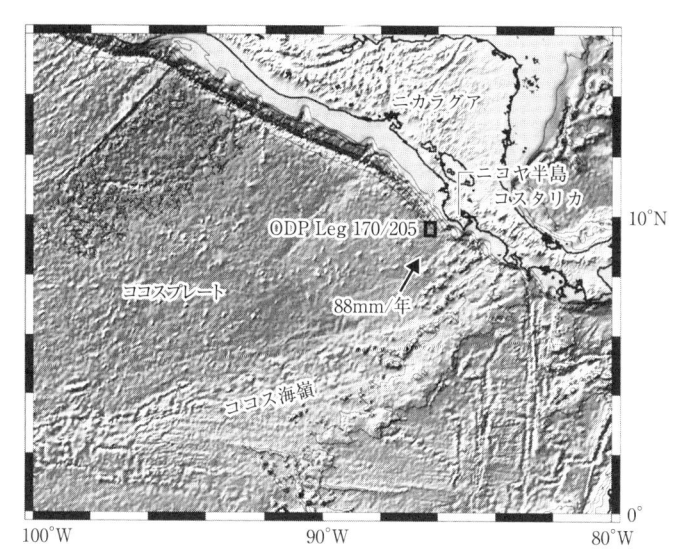

図 5-1-11　中米海溝(ニコヤ半島沖)の地形と ODP 第 205 次航海の掘削地点

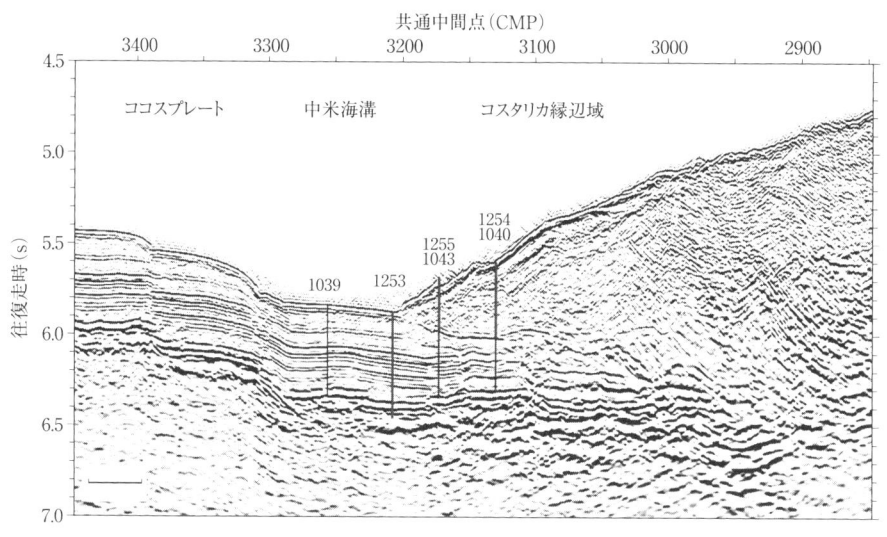

図 5-1-12　中米海溝の反射法地震探査断面 (Davis and Villinger, 2006 を改変)
　　1039, 1040, 1043 は ODP 第 170 次航海による掘削地点, 1253, 1254, 1255 が第 205 次航海による掘削地点.

図 5-1-13 ODP 第 205 次航海で中米海溝に設置された CORK-II の概念図（Becker and Davis, 2005）

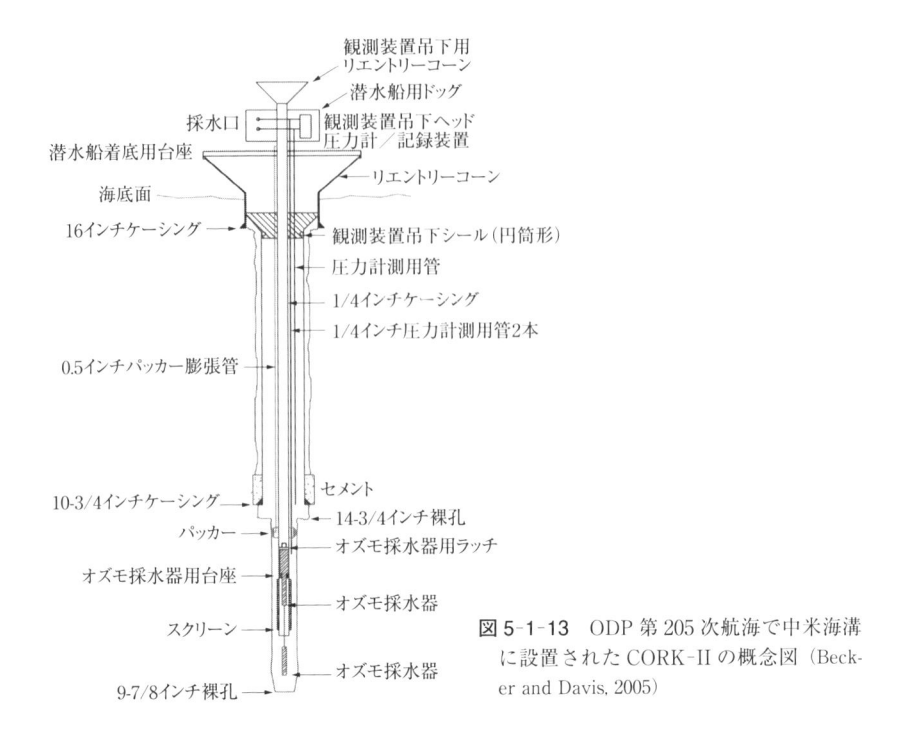

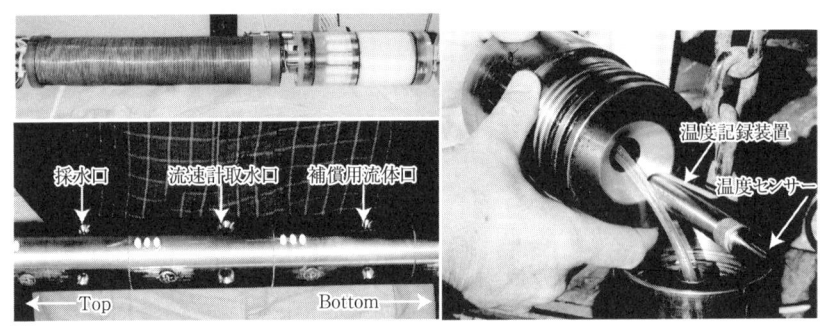

図 5-1-14 ODP 第 205 次航海で設置された CORK-II の観測装置の一部（Jannasch et al., 2003）
（左上）浸透圧利用採水装置「オズモサンプラー」．（左下）採水用プローブにあるオズモサンプラーとオズモ流速計の取水口．（右）自己記録式精密温度計 MTL．すべて後で回収する必要がある．

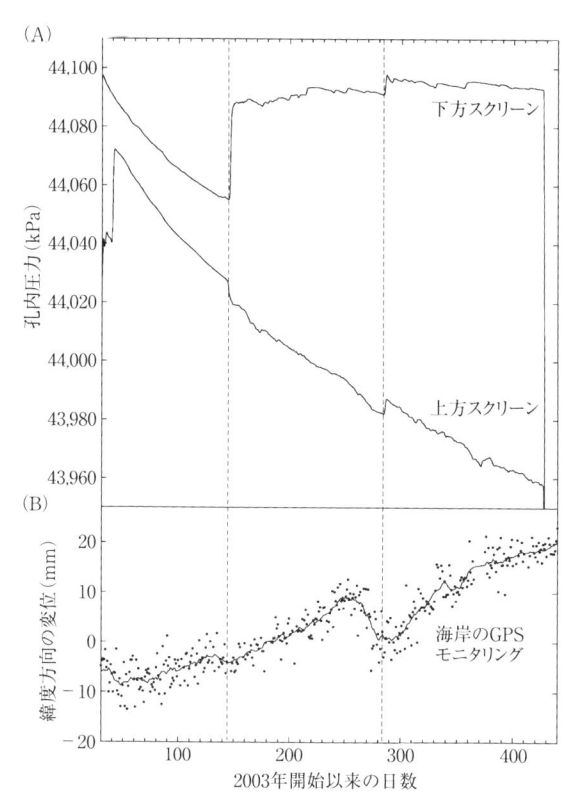

図 5-1-15　1255孔で観測された圧力変動(A)と，陸上GPS観測による地殻変動(B)の比較（Davis and Villinger, 2006 を改変）

CORK-II ではケーシングの外側には何も取りつけずに設置し，断層など計測したい区間を正確に捉えるために，ケーシングの下に裸孔を掘ってその区間をパッカーでシールする方式をとった．また採水も，浸透圧を利用した採水装置「オズモサンプラー」（図 5-1-14）により可能となった．第 205 次航海で中米海溝に設置されたオズモサンプラーは，4.5 インチのチュービング（鉄管）の中の孔底付近に吊り下げられており，あとで潜水船により鉄管の中を通して回収する．この他，地層からの流体湧出速度を測定するため，オズモフローメーターも設置された（Jannasch et al., 2003）．

　CORK-II の 1 つは，海溝海側の破砕された海洋地殻内に設置された（1253A 孔）．高い浸透率での，静水圧よりやや低い圧力下での流れが観測

された．もう1つは，海溝陸側のデコルマ帯内に設置された（1255A 孔）．静水圧よりもやや高圧であることが観測されたほか，陸上での測地データに記録された，非地震性歪に対応した圧力・温度・化学組成変動が観測された（図 5-1-15）（Morris and Villinger, 2006）．これは第2章で述べた南海トラフの ACORK と同じように，地殻変動により生じた歪が CORK-II 地点の圧力変動を引き起こしたのかもしれない．

(3) 孔内地震・地殻変動観測

ODP による掘削孔を用いた孔内地震観測は，これまでに数多く行われている．しかし，長期観測をめざしたものは多くなく，日本海 ODP 794D 孔における観測（Suyehiro et al., 1992），大西洋 ODP 396B 孔における実験（Montagner et al., 1994），太平洋ハワイ沖 ODP 843B 孔における観測（Stephen et al., 2003）が行われているのみである．これらはセンサーに広帯域のものを用いて，グローバルネットワークの1観測点として稼働することをめざしたものであるが，最も長いハワイ沖の観測で 115 日である．

1999 年以降，日本周辺に3地点，4本の海底掘削孔にセンサーが設置され，長期観測を開始した（Sacks et al., 2000; Kanazawa et al., 2001; Salisbury et al., 2002）．特に，ODP により日本海溝陸側斜面に掘削された 1150D 孔と 1151B 孔には，傾斜計と体積歪計がはじめて設置された（JT-1, JT-2）．また，フィリピン海の 1201 孔（WP-1），北西太平洋海盆 1179E 孔に設置された広帯域地震計（WP-2）からは，これまでに WP-1 ではほぼ連続して合計 692 日間，WP-2 では合計 436 日間におよぶデータ取得に成功している．

ここでは，日本近海に設置された4台のシステム（JT-1, JT-2, WP-1, WP-2；図 5-1-2）について簡単に紹介する．なおこのシステムは NEREID（ネレイド：Near-Seafloor Equipment for Recording Earth's Internal Deformation）と名づけられているが，ODP エンジニアには，そのインフラ部分の開発経緯から CORK-II のプロトタイプとして認識されている（図 5-1-16）．

NEREID システム

　このシステムは，自己記録による海底孔内での広帯域地震計・傾斜計・歪計による観測を5年以上行うものとして設計された（詳細は Kanazawa et al., 2001 を参照）．北西太平洋の WP-1 孔・WP-2 孔では，それぞれ2台の広帯域地震計（Guralp 社製 CMG-1TD）が直列に孔内の裸孔部分（ケーシングパイプで保護されていない部分）に設置された．また三陸沖の JT-1 孔・JT-2 孔では，広帯域地震計として Guralp 社製 CMG-1TD と PMD 社製 PMD 2123 を用い，さらにより長周期の変動を捉えるための，傾斜計と歪計が取りつけられた．歪計は米国カーネギー研究所の Sacks-Evertson 型歪計，傾斜計は Applied Geomechanics 社製 510 型を使用した．周囲の地層とのカップリングを十分に保つため，センサー全体をセメントで固定した．これらをすべて使用することにより，地震から地殻変動に及ぶ，50 Hz から日単位までの変化を検出することが可能になる．ただし特に低周波領域では，それが地殻の動きなのか，セメントやセンサー自体が設置状態になじんでいく過程を見ているのかなどの判別が困難で，今後に課題を残している．

　広帯域地震計からの信号はその場で 24 ビットで A/D 変換されて，デジタルデータの形で海底までシリアル形式（RS-422）で転送され，孔口に置かれた装置に保存される（記録間隔は 100 Hz）．その他のセンサーについては，アナログ信号の形で孔口装置に転送される．

　孔口には，アナログ信号をデジタイズし，地震計のデジタル信号と統合して全体を1本のシリアルデータに変換する仕組みが取りつけられている（SAM と呼ばれる）．SAM は孔口に置かれるフレームにつけられたレセプタクルにドッキングする．レセプタクルとはメスの水中コネクターのことで，センサーからの信号はここに集中している，ふだんは水から隔絶しているが，オスのピンを挿すと接触するように設計されている．

　データ回収などは，SAM に取りつけられたレセプタクルに潜水船側のコネクターを挿して，RS-232C 形式で行う．ただし SAM 自体をはずして交換することも可能である．SAM によるデータ収集は1年間まで可能な設計となっているが，これは電池容量や記憶容量に依存するので，技術の進歩とともに交換するような設計となっている．海底孔内の装置であるので後で取

り返しのつかないことも多い．したがってこのようなケアを「事前に」行っておくことが不可欠となる．

スタンドアロン（自己記録）方式のシステムであるので，当然であるが電源を供給する必要がある．NEREIDでは海水電池とリチウム電池を併用している．なおリチウム電池は実際には球形の耐圧容器に入っており，記録装置とは水中コネクターで接続されているので，交換することが可能である．海水電池とは，マグネシウムの棒の集合体であり，これを海水にさらして電気分解させて発電するものである．長寿命であるというメリットはあるが，その能力は海水の塩分や温度により異なるため，条件によっては十分なパワーが得られないという問題がある．WP-2孔では，基本は海水電池とし，十分な電力が得られない場合のバックアップとしてリチウム電池を使用している．

海底に設置するがゆえに困難な点が多い．その1つはデータの回収や保守作業であり，上に述べたように潜水船や水中コネクターなどの大掛かりな仕組みが必要になる．中でも最も困難なのが，掘削孔内へのセンサーの設置である．WP-1孔はフィリピン海のほぼ中央，水深5721 mという大水深の地点に掘削され，堆積層が512 m，その下の海洋地殻（玄武岩）が50 mで，2台の地震計は海底下561 m付近に設置された．一方WP-2孔は北西太平洋，水深5577 mに掘削，堆積層が377 m，センサーは基盤の深度460 m付近に設置された．JT-1孔，JT-2孔は，それぞれ水深が2681 m，2194 mの海底から，1109 mおよび1084 mの深度の硬質粘土岩層（陸側プレート）中に設置された．

図5-1-16に示すように，地震計は直径4.5インチのドリルパイプ（鋼鉄の管）に取りつけられている．パイプを使用するのは，1つには裸孔にセンサー群を挿入するのに必要であること，センサーからのケーブルを沿わせる構造が必要であること，そしてセンサー固定のためのセメントを送るのに必要であること，という理由による．周囲の地層の運動を忠実に再現するためには，セメントでセンサーのまわりを充填するのが特に重要である．

セメントは4.5インチのパイプの中を通して孔底に送られる．その出口は，当然センサーよりも下にあるべきで，センサーの上下を100 m程度の余裕

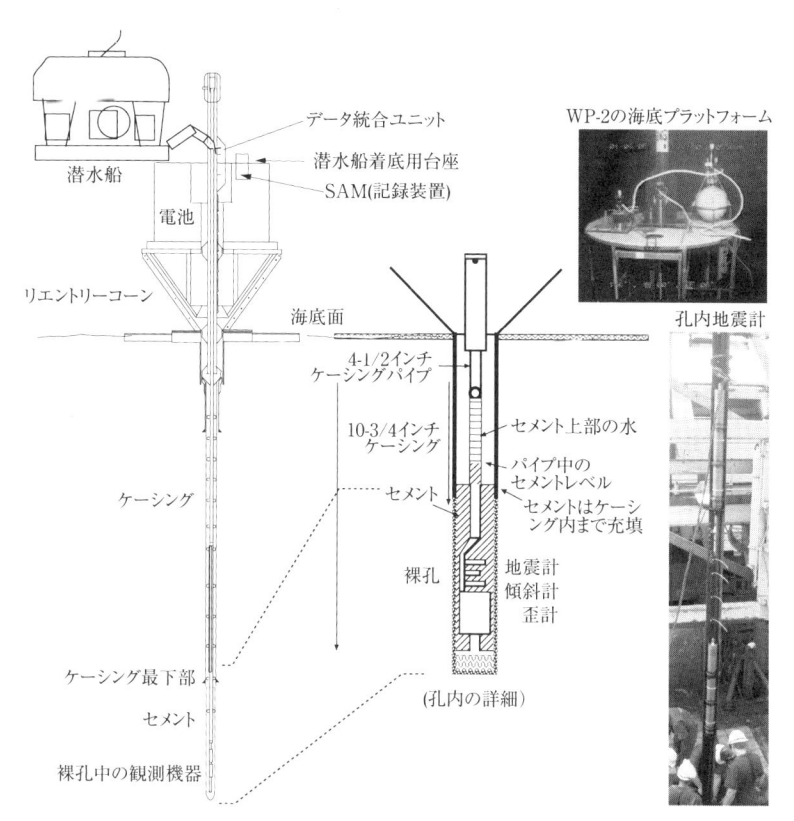

図 5-1-16 NEREID 孔内観測システムの概要（Shipboard Scientific Party, 2002b; Araki et al., 2004; Suyehiro et al., 2006 などを改変）
孔底には，傾斜計・歪計・広帯域地震計がセメントで固定されている．

をもってセメントで埋めることが必要である．そうでないと，パイプの振動がセンサーに影響を与えることになる．この辺は今後も検討を重ねていく必要がある項目である．

ODP 掘削船ジョイデスレゾリューション号による設置が終了した後，JAMSTEC の ROV（無人潜水機）「かいこう」や「ハイパードルフィン」を使用して，機器のスタートアップが行われた．図 5-1-16 の写真のように，海底から立ち上がった円筒状の構造の上部に着底し，ROV 通信用の水中コネクターに ROV のマニピュレーターを使って接続し，母船から海底機器にコマンドを送る．JT-1, JT-2 孔は 1999 年，WP-1 孔は 2002 年，WP-2 孔

5-1 ODP での掘削孔観測研究——233

は 2000 年から，それぞれ測定を開始した．

ノイズレベル（Shinohara *et al.*, 2006）

　これまでに広帯域地震計で得られたデータは，3 mHz から 50 Hz までの帯域で 1 年以上の連続記録が得られている．この記録から，バックグラウンドノイズの時間変化が明らかになった（図 5-1-17）．まず注目すべきことは，周期 10 秒よりも長い帯域ではノイズレベルがほとんど時間的に変動せず，またかなり静粛なことである．それに対して周期数秒ではノイズレベルが 10 dB 程度時間変動する．また，WP-1 孔では水平動の 20 秒周期のノイズが大きいことが指摘された．これはセンサーと地層とのカップリングが悪いことを示すのかもしれない．一方，付近を台風が通過する際や冬季には，周期数秒のノイズが増加することが観測されている．

　JT-1 孔，WP-2 孔内に設置された地震計によるデータを，海底に設置された広帯域地震計と比較した．微小地震帯域では海底地震計よりも 10 dB 程度ノイズが減少している．10 秒より長周期では海底広帯域地震計には潮汐や海底付近の水の流れなどのノイズが大きいのに対して，孔内ではそれらの影響が消えている．JT-1 孔で最も静かなのは周期 40 秒から 20 秒の帯域

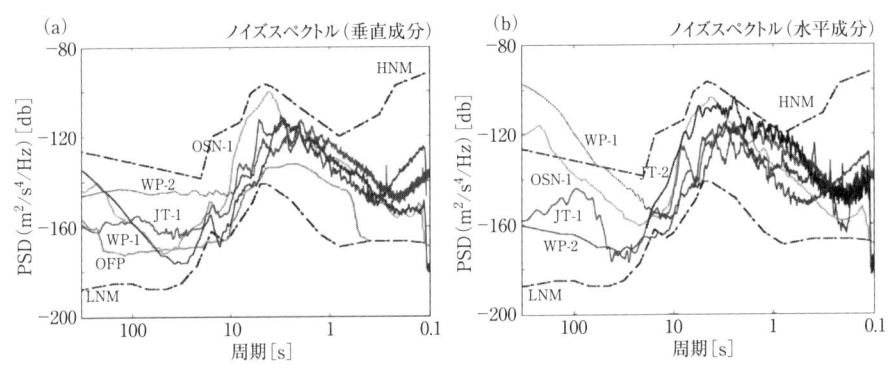

図 5-1-17　海底掘削孔内での広帯域地震計測におけるノイズスペクトルの比較
（Shinohara *et al.*, 2006）
　　（左）垂直成分，（右）水平成分．OFN：北大西洋の孔内観測所，OSN-1：ハワイ沖観測所，JT-1・JT-2・WP-1・WP-2：NEREID による北西太平洋の孔内観測所，HNM・LNM：高ノイズおよび低ノイズモデル．

で，－170 dB ないし－160 dB が実現されている．

　孔内地震観測に影響を及ぼす要因として，海洋潮汐や底層流，海水中で発生する内部重力波，機器のノイズなどが挙げられる．まず底層流（長周期）であるが，これは地下にいくと指数関数的に振幅が減衰する．逆に100秒より短周期では，底層流の影響が少なくなるので，海底に設置した地震計でも有効であろう．一方，垂直方向のノイズは機器からのノイズである．広帯域地震計の垂直成分センサーは水平成分と異なり，設置時に大きな衝撃を受けるため，これが原因と推定される．設置時には，センサーが取りつけられている4.5インチのパイプが，孔口のリエントリーコーンにあたったり，孔内でもケーシングと接触したりして衝撃が生じるのである．その他，100秒周期付近での内部重力波ノイズがあり，JT-1孔では堆積層が柔らかいために影響を受けた．

　内部重力波の影響は深刻である．100秒程度にピークを持つこの波により海底面の圧力が変化して，地下が変形する．中でも傾斜が最も敏感であり，物性の変化する境界面（堆積層と基盤岩など）の上部付近で大きくなるという性質があるため（詳細は Araki et al., 2004），堆積層中に設置された孔内センサーのデータに重大な影響を与える可能性がある．

既存の孔内地震計観測とのノイズレベルの比較

　1998年にオアフ島沖合225 kmの水深4407 mの地点に地震計が設置された（OSN-1；図5-1-2参照）．1つは海底，1つは埋設，1つは海底下248 m（ODPで1992年に掘削された843B孔：基盤岩境界下6 m）への設置である．4カ月間データを取得した結果，カップリングをよくして高い信頼性を得るためには，基盤への設置が有用であることが示された．また，遠地性実体波に対しては孔内観測所が最もよい．なぜなら信号が表層堆積物で反響するためである．これはNEREIDでも，正しくセメントされている場合には，長周期で非常に静穏な環境が得られると示されたことと整合的である（Suyehiro et al., 2006; Araki et al., 2004）．

　海底に設置した地震計では，海面の水の動き，柔らかい堆積物中からのシア残響や表面重力波などノイズ源に近いことの理由で，陸上観測点よりもノ

イズが多い．しかし孔内の基盤岩に設置したものでは，陸上や島の観測点に匹敵する性能が得られることが示された．NEREID 記録のノイズは，ハワイ沖太平洋での観測点（OSN-1）などと同程度のレベルで，数秒より短周期では既存と類似の特性を持つようであるが，10秒より長い周期ではノイズが大きくなる場合がある．それは設置時に一部のセンサーがダメージを受けたか，センサーと地層とのカップリングが十分でないか，または100秒周期付近では内部重力波の影響を受けているか，などの影響によりノイズが若干大きくなっている．しかし概して WP-1，WP-2 は海域観測所としては最も静かな性能を持っていることは確かである（図 5-1-17）（Stephen *et al.*, 2003）．

地震波の記録

　遠地地震もきちんと検知されている．たとえば 2002 年にマリアナ諸島で発生した M 6.6 の地震が，WP-1，WP-2 両観測点で記録されている．このようなことは陸上観測点ではそれほど驚くべきことではないが，海底の，しかも自記観測点で成功したことは意義が大きい．さらには，WP-2 の記録から地震を抽出（ピック）し，米国地質調査所（USGS）の震源速報を比較したところ，世界で起こっている地震のうち M が 5 以上のものは基本的にすべて WP-2 にも記録されていることがわかった．また USGS のリストにないイベントも多く記録されており，これらは日本の地震ネットワークで決定された M 4 以下，距離 2000 km 以内の地震に対応する．ただし WP-1，WP-2 ともに地震活動域ではないので，観測点付近での地震活動は検出されていない．

歪計・傾斜計の記録

　歪計・傾斜計の記録は，長周期であるためになかなか安定したデータが得られない問題がある．三陸沖での地震発生時に傾斜が変動したという記録が得られているが，まだその品質評価が進んでいない．

5-2 近未来の観測研究と南海トラフ掘削孔モニタリング

前節で，これまでの海底掘削孔での長期計測の一部を紹介した．陸上と比べて困難なことが多いため，その進歩は遅いけれども，一方で海底の環境は安定しているというメリットがある．これらの経験をもとに，南海トラフ地震発生帯掘削研究（NanTroSEIZE）で実現を目指す孔内計測科学のゴールと課題を紹介する．

(1) NanTroSEIZE で目指す観測目標

NanTroSEIZE では，M8級地震を起こすアスペリティーの浅部（updip）側の縁を含む複数地点で掘削を行う．地震発生断層からの試料採取とともに，歪集中帯付近でのモニタリングを行うことにより，地震発生帯ダイナミクスを理解することが究極の目的である．

M8を超える地震は，それより小さい地震とは性質が異なるとされる．たとえば地震の規模とともに発生頻度が減少する（グーテンベルク・リヒターの法則）が，M8クラスではそれよりも頻度が高くなる．またM7級の震源域（十勝沖や三陸沖）でしばしば観測される相似地震（非地震性すべり領域に囲まれた非常に小さなアスペリティーの繰り返し破壊によって発生する，波形が互いに類似した地震）や通常の微小地震は，南海ではいまだ観測されていない．このような性質は，M8を超える地震を起こす震源域（アスペリティー）とどのような関係にあるのだろうか．

そもそも，固着とかすべりとはどういうものだと思われているのだろうか．ここで注意すべきなのは，プレート境界などの断層面が力学的にカップリングしていることと，運動学的に相対運動していないことは区別しなくてはならないことである．前者は応力場や地震活動・断層面の摩擦挙動が関係し，後者は歪・傾斜などの地殻変動が関係する．

スティックスリップとは，ふだんは一緒に運動しているが地震時に一気に動く運動を指す（不安定すべりともいう）．力学的にカップルしている，いわゆるアスペリティー内部で期待される挙動である．これに対して，安定すべりとは，力学的にカップルしておらず，ふだんから相対運動をしている状

態を指す．アスペリティー以外の場所で期待される運動であるが，力学的にカップルしていないからといって安定すべりを起こすとは限らないことに注意すべきである．また定常すべりといっても連続で運動するとは限らず，低周波地震やサイレント地震，年オーダーの地殻変動など，巨大地震以外の運動を広く指すと考えるべきである．

　固着域でのスティックスリップと，その周囲（外側）での定常すべりというモデルでは，定常すべりが先行して固着域でのすべりが遅れるという，すべり欠損モデルが受け入れられている．定常すべりの根拠は，GPS観測網による日々の日本列島の動きや，陸上緻密地震ネットワークによる相似地震の発生などである．すべり欠損モデルによると，応力集中は固着域の端で最も大きくなることが容易に想像される．

　すべり欠損モデルがM8級の地震でも成立するのかどうかは必ずしも明らかではないが，最近では南海トラフやカスカディア付加体などのプレート境界の固着域の外側と思われる地点で，周期1秒以上の低周波地震や，さらに周期10秒程度の超低周波地震が発生していることが発見された（Ito and Obara, 2006）．したがって，固着域の性質を理解するためには，固着域そのものの観測に加えて，その境界付近や外側の地殻変動や地震活動などを計測することが有用である．

　東南海地震の想定震源域（アスペリティー）は，図5-2-1に示すように，その大きさが100 kmのオーダーに達する．この震源域では，現在すなわち地震準備過程の間，アスペリティーはほぼ100％固着していることが予測されている．またその深部（downdip）側では，ときどき低周波地震（微動・群発地震含む）が発生しており，上述の「定常すべり」が（間欠的にせよ）発生していると考えられる．深部側で固着しないのは，主に岩盤の温度が350-400℃に達して弾性的に振舞えないためだと考えられている（序章）．

　一方，アスペリティーの浅部（updip）側でなぜ固着しないのかは，現在でも活発な議論が行われているところである．当初 Hyndman *et al.*（1995）は，沈み込みに伴って温度が上昇し，150℃に達すると堆積物の主要成分であるスメクタイト（粘土鉱物の一種）が脱水してより硬いイライトに変質するためであると主張していた．しかし最近の研究（Saffer and Marone, 2003）

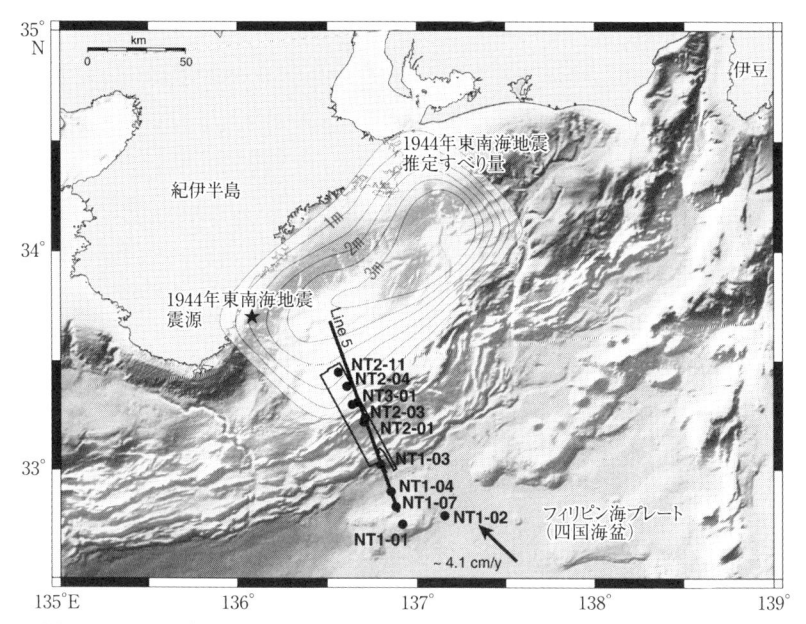

図 5-2-1 1944年東南海地震のアスペリティーと IODP 南海トラフ地震発生帯掘削研究（NanTroSEIZE）の掘削予定地点
　2003年に掘削提案を提出した時点からの変更はあるものの，沈み込む前のトラフ底からM8固着域浅部までを系統的に掘削するというコンセプトは変更されていない．

により，イライトは150℃を超えても不安定すべりを起こさないことが実験的に確かめられた．いずれにせよ，updip 側は付加体が形成される場であり，間隙流体がしぼりだされることによって徐々に固結が進んでいるものの，おそらくは破壊が進行するために必要な不安定すべりの条件を満たすにはいたらないのであろう．同じく Wang ら（Wang and Hu, 2006）は，updip 付近での歪蓄積過程が付加体の発達過程と関連していると主張した（詳細は第4章参照）．

　Updip 側の歪の分配を調べる上で1つ問題がある．それは updip 側の断層上盤が，その陸側とどれだけ力学的に結合しているか，M8級地震のアスペリティーの場合には必ずしも明らかでないことである．固着域の垂直上方の歪蓄積分布がどのようになっているのかは，その場所の剛性率と周囲からの応力のかかり具合に依存するであろうが，少なくとも固着した断層の直上

では，非地震時には下盤と同じ運動（沈み込み）をしているであろう．したがって上盤のupdip境界よりも少し浅い場所でも，非地震時には同じく沈み込んでいると考えられる．つまり少なくともupdip付近での上盤の運動からは，そこが固着しているかしていないか，が区別できないのである．いい換えれば，updip境界の海側は摩擦挙動的には安定すべりの領域にあっても定常すべりは起こしにくいはずである．実際，2003年十勝沖地震のupdip側では，地震前10年間は相似地震が発生せず，その直後に相似地震が集中して発生したことが報告されている．

しかし，updip境界からやや離れた付加体内部では，固着の影響は弱まり，大陸地殻からの「押し」の影響を受けやすくなるであろう．あるいは，Wangら（Wang and Hu, 2006）の主張するように，巨大地震直後にはupdip境界ですべりが停止するので，その浅部（付加体一帯）では圧縮場となり，地震後にゆっくりとその圧縮場が緩和する，すなわち逆断層型の低周波イベントが発生するのかもしれない．この仮説は，上述のすべり欠損とは逆に，updip側の非固着域がすべり遅れることになる．

臨界尖形理論による付加体形成や，超低周波地震の発生など，updip側では固着の実態に迫る興味深い現象が起きていそうである．NanTroSEIZEでの孔内長期観測では，これらの解明を行うために，断層のごく近傍での動き＝地殻変動（低周波地震などの活動を含む）をモニターすることを目的としている．

(2) 次世代の孔内計測とネットワーク

NanTroSEIZE孔内モニタリングの予定地点を図5-2-2に示す．この観測点の優れた点は，固着した断層での原位置観測ができるということに尽きる．これまでサンアンドレアス断層や南アフリカ鉱山などでは，原位置観測によりニアフィールドでさまざまな発見がなされている．一方で，地震発生帯全域で何が起こっているかを俯瞰することも必要である．歪変動などが発生した場合，その原因は遠く離れていることもありうるからである．すなわち，掘削孔内の垂直アレー（多点）観測によるニアフィールドでの現象の解明と，海底に展開された水平アレー観測による地殻変動の全貌解明を統合すること

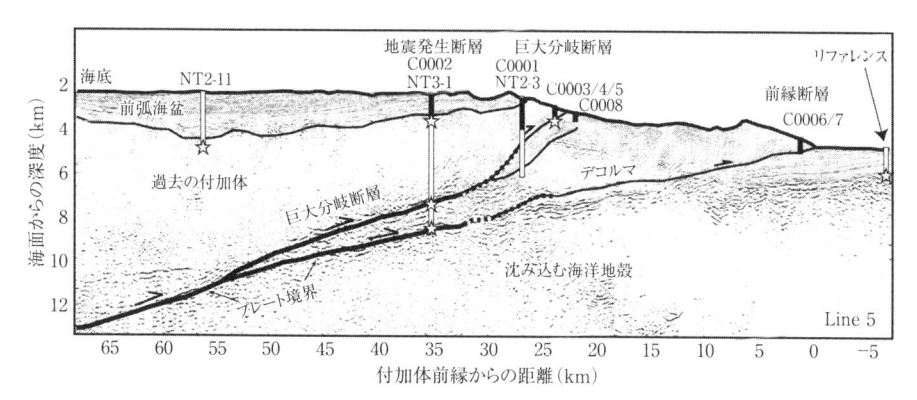

図 5-2-2 熊野沖南海トラフ地震発生帯の断面（Park *et al.*, 2002a）
南海掘削地点を NT3-1 などで示し，ステージ 1 で実施された掘削地点を C0001 などで示した．☆：孔内長期モニタリング予定地点．

が必要である．

原位置観測で何を計測するべきであろうか．第 1 に，地震時・間震時の updip 境界付近の運動を計測することである．このためには歪や傾斜の観測を，あらゆる周波数により実施する．歪計としては，米国カーネギー大学の Sacks が開発した体積歪計が有力である（Sacks *et al.*, 1971）．これは孔底の裸孔部分に，地層と同程度の硬さを持つ容器を置き，セメントで地層とカップリング（密着）させるもので，地層中の歪がそのまま容器の体積変化となり，これを計測するという原理である．一方，前節に述べたように，地層に歪が生じると間隙水圧も変動する（その割合がスケンプトン定数 B であった）．したがって B 値が推定できれば，間隙水圧計測から歪を推定することも可能である．

ただし，これらの歪計測では原理的に体積歪しか検知することはできない．地震準備過程で重要な剪断歪は，別の方法で推定する必要がある．その 1 つの手段が傾斜計による計測である．傾斜計は，容器内の振り子，または気泡の位置の微小な移動を計測するものである．容器が地層と十分にカップリングしている必要があるが，容器全体を覆う必要がないため，条件によっては孔壁（ケーシング）の内側に突っ張り棒（ロッキングアーム，あるいはクランプと呼ばれる）で固定する方法でも有効である．この方法のメリットは，孔内に複数の傾斜計をセットできることである．現状の技術では，孔内の複

数の区間をセメントしたり，間隙水圧測定のためにパッカーで遮断する技術は確立されていない．

　第2に地震観測である．地震とはいっても，超低周波地震のように周期10秒を超えるような現象は，地殻変動と区別することはあまり意味がなく，むしろ両者を統合したセンサーの開発こそが有益であろう．一方強震計など短周期の地震計記録から，断層トラップ波*やS波スプリッティング**を用いて，断層破砕帯中の物性や，地震後の断層面の再固着の様子が明らかになると期待される．

　第3に間隙水圧・温度計測である．地震準備過程において間隙流体の役割は重要である．たとえば，間隙水圧が高くなると有効応力が減少し，破壊が起こりやすくなる．一方，地震前に微小破壊が起こってダイラタンシー（膨張）が起こると，その場所では間隙水圧が低下する．また，間隙水圧変動をモニターすることにより，たとえば潮汐変動や低周波地震の発生を信号源として，その非排水的な挙動から歪変動を推定できるし（2-5節参照），その後の排水過程から浸透率や断層面の水の挙動（増減）を精度よく推定できることが期待される．

　温度計測は，その場の現場温度を知るという目的のほかに，非常にゆっくりした間隙流体の流れをモニターできる可能性がある．ODPのCORKによりカスカディア付加体で観測された温度上昇がその一例である（5-1節参照）．

　これらのセンサーで観測するのに必要な精度はどのくらいであろうか．たとえば，Shinohara et al. (2003) による試算で，分岐断層に沿って超低周波地震などで歪が解消される場合，100 nrad程度の傾斜変動が期待される．さらに単純に考えて，南海トラフ付近のプレート沈み込み速度である年間4 cmの歪が，断層面（3-6 km）から海底まで均等に分配されるとすると，毎年の傾斜変動は10 μrad となり，これが起こりうる最大値と予測される．

---

　*　低速度の断層破砕帯の内部か近傍に震源があり，地震波エネルギーが低速度帯にトラップされたもの．

　**　S波が断層を通過すると，断層破砕帯の走向に振動方向を持つ波が，それと直交する振動方向の波よりも速く伝播する現象．

歪についても同程度，すなわち10^{-9}-10^{-8}程度の歪が検知できることが条件となろう．

一方，間隙水圧については，これまでの孔内計測の経験から，kPaオーダーの相対精度が要求される．気圧の単位に直すと0.01気圧，10 hPaである．

観測実現のためには，センサーだけでなく，ケーブル，データ変換モジュール，データ記録装置，電源などが必要である．さらに何より大切なのは，観測に適した掘削孔を完成させることである．これらにかかわる技術開発は，センサー開発と同様，あるいはそれ以上に困難である．以下，われわれが克服すべき技術的課題を紹介する．

(3) 新たな技術開発

東南海地震の震源断層の固着の実態を知るために，前項で述べたように，南海掘削による大深度掘削孔での観測に加えて，震源域全域に稠密に置かれた水平アレーによる長期モニタリングを統合して行う必要がある．これらのデータは，海底ケーブルにより接続されリアルタイムでチェックできるようになってはじめて真の威力を発揮するであろう．

現在JAMSTECを中心として，このシステムを実現するべく不断の努力が続けられている．その中で，このシステムを実現するため，特に孔内モニタリングを実現するために欠かすことができない技術開発要素が抽出されてきた．以下にその概要を説明するが，前途は有望ながらも遼遠，10年かかるプロジェクトである．

・挑戦0：大深度掘削ときれいな孔の完成

孔が完成しなくては設置どころではない．それだけでなく，観測に適した孔，いい換えれば，地層からのシグナルをなるべく忠実に伝達する孔，を完成することが必要である．地層とケーシングの間に均質にセメントが入っていること，傾斜計センサーを作動させるために，なるべく垂直に近い孔を掘削すること，などである．これらは掘削技術者の問題であるが，研究者もその重要性を十分に理解して協力することが必要である．

・挑戦1：大深度信号の減衰防止

孔の深度が7 kmに達するため，アナログ信号のままでは減衰してS/N

比が低下するため，孔内に計測部とA/D変換部を置く必要がある．このためのデータ転送システムは，現在JAMSTECのCDEX（Center for Deep Earth Exploration；地球深部探査センター）で開発されている．

・挑戦2：高温度

海底面での熱流量測定などの結果から，7km孔の孔底での温度は約170℃に達すると推定される．このような高温下で作動するセンサーは現存しない．陸上の傾斜計測などの経験から，60℃を超えると信頼性が低下することがわかっている．

・挑戦3：長期安定計測

すべてのシステムは，5-10年にわたって信頼できるデータを送り出すように設計される必要がある．できれば次回の巨大地震まで持たせたい．

・挑戦4：設置

機器の設置は，掘削船からドリルパイプを吊り下げて行う．ライザー管内や海底下のケーシング内を通過する際に，船の動揺や潮流による横揺れのため，センサーには大きな衝撃がかかるであろう．耐衝撃性を持たせることが必須である．

・挑戦5：多区間での高忠実な信号取得

いくら高精度のセンサーを作成し，きれいな孔が完成しても，地層からセンサーにいたる途中で減衰しては話にならない．センサーの孔壁への固定技術は大きな課題である．孔底のセンサーに対してはセメントで固めることが検討されている．孔の途中のセンサーに対してもセメントすることが望ましいが，それができない場合にはクランプにより固定することを考える必要がある．いずれの場合にも，5-10年間安定した状態を保つことが条件である．

一方，間隙水圧計測は，孔の上下をパッカーやセメントで封鎖し，地層に対してはケーシングやセメントに穴をあけて（パーフォレーション），閉じた空間を構築することが必要である．そしてその体積は変動してはならない．

孔の途中での計測は，現状ではケーシング内部で行うことが検討されているが，ODPによるACORKや米国サンアンドレアス断層掘削孔内計測（SAFOD）での経験から，ケーシングの外，つまりケーシングと地層の間にセンサーや水管を設置することも検討している．ACORKの経験では，パ

ッカーなどを取りつけたケーシング (900 m 長) を挿入することがきわめて困難であったが，ライザーの特徴を生かして実現にこぎつけたい．

・挑戦 6：浅孔への簡易システム設置方法

海底観測では，海底付近の水の流れなどによるノイズが大きく，測定精度に限界が存在する．かといって大きな費用のかかる孔を何本も掘削することは非現実的であろう．1000 m 未満の浅い孔に簡単に設置できる手法が開発されれば，孔内での水平アレーによる観測精度の向上が期待できるであろう．

・挑戦 7：海底ケーブルによるリアルタイム孔内計測の実現

電力，データフォーマットなど課題は多いが，これなくしては真の地震予測にはつながらない．

(4) NanTroSEIZE 第 1 ステージ掘削調査を終えて

NanTroSEIZE 計画は，2007 年 9 月に最初のステージが実施された．思えば 1997 年の CONCORD 会議で，JAMSTEC の地球深部探査船「ちきゅう」が掘削するターゲットとしてここ南海トラフが選ばれてから，実に 10 年の年月が経過していた．この本が出版される頃には，研究成果が論文として続々と報告されているはずであるので，ここでは主に航海中に得られた成果の概要を紹介するにとどめておく．

NanTroSEIZE 第 1 ステージ航海の概要

NanTroSEIZE の第 1 ステージは，地球深部探査船「ちきゅう」による最初の IODP ミッションとして，2007 年 9 月から 2008 年 2 月まで，3 航海（第 314，315，316 次）が実施された．南海トラフ付加体の先端のプレート境界断層から，地震断層より上方に分岐して海底に達する断層面とその上部，そして固着域上部の熊野トラフまで，地震発生帯上部を横断して 8 掘削点で掘削を行った（図 5-2-1，図 5-2-2）．掘削最大深度は海底下 1402 m，最大水深は 4081 m であった．

第 314 次航海は，共同首席研究者として Harold Tobin（米），木下正高が他の 14 名の研究者とともに 56 日間乗船し，5 掘削点で掘削時検層（LWD）を実施した．続く第 315 次航海は，芦寿一郎，Siegfried Lallemant（仏）を

共同首席として25名の研究者が乗船し，33日間にわたり分岐断層上盤および熊野トラフでコア採取を行った．第316次航海では，木村学，Elizabeth Screaton（米）を共同首席として26名の研究者が乗船，49日間で付加体前縁スラストと，分岐断層とその上部で，南海トラフのプレート境界断層，岩石の変形破壊過程とその広がり，断層帯の物性を包括的に調査することを目的としてコア採取などを行った．

付加体の堆積物は，もともと砂泥互層であるため崩れやすいことに加えて，プレートの沈み込みにより歪が蓄積され，その地層は激しく破砕されている．このため多くの地点で孔の一部が崩落し，ドリルパイプと孔壁の間に詰まって掘削がしばしば中断された．特に付加体上盤のスラストシート掘削では，第314次航海時にLWDツールおよびその上のドリルカラー約200m分を紛失する結果となった．

IODPに先立つODPやDSDPでも，このような付加体（あるいは造構浸食性の前弧）での掘削は困難を極めた．その中で，LWD掘削は，最も多くの情報を連続して得ることができた（バルバドス，南海室戸沖，カスカディア，ハイドレートリッジなど）．南海掘削第1ステージでも，LWDによる掘削を最初に行うことにより，連続データを取得し，特に3次元地震探査と統合すること，また後続のコア取得の航海への情報提供を行うことを目的としたが，結果としてはこの戦略は成功であった．実際，第316次航海の分岐断層掘削点は，LWD（あるいはツールなしの掘削のみ）により3回目にやっと成功した地点（掘削地点C0004）を，コア地点として選定した．

もう1つの大きな問題は，4ノットを超える黒潮の潮流下という，厳しい環境下での掘削であった．「ちきゅう」の巨大なスラスターのおかげで，定点保持がまったく問題なく行えたのはすばらしいことであったが，黒潮を貫いて海底に突き刺さっているドリルパイプには，VIV（Vortex-Induced Vibration）と呼ばれる振動が絶えず作用し，その結果か，リグのボルトがしばしば緩むという事態になった．また第315次航海では，第2ステージで実施予定のライザー掘削のための，浅部ケーシング（海底下700 m）とウェルヘッドの設置を行う予定であったが，強潮流のため設置を断念した．

しかし，結果的には，付加体先端部断層から熊野トラフの過去の付加体ま

での8掘削点で，最大海底下1400 mまでのコア試料またはデータが得られたことは大きな成果である．地震発生帯上部における応力状態や地質構造に関する情報は，今後熊野灘沖における付加体の発達過程や，地震準備段階から発生までのメカニズムの解明に向けて大きな役割を果たすことは間違いない．

調査遂行上では，3航海全体を1つのサイエンスパーティーとしたことが大きな挑戦であった．1つの航海に乗船すれば，他の2つの航海の試料・データも乗船研究者と同様に入手する権利を得ること，そして航海報告書（Expedition Report）は3航海で1巻とすること，などが決められた．これは計測の整合性を保つこと，あるいは異なるデータを有機的に扱うことで，得られる科学成果がより多くなることを目指したためである．

日々のコミュニケーションも挑戦であった．OSI（Operation Superintendent：掘削の責任者）や掘削オペレータは石油掘削のプロであるが，付加体のような破砕帯掘削の経験は基本的に少ない．一方，乗船研究者はODP時代から付加体掘削の経験が豊富である．当然研究者はオペレータ側に「口を出す」ことになる．しかし互いにプロとしての意見を交換し，互いに刺激しつつ徐々に成績を上げていった．

採取したコアの分析状況
・付加体前縁スラスト（掘削地点 C0006，C0007）
　南海トラフの付加体先端では2カ所で掘削を行い，886 mまでの検層データと603 mまでのコア試料を得た．掘削地点 C0007ではプレート境界断層のコアを採取した．採取されたコアの一部は，断層のすべりによって100万年以上の地質年代の逆転を示したほか，断層の活動などによって生じた岩石の変形破壊作用を確認した．
・分岐断層とその上部（掘削地点 C0001，C0003-C0005，C0008）
　3次元地震探査により，この付近の詳細な地下構造が明らかになってきた（Moore et al., 2007）．ここには地下深部の地震発生断層から分岐して，より高角で海底に達する分岐断層が存在する．地震の固着域から断層面上を破壊が伝播するが，それが分岐断層を伝わるときには，地震波を出すだけの十分

な威力を持たないだろう．しかし津波を起こすような変動速度を持つ可能性はある．このため，掘削により分岐断層の特性と歪蓄積状況を把握することが必要となる．

掘削地点 C0004 では，巨大分岐断層の活動履歴や，津波を引き起こした過去の斜面崩壊についての情報を記録している地層をはじめて掘削した．つまり，表層の斜面堆積物を貫いて，巨大分岐断層の浅部で断層とその上下の地層の検層・コア採取に成功した（約 400 m）．変形破壊の痕跡やプランクトン化石分析による地質年代の逆転が観察されたことから，このコアは，断層の複雑な変形破壊作用の履歴を記録していると考えられる．

掘削地点 C0001 では今後ライザー掘削による分岐断層深部掘削が予定されているが，今回の掘削では 1000 m までの検層データと 458 m までのコアを採取し，目標深度までの間にどのような地層が分布しているかを推定する基礎的なデータを得た．

・固着域上部の熊野トラフ（C0002）

掘削地点 C0002 では，過去の付加体と考えられる変形堆積層の上に熊野トラフの砂岩泥岩互層が堆積している．第 314 次航海で 1402 m までの検層データを取得し，第 315 次航海では 1057 m までのコア採取に成功した．微化石および古地磁気層序学的手法により地層年代が精度よく決定され，地震発生帯周辺の地質体がどのように形成されたのかについて，理解が進むと期待される．

また孔壁イメージにより，海底下 220 m から 400 m の区間にメタンハイドレートに富む地層群が，泥質堆積物に挟まれた砂層を充填するように濃集して存在していることが確認された．掘削に先立って行われた海底地震探査の結果から，その場所にハイドレートが存在することは示唆されていたが，孔壁の電気伝導度イメージやその他の物性データから，ハイドレートの存在量や蓄積の過程などが明らかにされるであろう．

掘削地点の応力場

1944 年の東南海地震からすでに 60 年以上が経過した今では，地震発生断層上の固着域とその周辺にはかなりの歪が蓄積されているであろう．巨大な

地震・津波が発生するためには，応力（ストレス）がかかる環境下にあること，物質が適当に大きな破壊強度を持つことが必要である．したがって，地震発生シナリオを描き出すためには，震源域での応力蓄積状態と，その場の物質の強度の両方を知ることが必要である．

　第314次航海で実施された孔内検層から得られる情報には，地層の密度や間隙率，弾性波速度などがあるが，中でも掘削した孔壁内部の電気伝導度イメージは有用な情報をもたらす．掘削は，ドリルパイプ先端のビット（切刃）が回転して行われるため，地層中の水平応力場が均質であれば孔の形は円形になる．砂層と泥層では含水率（電気伝導度）が異なるため，孔壁の電気伝導度イメージはほぼ水平の縞模様となる．その一部が断層などにより破砕されている場合には，破砕された部分に海水が入り込んで伝導度が高くなるため，その形がイメージ上に記録される．一方プレート沈み込みなどにより地層が一方向に圧縮されている場合には，掘削孔径がその方向と直交方向に広がるため，直交方向の電気伝導度が相対的に大きくなってイメージ上に垂直の筋ができる．これをブレイクアウトと呼び，水平応力の方向を知る有力な手段として知られている．

　第314次航海では4掘削点でブレイクアウトが観測され，現在の水平最大圧縮応力の方向が明らかになった．現在活動的な南海トラフ付加体内部の断層付近（掘削地点C0001，C0004，C0006）では，プレート収束の方向と最大圧縮の方向がほぼ一致しているが，その陸側にある熊野トラフ（掘削地点C0002）では，プレート収束の方向に伸張していることが判明した．

　コア試料の解析からも，応力場が推定された．採取したコアに多数の小断層が認められ，X線CTスキャナーによる非破壊の3次元構造解析により，地層に記録された過去から現在に至る詳細な応力場の履歴を捉えた．この結果は，第314次航海で明らかになった現在の応力方位とも整合している．

　第1ステージ掘削で得られたこれらの結果は，それ自体でも地震挙動の解明に役立つが，今後の最終目標に向けた深部掘削への貴重な情報を提供することにもなった．2012年頃までには，最終目標である海底下7 kmの震源断層固着域に到達する見込みである．

―― コラム■近未来の地震予測風景 ――

　最後に，まだ実現していない南海トラフ大深度掘削の結果，近未来（=10年後？）の地震予測風景を想像してみた．

〜〜〜〜〜〜〜〜〜〜〜〜〜〜〜〜〜〜〜〜〜

　201#年7月．黒潮の大蛇行が終焉し，ラニーニャのせいか，暑い夏がやってきた．

　2007年に地震調査研究推進本部から示された南海トラフの地震発生確率は，30年以内に60％というものであった．それから10年あまり，現時点でも東南海地震の震源断層周辺には目立った活動は見られない．東海地震説のときにも，「いつ起きても不思議でない」といわれてから30年間何も起こらず，その被害が甚大になると予想される静岡県の三保半島では，折からの住宅ブームに乗って地価が値上がりする現象さえ起こった．行政にとっては，10年20年の視野にたった施策は必要であろう．しかし個人や家族・会社のレベルでは，数日レベルの地震発生予測でなければ，地震に備えることなどできはしない．最近では東南海地震への関心が低下していた．

　そんな雰囲気の中，東南海地震で大きな被害が予測される紀伊半島，新宮港には，補給のため「ちきゅう」が入港していた．長年の懸案であった，地震断層そのものへの掘削とその場での歪観測点設置がようやく終了し，帰港したところである．採取されたコアは，すでに補給船で高知に運ばれている．

　高知県南国市にあるコア研究所は，高知大学とJAMSTECが協同で運営する施設である．IODPで得られたコア試料のうち，太平洋の海底で採取されたものはここに運ばれ，保管と分析が行われる．研究者を支援するテクニシャンの精鋭が，ここコア研と「ちきゅう」に乗船して，最先端の計測を精度よく行っている．

　そのコア研の一室では，すでに下船した研究者が断層岩を囲んで盛んに議論している．英語・日本語・ドイツ語・フランス語・中国語などが入り混じる．ある人は四万十帯のシュードタキライトとの類似を指摘し，メルト（溶融）が起きた証拠だと主張するが，その横では，別のコア試料で断層近くの地層がばらばらに粉砕されているのを見て，熱圧化が起こったと主張する．地震時に何が起こったか，これまでは過去の断層を見て議論するしかなかったのが，ついに「現役」の断層を手にすることができたのである．一方，少し離れた場所では，分岐断層のコア試料を前に，若い日本の大学院生が米国大学のポスドクに，分岐断層が時間とともにどちら側に発達するかについての自分の発見を興奮気味に説明している．英語がたどたどしいがそんなこと

はお構いなしである．

　ここにいたるまでは，長い道のりであった．海底下7 kmという大深度に到達するだけでも困難を極める（陸上での最大深度は10 km程度である）上に，断層に近づくにつれて地層が破砕されて弱くなり，重ねて間隙水圧も上昇して，掘削を適切に進めるための泥水比重の設定とケーシング挿入のタイミングがなかなか決まらなかったのである．さらに孔内長期計測の研究者からは，傾斜計や地震計を入れるために，孔の傾斜を3°以内に抑えてくれとの強い要望が出ていた．まっすぐな孔を掘るためにはビットを交換する必要があるが，それだとコアが取れないし，交換している間に孔が崩れるおそれがある．研究者の粘り強い説明を受けて，CDEXがついに解決策を編み出した．そのためには，米国の掘削エンジニアの協力が不可欠であった．

　断層コアが採れたら採れたで，地球化学のグループはその全部をすぐによこせ，変質する前に間隙流体を絞るのだと譲らない．また微生物のグループもコアを丸ごと要求している．下手をすると誰も見ていない隙に持っていかれそうであった．航海の共同主席研究者は，キュレーターやスタッフサイエンティストを集めて早速サンプル分配会議を開催し，構造地質学，化学，微生物学，物性の専門家とともに最適の配分方式を決めた．

　掘削後の孔内観測所設置も大変であった．そもそも，170℃という高温下で5年以上も作動するセンサーやケーブル，コネクターを開発するのが一仕事であった．センサーを固定するためのセメンティング技術も一から検討する必要があったし，セメントが破砕された地層に適切に染み込んだのかをチェックするための検層も行われた．

　とにかく，センサーは設置され，海底には記録装置も設置された．その直後に，すでに掘削孔付近まで海底観測用ケーブルが敷設されており，JAMSTECのROV「ハイパードルフィンⅡ」により孔内観測所の端末がケーブルに接続された．

　○月○日，紀伊半島東岸のS市内に設けられた海底ケーブル陸上局にて，孔内機器のスタートアップが行われた．狭い室内に研究者・技術者が集結した．JAMSTECの研究員が操作を行い，まず通電する．ケーブル側では技術者が電流レベルをチェックしている．どうやら許容範囲に収まっているようだ（実はこのテストは，ケーブルに接続する前にROVで行われていたのだが）．あらかじめ用意されたディスプレイには，CDEXが開発したデータテレメトリーシステム（これはIODPで有用な技術として認められ，別の孔でも採用の動きがある）を通じて，圧力計，温度計からのデータが続々と

表示される.

　大きな拍手の起こる中,研究員は淡々と操作を続ける.まだまだやることがあるのだ.データ線とは別に用意されたシリアルラインを通じて,歪計のバルブを開く.歪計のデータがレンジ内に入ってくる.続いて地震計のクランプをはずすと,周期2-3秒の常時微動と思われる振動が表示される.傾斜計に取りつけられたロッキングアームを作動させる.1分後に固定が完了したようで,傾斜計のデータも表示されはじめた.

　これに先立つこと3年,別の浅い掘削孔に設置された広帯域地震計は,付加体内部で起こる,周期10-1000秒の奇妙な動きを捉えていた.巨大地震とは関係なく,潮汐と同期して時々発生しているが,起こるのは付加体内部に見られる分岐した断層や前縁スラストの位置と見事に一致している.

　気象庁には,海底ケーブルだけでなく,この掘削孔内データも自動的に転送されることが合意された.いざ地震が起こった場合には,気象庁がJAMSTECの研究員らと協同で開発した地震活動予測プログラムが,試験的に運用されることになっている.これはリアルタイム地震警報システムにより,近隣の住民に携帯電話を通じて配信されるものである.断層面の動きを規定する支配方程式である摩擦構成則に,今回「ちきゅう」で得られたコア試料から測定した摩擦係数の値が代入される.ニアフィールドデータがあるため,非弾性的な挙動を予測することが可能になった.巨大地震の予測が成功するかは未知であるが,少なくとも付加体内部で発生する超低周波地震は,潮汐がトリガーするという条件が使えるおかげである程度予測することが可能だという.

　GPSを用いた地殻変動観測は10年以上前に実現しており,インターネットを通じて誰でも「今日の日本列島の動き」を見ることができる.名古屋大学や東北大学・海上保安庁の努力により,海底でのGPSによる地殻変動観測が,ここ熊野沖でようやく可能になってきた.いまは試験的にJAMSTECの海底ケーブルネットワークに接続されており,どうやら超低周波地震と同期して海底が移動していることが見えてきた.

　ごく最近,これらのデータのいくつかにこれまでと違う傾向が見えてきた,との指摘がある.超低周波地震があまり起こらないようになったのに,GPSの変動は依然として継続している,というのである.孔内の断層面上の間隙水圧もやや減少の傾向が見られるようだ.隣の固着域（東海および南海）の動きも気になるが,まだ孔内観測所がないため,確かなことはわからない.

　これらの情報は,基本的にはリアルタイムか,整理された上で1日遅れで

配信されている．大事なことは，最近のJ-DESC（日本地球掘削科学コンソーシアム）のアウトリーチ活動が功を奏し，配信されたデータがマスコミなどでヒステリックに取り上げられることも少なくなったことである．真の地震予測にいたる道はまだまだ遠いが，掘削孔内計測が新たな貢献をすることは間違いないようだ．

■ おわりに

　本書が世に出る頃，2009年8月には，地球深部探査船「ちきゅう」による南海トラフ掘削がまさに進行中である．このような進行中の研究・観測をどこまで本書に取り込むべきか，悩ましいところであった．校正している間にも続々と新たな結果が出るため，きりがないのである．南海トラフ掘削の進行にあわせ，掘削による地震発生帯の理解に十分役に立てるようなタイミングで発刊しようというのが，編者らの結論であった．このような状況であるために，東京大学出版会の小松美加氏は常にストレスがたまる状況であったと推察する．本書で紹介したデータやアイデアは，いずれ陳腐化するかもしれないが，執筆した時点での熱意や考え方の一端でも伝えることができれば幸いである．

　編者の一人である私木下は，地球物理学を専門とし，海底からの熱流量測定から現象の解明を目指している．本書の著者陣には地質学を専門とする人が多く，その「大きな視点」にはふだんから大いに影響を受けている．地球物理学データにしても，単なる数字でしかないのが，大きな視点からの解釈（仮説）が入ることにより，突然魅力的に化ける．そしてそのような啓示を受けて，われわれはまた厳密なモデル化を行ったりする．そのモデルがまた地質学者の視点を大きくする．本書の目指した付加体と地震発生帯に関する理解は，多くの研究者のこのような相互作用の結果深まってきた．

　共著によって本を作る際に困難なことがあった．全体の調子を合わせるとか，内容の重複や落ちを防ぐ，といったことである．そもそも，著者ごとにスタイルが異なるのは当然のことである．またそれぞれが研究者としての自負があり，地震発生の仕組みに対する考え方をそれぞれが示そうとしている．したがって，基本的には相補的な内容ではあるが，同じような記述が何カ所にも登場することもある．まさに群盲象を撫でるというところだが，学問の

進捗状況をリアルタイムで伝えるということが本書の趣旨でもあり，その点から見ると章ごとにトーンが異なってもそれはそれで面白く，これも悪くないと思っている．

一方で，この本のターゲットとする読者に学部・大学院の学生がいる以上，術語や記号，式の表記はある程度統一されていなくてはならないと思った．「浸透率」は「透水率」と等しいとか，「カスケード山脈」だが「カスカディア付加体」と呼ぶとか，などである．おそらくはまだ整合が取りきれていない箇所も多いだろう．たとえば，応力場の符号は圧縮を正とするか，伸張を正とするかという問題があった．本書ではそれぞれの分野の標準に従ったため，章によって符号が異なることに注意されたい．また，著者の間で議論が盛り上がったのが「浸食」と「侵食」どちらの表記が適切か，という問題であった．呼び名を統一することは重要ではあるが，正直私にとっては皆が合意していればどちらでもよかろう，というのが本音であった．しかし特に地質学を専門とする人はこだわりが多いようで，本書でもついに統一されなかった．重要なことは，それぞれの立場に理由があるなら，両者が納得しない限り安易に統一しない，という姿勢である．

木下は，南海トラフ地震発生帯掘削研究 NanTroSEIZE の共同研究代表者を務めている．「ちきゅう」の共同首席研究者も務めたが，研究者の代表になるなどということは所詮不可能で，実際には世話係，雑用係である．わき目も振らずに目の前の仕事を片付けているといったところだが，数年前に比べて，「これは私のプロジェクトだ」という思いを持った人が，明らかに増えたと思う．どこかで読んだが「私がいなければこの計画はなかった」という人が多くいることが，成功するプロジェクトの秘訣だそうだ．そういう人たちをもっと増やさなくてはいけない．

なお，本書の出版にあたっては，海洋研究開発機構地球内部ダイナミクス領域（JAMSTEC-IFREE）より，出版費用の一部を援助していただいた．海洋研究開発機構地球深部探査センターの倉本真一氏には，カバー画像の材料を提供していただいた．執筆にあたっては，小川勇二郎氏，安間了氏，篠

原雅尚氏から丁寧なアドバイスをいただいた．

　東京大学出版会の小松美加氏には，本書の企画段階から全面的にお付き合いいただいた．小松氏の叱咤激励がなければこの本が日の目を見ていなかったことは間違いない．以上，ここに感謝の意を表す．

　2009 年 7 月　JAMSTEC「かいれい」船上にて

　　　　　　　　　　　　　　　　　　　　　　　　　　　　木下正高

■引用文献

相田　勇，1979，1944年東南海地震津波の波源モデル(演旨)．地震学会講演予稿集春季大会，1，179．

Aki, K., 1979, Characterization of barriers on an earthquake fault. J. Geophys. Res., 84, 6140-6148.

Allen, J. R. L., 1984, Sedimentary structures. Their character and physical basis. Developments in sedimentology, 30, Elsevier, 663 pp.

Ando, M., 1975, Source mechanisms and tectonic significance of historical earthquakes along the Nankai Trough. Tectonophys., 27, 119-140.

安間　了・小川勇二郎・川村喜一郎・Gregory Moore・佐々木智之・川上俊介・太田哲平・遠藤良太・平野　聡・道口陽子・YK05-08 Leg 2乗船研究者，潮岬海底谷に露出する南海トラフ分岐断層付近の付加体堆積物の構造・組織・物性と流体移動．地質学雑誌，投稿中．

安間　了・川上俊介・山本由弦，2002，潮岬海底谷沿いの付加体断面と白ウリ貝コロニーの産状：6K#522，#579潜航報告．JAMSTEC深海研究，20，59-75．

Araki, E., Shinohara, M., Sacks, S., Linde, A., Kanazawa, T., Shiobara, H., Mikada, H. and Suyehiro, K., 2004, Improvement of seismic observation in the ocean by use of seafloor boreholes. Bull. Seismol. Soc. Amer., 94, 678-690.

Ashi, J. and Taira, A., 1992, Structures of the Nankai accretionary prism as revealed from IZANAGI sidescan imagery and multichannel seismic reflection profiling. Island Arc, 1, 104-115.

Ashi, J., Segawa, J., Le Pichon, X., Lallemant, S., Kobayashi, K., Hattori, M., Mazzotti, S. and Aoike, K., 1996, Distribution of cold seepage at the Ryuyo Canyon off Tokai: the 1995 KAIKO-Tokai "Shinkai 200" Dives. JAMSTEC J. Deep Sea Res., 12, 159-166.

芦　寿一郎・倉本真一・森田澄人・角皆　潤・後藤秀作・小島茂明・岡本拓士・石村豊穂・井尻　暁・土岐知弘・工藤新吾・淺井聡子・内海真生，2002，熊野沖南海トラフ付加プリズムの地質構造と冷湧水—YK01-04 Leg 2熊野沖調査概要．JAMSTEC深海研究，20，1-8．

芦　寿一郎・木下正高・倉本真一・森田澄人・斎藤実篤，2003，海底設置型装置による海底活断層周辺のガンマ線測定．JAMSTEC深海研究，22，179-187．

芦　寿一郎・青池　寛・中村恭之・斎藤実篤・倉本真一・木下正高・森田澄人・角皆潤・小島茂明・ピエール・アンリ，2004，遠州灘沖第2渥美海丘の地質構造と冷湧水．JAMSTEC深海研究，24，1-11．

Auboin, J., von Huene, R., et al., 1982, Init. Repts. DSDP, 67, Washington (U. S. Gov. Printing Office), 799 pp.

Baba, T., Tanioka, Y., Cummins, P. R. and Uhira, K., 2002, The slip distribution of the

1946 Nankai earthquake estimated from tsunami inversion using a new plate model. Phys. Earth Planet. Inter., 132, 59-73.

Baba, T. and Cummins, R. P., 2005, Contiguous rupture areas of two Nankai Trough earthquakes revealed by high-resolution tsunami waveform inversion. Geophys. Res. Lett., 32, doi: 10.1029/2004GL022320.

Baba, T., Cummins, P. R., Hori, T. and Kaneda, Y., 2006, High precision slip distribution of the 1944 Tonankai earthquake inferred from tsunami waveforms: Possible slip on a splay fault. Tectonophys., 426, 119-134.

Becker, K., Fisher, A. T. and Davis, E. E., 1997, The CORK experiment in Hole 949C: long-term observations of pressure and temperature in the Barbados accretionary prism. Proc. ODP, Sci. Results, 156, College Station TX (Ocean Drilling Program), 247-252.

Becker, K. and Davis, E. E., 2005, A review of CORK designs and operations during the Ocean Drilling Program. Proc. IODP, 301, College Station TX (Integrated Ocean Drilling Program Management International), doi: 10.2204/iodp.proc.301.104.2005.

Bekins, B. A., McCaffrey, A. M. and Dreiss, S. J., 1995, Episodic and constant flow models for the origin of low-chloride waters in a modern accretionay complex. Water Resources Res., 31, 3205-3215.

Biju-Duval, B., Moore, J. C., et al., 1984, Init. Repts. DSDP, 78A, 621 pp.

Bilek, S. L., 2007, Influence of subducting topography on earthquake rupture. In Dixon, T. H. and Moore, J. C., eds., The seismogenic zone of subduction thrust faults, Columbia University Press, New York, 123-146.

Biot, M. A., 1941, General theory of three-dimensional consolidation. J. Appl. Phys., 12, 155-164.

Borowski, W. S., Paull, C. K. and Ussler, III, W., 1996, Marine pore-water sulfate profiles indicate *in situ* methane flux from underlying gas hydrate. Geology, 24, 655-658.

Boulegue, J., Iiyama, J. T., Charlou, J. L. and Jedwab, J., 1987, Nankai trough, Japan trench and Kuril trench: geochemistry of fluids sampled by Nautile submersible. Earth Planet. Sci. Lett., 83, 363-375.

Boullier, A.-M., Yeh, E.-C., Boutareaud, S., Song, S.-R., Tsai, C.-H., 2009, Microscale anatomy of the 1999 Chi-Chi earthquake fault zone. Geochem. Geophys. Geosyst., 10, Q03016, doi: 10.1029/2008GC002252.

Brace, W. F. and Byerlee, J. D., 1966, Stick-slip as a mechanism for earthquakes. Science, 153, 990-992.

Brodsky, E. E. and Kanamori, H., 2001, Elastohydrodynamic lubrication of faults. J. Geophys. Res., 106, 16357-16374.

Brown, K. and Westbrook, G. K., 1988, Mud diapirism and subcretion in the Barbados Ridge accretionary complex: the role of fluids in accretionary processes. Tectonics, 7, 613-640.

Brown, K., Tryon, M., DeShon, H., Dorman, L. and Schwartz, S., 2005, Correlated transient fluid pulsing and seismic tremor in the Costa Rica subduction zone. Earth Planet. Sci. Lett., 238, 189-203.

Byerlee, J. D., 1978, Friction of rocks. Pure Appl. Geophys., 116, 615-626.

Byrne, D. E., Davis, D. M. and Sykes, L. R., 1988, Loci and maximum size of thrust earthquakes and mechanics of the shallow region of subduction zone. Tectonics, 7,

833-857.

Castellini, D. G., Dickens, G. R., Snyder, G. T. and Ruppel, C. D., 2006, Barium cycling in shallow sediment above active mud volcanoes in the Gulf of Mexico. Chem. Geol., 226, 1-30.

Chamot-Rooke, N., Lallemant, S. J., Le Pichon, X., Henry, P., Sibuet, M., Boulegue, J., Foucher, J.-P., Furuta, T., Gamo, T., Glacon, G., Kobayashi, K., Kuramoto, S., Ogawa, Y., Schultheiss, P., Segawa, J., Takeuchi, A., Taris, P. and Tokuyama, H., 1992, Tectonic context of fluid venting at the toe of the eastern Nankai accretionary prism: Evidence for a shallow detachment fault. Earth Planet. Sci. Lett., 109, 319-332.

Clift, P. and Vannucchi, P., 2004, Controls on tectonic accretion versus erosion in subduction zones: Implications for the origin and recycling of the continental crust. Rev. Geophys., 42, RG2001, doi: 10.1029/2003RG000127.

Cloos, M., 1992, Thrust type subduction zone earthquakes and seamount asperities: A physical model for seismic rupture. Geology, 20, 601-604.

Cloos, M. and Shreve, R. L., 1996, Shear-zone thickness and the seismicity of Chilean- and Marianas-type subduction zones. Geology, 24, 107-110.

Corliss, J. B., Dymond, J., Gordon, L. I., Edmond, J. M., von Herzen, R. P., Ballard, R. D., Green, K., Williams, D., Bainbridge, A., Crane, K. and van Andel, T. H., 1979, Submarine thermal springs on the Galapagos Rift. Science, 203, 1073-1083.

Cowan, D. S., 1974, Deformation and metamorphism of the Franciscan subduction zone complex northwest of Pacheco Pass, California. Geol. Soc. Amer. Bull., 85, 1623-1634.

Cowan, D. S., 1999, Do faults preserve a record of seismic slip? A field geologist's opinion. J. Struct. Geol., 20th Anniversary Issue, 21, 995-1001.

Cummins, P. R.・馬場敏孝・堀 高峰・金田義行, 2001, 1946年南海地震震源過程から推定された南海トラフ巨大地震に対するフィリピン海プレート形状の影響. 地学雑誌, 110, 498-509.

Cummins, P. R., Baba, T., Kodaira, S. and Kaneda, Y., 2002, The 1946 Nankai earthquake and segmentation of the Nankai Trough. Phys. Earth Planet. Inter., 132, 75-87.

Dahlen, F. A., 1984, Noncohesive critical Coulomb wedges: An exact solution. J. Geophys. Res., 89, 10125-10133.

Dahlen, F. A., Suppe, J. and Davis, D., 1984, Mechanics of fold-and-thrust belts and accretionary wedges: cohesive Coulomb theory. J. Geophys. Res., 89(B12), 10087-10101.

Das, S. and Aki, K., 1977, Fault plane with barriers: A versatile earthquake model. J. Geophys. Res., 82, 5658-5670.

Davis, D. M., Suppe, J. and Dahlen, F. A., 1983, Mechanics of fold-and-thrust belts and accretionary wedges. J. Geophys. Res., 88(B2), 1153-1172.

Davis, E. E., Becker, K., Pettigrew, T., Carson, B. and MacDonald, R., 1992, CORK: a hydrologic seal and downhole observatory for deep-ocean boreholes. Proc. ODP, Init. Repts., 139, College Station TX (Ocean Drilling Program), 43-53.

Davis, E. E. and Becker, K., 1994, Formation temperatures and pressures in a sedimented rift hydrothermal system: ten months of CORK observations, Holes 857D and 858G. Proc. ODP, Sci. Results, 139, College Station TX (Ocean Drilling Program), 649-666.

Davis, E. E., Becker, K., Wang, K. and Carson, B., 1995, Long-term observations of pressure and temperature in Hole 892B, Cascadia accretionary prism. Proc. ODP, Sci.

Results, 146 (Pt. 1), College Station TX (Ocean Drilling Program), 299-311.

Davis, E. E. and Villinger, H. W., 2006, Transient formation fluid pressures and temperatures in the Costa Rica forearc prism and subducting oceanic basement: CORK monitoring at ODP Sites 1253 and 1255. Earth Planet. Sci. Lett., 245, 232-244.

Davis, E. E., Becker, K., Wang, K., Obara, K., Ito, Y. and Kinoshita, M., 2006, A discrete episode of seismic and aseismic deformation of the Nankai trough subduction zone accretionary prism and incoming Philippine Sea plate. Earth Planet. Sci. Lett., 242, 73-84.

Dewey, J. and Bird, P., 1970, Mountain belts and the new global tectoics. J. Geophys. Res., 75, 2625-2647.

Dominguez, S., Lallemand, S. E., Malavieille, J. and von Huene, R., 1998, Upper plate deformation associated with seamount subduction. Tectonophys., 293, 207-224.

Ernst, W. G., 1970, Tectonic contact between the Franciscan mélange and the Great Valley sequence Crustal expression of a Late Mesozic Benioff zone. J. Geophys. Res., 75, 886-901.

Fitch, T. J. and Scholz, C. H., 1971, Mechanism of underthrusting in southwest Japan: A model of convergent plate interactions. J. Geophys. Res., 76, 7260-7292.

Foucher, J.-P., Henry, P., *et al.*, 1992, Time-variation of fluid expulsion velocities at the toe of the eastern Nankai accretionary complex. Earth Planet. Sci. Lett., 109, 373-382.

Foucher, J.-P., Henry, P. and Harmegnies, F., 1997, Long-term observations of pressure and temperature in hole 948D, Barbados accretionary prism 1. Proc. ODP, Sci. Results, 156, College Station TX (Ocean Drilling Program), 239-245.

藤田和夫，1982，日本列島砂山論，小学館創造選書49．

Gamo, T., Sakai, H., Ishibashi, J., Shitashima, K. and Boulegue, J., 1992, Methane, ethane, and total inorganic carbon in fluid samples taken during the 1989 Kaiko-Nankai project. Earth Planet. Sci. Lett., 109, 383-390.

後藤秀作・濱元栄起・山野　誠・木下正高・芦　寿一郎，2007，熊野沖南海トラフ付加体生物群集での長期温度計測．2007年地球惑星科学連合大会，J169-P009．

後藤忠徳・笠谷貴史・三ヶ田　均・木下正高・末廣　潔・木村俊則・芦田　讓・渡辺俊樹・山根一修，2003，電磁気学的な流体の分布と移動の解明―南海トラフを例として．物理探査，56，439-451．

Gutscher, M. A., Kukowski, N., Malavieille, J. and Lallemand, S., 1996, Cyclical behavior of thrust wedges; insights from high basal friction sandbox experiments. Geology, 24, 135-138.

濱元栄起，2006，長期温度計測による浅海域における地殻熱流量測定―南海トラフ沈み込み帯への適用．東京大学大学院博士論文．168p．

Hamamoto, H., Yamano, M., Goto, S., Kinoshita, M., Fujino, K. and Wang, K., 2009, Heat flow distribution and thermal structure of the Nankai subduction zone off the Ki-i Peninsula. submitted to Geochem. Geophys. Geosyst.

Hara, H. and Kimura, K., 2008, Metamorphic and cooling history of the Shimanto accretionary complex, Kyushu, Southwest Japan: Implications for the timing of out-of-sequence thrusting. Island Arc, 17, 546-559.

橋本徹夫・菊地正幸，1999，地震記象から見た1946年南海地震時の震源過程．月刊地球，24，16-20．

Hashimoto, Y. and Kimura, G., 1999, Underplating process from mélange formation to duplexing: Example from the Cretaceous Shimanto Belt, Kii Peninsula, southwest Japan. Tectonics, 18, 92-107.

Hashimoto, Y., Enjoji, M., Sakaguchi, A. and Kimura, G., 2002, P-T conditions of cataclastic deformation associated with underplating: An example from the Cretaceous Shimanto complex, Kii Peninsula, SW Japan. Earth Planets Space, 54, 1133-1138.

Hashimoto, Y., Enjoji, M., Sakaguchi, A. and Kimura, G., 2003, *In situ* pressure-temperature conditions of a tectonic mélange: Constraints from fluid inclusion analysis of syn-mélange veins. Island Arc, 12, 357-365.

服部陸男・岡野眞治, 1998, 有人潜水船, 無人潜水船による海中, 海底γ線調査. JAMSTEC深海研究, 14, 639-660.

服部陸男・岡野眞治, 2001, 海洋放射能測定最近の成果. JAMSTEC深海研究, 18, 1-13.

Henry, P., Le Pichon, X., Lallemant, S., Foucher, J.-P., Westbrook, G. and Hobart, M., 1990, Mud volcano field seaward of the Barbados accretionary complex: A deep-towed side scan sonar survey. J. Geophys. Res., 95(B6), 8917-8929.

Henry, P., Foucher, J.-P., Le Pichon, X., *et al.*, 1992, Interpretation of temperature measurements from the Kaiko-Nankai cruise: Modeling of fluif flow in clam colonies. Earth Planet. Sci. Lett., 109, 355-371.

Hilde, T. W. C., 1983, Sediment subduction vs. accretion around the Pacific. Tectonophys., 99, 381-397.

Hillers, G., Ben-Zion, Y. and Mai, P. M., 2006, Seismicity on a fault controlled by rate- and state-dependent friction with spatial variations of the critical slip distance. J. Geophys. Res., 111, B01403, doi:10.1029/2005JB003859.

Hirono, T., Ikehara, M., Otsuki, K., Mishima, T., Sakaguchi, M., Soh, W., Omori, M., Lin, W., Yeh, E., Tanikawa, W. and Wang, C., 2006, Evidence of frictional melting within disk-shaped black materials discovered from the Taiwan Chelungpu fault system. Geophys. Res. Lett., 33, L19311, doi: 10.1029/2006GL027329.

Hirono, T., Yokoyama, T., Hamada, Y., Tanikawa, W., Mishima, T., Ikehara, M., Famin, V., Tanimizu, M., Lin, W., Soh, W. and Song, S., 2007, A chemical kinetic approach to estimate dynamic shear stress during the 1999 Taiwan Chi-Chi earthquake. Geophys. Res. Lett., 34, L19308, doi: 10.1029/2007GL030743.

Hirono, T., Sakaguchi, M., Otsuki, K., Sone, H., Fujimoto, K., Mishima, T., Lin, W., Tanikawa, W., Tanimizu, M., Soh, W., Yeh, E.-C. and Song, S., 2008, Characterization of slip zone associated with the 1999 Taiwan Chi-Chi earthquake: X-ray CT image analyses and microstructural observations of the Taiwan Chelungpu fault. Tectonophys., 449, 63-84.

Hojo, M., 2008, Deformation and diagenesis of sandstones in underthrusted sediments An example from the Mugi Mélange, Shikoku, Japan. Master Thesis of the University of Tokyo, 67 pp.

Hori, T., 2006, Mechanisms of separation of rupture area and variation in time interval and size of great earthquakes along the Nankai Trough, southwest Japan. J. Earth Simulator, 5, 8-19.

Hoshino, K., Koide, H., Inami, K., Iwamura, S. and Mitsui, S., 1972, Mechanical Properties of Tertiary Sedimentary Rocks Under High Confining Pressure, Kawasaki, 200 pp.

Hsu, K. J., 1968, Principles of mélanges and their bearing on the Franciscan-Knoxville paradox. Geol. Soc. Amer. Bull., 79, 1063-1074.

Hu, Y. and Wang, K., 2006, Bending-like behavior of wedge-shaped thin elastic fault blocks, J. Geophys. Res., 111, B06409, doi: 10.1029/2005JB003987.

Huchon, P. and Tokuyama, H., 2002, Japan-French KAIKO-TOKAI Project Tectonics of subduction in the Nankai trough. Marine Geol., 187, 1-2.

Hyndman, R. D. and Wang, K., 1993, Thermal constraints on the zone of major thrust earthquake failure, the Cascadian subduction zone. J. Geophys. Res., 98, 142039-142060.

Hyndman, R. D., Wang, K., Yuan, T. and Spence, G. D., 1993, Tectonic sediment thickenig, fluid expulsion, and the thermal regime of subduction zone accretionary prisms: The Cascadia margin off Vancouver Island. J. Geophys. Res., 98, 21865-21876.

Hyndman, R. D., Wang, K. and Yamano, M., 1995, Thermal constraints on the seismogenic portion of the southwestern Japan subduction thrust. J. Geophys. Res., 100, 15373-15392.

Hyndman, R. D., Yamano, M. and Oleskevich, D. A., 1997, The seismogenic zone of subduction thrust faults. Island Arc, 6, 244-260.

Ichinose, G. A., Thio, H. K., Somerville, P. G., Sato, T. and Ishii, T., 2003, Rupture process of the 1944 Tonankai earthquake (Ms 8.1) from the inversion of teleseismic and regional seismograms. J. Geophys. Res., 108, doi: 10.1029/2003JB002393.

Ide, S., Beroza, G. C., Shelly, D. R. and Uchide, T., 2007, A scaling low for slow earthquakes. Nature, 447, doi: 10.1038/nature05780.

Igarashi, G., Saeki, S., Takahata, N., Sumikawa, K., Tasaka, S., Sasaki, Y., Takahashi, M. and Sano, Y., 1995, Ground-water radon anomaly before the Kobe earthquake in Japan. Science, 269, 60-61.

Ike, T., Moore, G. F., Kuramoto, S., Park, J.-O., Kaneda, Y. and Taira, A., 2008, Variations in sediment thickness and type along the northern Philippine Sea plate at the Nankai Trough. Island Arc, 17, 342-357.

Ikehara, M., Hirono, T., Tadai, O., Sakaguchi, M., Kikuta, H., Fukuchi, T., Mishima, T., Nakamura, N., Aoike, K., Fujimoto, K., Hashimoto, Y., Ishikawa, T., Ito, H., Kinoshita, M., Lin, W., Masuda, K., Matsubara, T., Matsubayashi, O., Mizoguchi, K., Murayama, M., Otsuki, K., Sone, H., Takahashi, M., Tanikawa, W., Tanimizu, M., Soh, W. and Song, S., 2007, Low total and inorganic carbon contents within the Chelungpu fault. Geochem. J., 41, 391-396.

Ikesawa, E., Sakaguchi, A. and Kimura, G., 2003, Pseudotachylyte from an ancient accretionary complex: Evidence for melt generation during seismic slip along a master décollement? Geology, 31, 637-640.

Ikesawa, E., Kimura, G., Sato, K., Ikehara-Ohmori, K., Kitamura, Y., Yamaguchi, A., Ujiie, K. and Hashimoto, Y., 2005, Tectonic incorporation of the upper part of oceanic crust to overriding plate of a convergent margin: an example from the Cretaceous-early Tertiary Mugi Melange, the Shimanto Belt, Japan. Tectonophys., 401, 217-230.

石橋克彦・佐竹健治, 1998, 古地震研究によるプレート境界巨大地震の長期予測問題. 地震, 50, 1-21.

Ishikawa, T., Tanimizu, M., Nagishi, K., Matsuoka, J., Tadai, O., Sakaguchi, M., Hirono, T., Mishima, T., Tanikawa, W., Lin, W., Kikuta, H., Soh, W. and Song, S.-R., 2008, Coseismic fluid-rock interations at high temperatures in the Chelungpu fault. Nature Geoscience,

1, 679-683.

磯崎行雄・丸山茂徳, 1991, 日本におけるプレート造山論の歴史と日本列島の新しい地体構造区分. 地学雑誌, 100, 697-761.

Ito, T., Kojima, Y., Kodaira, S., Sato, H., Kaneda, Y., Iwasaki, T., Kurashimo, E., Tsumura, N., Fujiwara, A., Miyauchi, T., Hirata, N., Harder, S., Miller, K., Murata, A., Yamakita, S., Onishi, M., Abe, S., Sato, T. and Ikawa, T., 2009, Crustal structure of southwest Japan, revealed by the integrated seismic experiment Southwest Japan 2002. Tectonophys., 472, 124-134.

Ito, Y. and Obara, K., 2006, Dynamic deformation of the accretionary prism excites very low frequency earthquakes. Geophys. Res. Lett., 33, L02311, doi: 10.1029/2005GL25270.

Ito, Y., Obara, K., Shiomi, K., Sekine, S. and Hirose, H., 2007, Slow earthquakes coincident with episodic tremors and slow slip events. Science, 315, 503-507.

岩淵義郎・桂　忠彦・永野真男・桜井　操, 1976, フォッサ・マグナ地域の海底地質. 海洋科学, 8, 45-52.

岩渕　洋・笹原　昇・吉岡真一・近藤　忠・浜本文隆, 1991, 遠州灘沖の変動地形. 地質学雑誌, 97, 621-631.

Jannasch, H., Davis, E., Kastner, M., Morris, J., Pettigrew, T., Plant, J. N., Solomon, E., Villinger, H. and Wheat, C. G., 2003, CORK-II: long-term monitoring of fluid chemistry, fluxes, and hydrology in instrumented boreholes at the Costa Rica subduction zone. Proc. ODP, Init. Repts., 205, College Station TX (Ocean Drilling Program), 1-36.

Jarrard, R. D., 1986, Relations among subduction parameters. Rev. Geophys., 24, 217-284.

Ji, C., Helmberger, D. V., Wald, D. J. and Ma, K.-F., 2003, Slip history and dynamic implications of the 1999 Chi-Chi, Taiwan, earthquake. J. Geophys. Res., 108(B9), 2412.

Kagami, H., 1985, The accretionary prism of the Nankai Trough off Shikoku, southwestern Japan. Init. Repts. DSDP, 87, 941-953.

Kanamori, H., 1972, Tectonic implications of the 1944 Tonankai and the 1946 Nankaido earthquakes. Phys. Earth Planet. Inter., 5, 129-139.

Kanamori, H., 1986, Rupture process of subduction-zone earthquakes. Ann. Rev. Earth Planet. Sci., 14, 293-322.

Kanazawa, T., Sager, W. W., Escutia, C., et al., 2001, Proc. ODP, Init. Repts., 191, College Station TX (Ocean Drilling Program).

Kanda, K., Takemura, M. and Usami, T., 2002, Source processes of Tokai and Nankai earthquakes deduced from seismic intensity data. Earthquake Eng., 28, 139-144.

勘米良亀齢, 1976, 過去と現在の地向斜堆積体の対応 I・II. 科学, 46, 284-291, 371-378.

Kano, Y., Mori, J., Fujii, R., Ito, H., Yanagidani, T., Nakano, S. and Ma, K.-F., 2006, Heat signature of the Chelungpu fault associated with the 1999 Chi-Chi, Taiwan earthquake. Geophys. Res. Lett., 33, L14306, doi: 10.1029/2006GL026733.

Kao, H. and Chen, W.-P., 2000, The Chi-chi earthquake sequence: Active, out-of-sequence thrust faulting in Taiwan. Science, 288, 2346-2349.

Karig, D. E. and Sharman, G. F., 1975, Subduction and accretion in trenches. Geol. Soc. Amer. Bull., 86, 377-332.

Karig, D. E., Ingle, J. C., Jr., et al., 1975, Init. Repts., DSDP, 31, Washington (U. S. Gov. Printing Office), doi: 10.2973/dsdp.proc.31.1975.

Kasaya, T., Goto, T., Mikada, H., Baba, K., Suyehiro, K. and Utada, H., 2005, Resistivity image of the Philippine Sea Plate around the 1944 Tonankai earthquake deduced by marine and land MT surveys. Earth Planets Space, 57, 209-213.

笠谷貴史・後藤忠徳・高木　亮, 2006, 海洋における地殻構造探査のための電磁場観測技術とその動向. 物理探査, 59, 585-594.

川村喜一郎・小川勇二郎・藤倉克則・服部陸男・町山栄章・山本智子・岩井雅夫・広野哲朗, 1999, 「かいこう」が見た天竜海底谷出口付近の南海付加体最前縁部の地形及び地質構造. JAMSTEC深海研究, 14, 379-388.

Kawamura, K., Burmeister, K. C., Ogawa, Y. and Dilek, Y., 2007, Possible cyclic post-seismic normal faulting during off-scraping in accretionary prism development: examples from Nankai and Boso complexes, Japan. Geol. Soc. Amer. Abs. w. Prog., 39, 6, 453-453.

Kawamura, K., Ogawa, Y., Anma, R., Yokoyama, S., Kawakami, S., Dilek, Y., Moore, G.F., Hirano, S., Yamaguchi, A., Sasaki, T. and YK05-08 Leg 2 and YK06-02 Shipboard Scientific Parties, 2009, Structural architecture and active deformation of the Nankai Accretionary Prism, Japan: submersible survey results from the Tenryu Submarine Canyon. Geol. Soc. Amer. Bull., in press.

Kikuchi, M., Nakamura, M. and Yoshikawa, K., 2003, Source rupture processes of the 1944 Tonankai earthquake and the 1945 Mikawa earthquake derived from low-gain seismograms. Earth Planets Space, 55, 159-172.

Kimura, G. and Mukai, A., 1991, Underplated units in an accretionary complex: mélange of the Shimanto Belt of eastern Shikoku, southwest Japan. Tectonics, 10, 31-50.

Kimura, G., Silver, E. A., Blum, P., *et al.*, 1997, Proc. ODP, Init. Repts., 170, College Station TX (Ocean Drilling Program), doi: 10.2973/odp.proc.ir.170.1997.

木村　学, 2002, プレート収束帯のテクトニクス学, 東京大学出版会.

Kimura, G., Kitamura, Y., Hashimoto, Y., Yamaguchi, A., Shibata, T., Ujiie, K. and Okamoto, S., 2007, Transition of accretionary wedge structures around up-dip limit of the seismogenic subduction zone. Earth Planet. Sci. Lett., 255, 471-484.

Kimura, G. Screaton, E., Curewitz, D. and the Expedition 316 Scientists, 2008a, NanTroSEIZE stage 1A: NanTroSEIZE shallow megasplay and frontal thrusts. IODP Prel. Rept., 316, doi: 10.2204/iodp.pr.316.2008.

Kimura, G., Kitamura, Y., Yamaguchi, A. and Raimbourg, H., 2008b, Links among mountain building, surface erosion, and growth of an accretionary prism in a subduction zone: An example from southwest Japan. Geol. Soc. Amer. Spec. Pap., 436, 391-403.

木村克己, 1998, 付加体の out-of-sequence thrust. 地質学論集, 50, 131-146.

木村俊則・芦田　譲・後藤忠徳・笠谷貴史・三ヶ田　均・真田佳典・渡辺俊樹・山根一修, 2005, 南海トラフ沈みこみ帯の地殻比抵抗構造. 物理探査, 58, 251-262.

Kinoshita, M., Kanamatsu, T., Kawamura, K., Shibata, T., Hamamoto, H. and Fujino, K., 2008, Heat flow distribution on the floor of Nankai Trough off Kumano and implications for the geothermal regime of subducting sediments. JAMSTEC Rep. Res. Dev., 8, 13-28.

Kitamura, Y., Sato, K., Ikesawa, E., Ohmori-Ikehara, K., Kimura, G., Kondo, H., Ujiie, K., Onishi, C. T., Kawabata, K., Hashimoto, Y., Mukoyoshi, H. and Masago, H., 2005, Mélange and its seismogenic roof décollement: A plate boundary fault rock in the subduction zone An example from the Shimanto Belt, Japan. Tectonics, 24, TC5012

10.1029/2004TC001635.

Kobayashi, K., 2002, Tectonic significance of the cold seepage zones in the eastern Nankai accretionary wedge an outcome of the 15 years' KAIKO projects. Marine Geol., 187, 3-30.

Kodaira, S., Takahashi, N., Nakanishi, A., Miura, S. and Kaneda, Y., 2000, Subducted seamount imaged in the rupture zone of the 1946 Nankaido Earthquake. Science, 289, 104-106.

Kodaira, S., Kurashimo, E., Park, J.-O., Takahashi, N., Nakanishi, A., Miura, S., Iwasaki, T., Hirata, N., Ito, K. and Kaneda, Y., 2002, Structural factors controlling the rupture process of a megathrust earthquake at the Nankai trough seismogenic zone. Geophys. J. Int., 149, 815-835.

Kodaira, S., Nakanishi, A., Park, J.-O., Ito, A. and Tsuru, T., 2003, Cyclic ridge subduction at an inter-plate locked zone off central Japan. Geophys. Res. Lett., 30, 1139, doi: 10.1029/2002GL016595.

Kodaira, S., Iidaka, T., Kato, A., Park, J.-O., Iwasaki, T. and Kaneda, Y., 2004, High pore fluid pressure may cause silent slip in the Nankai Trough. Science, 304, 1295-1298.

Kodaira, S., Hori, T., Itoh, A., Miura, S., Fujie, G., Park, J.-O., Baba, T., Sakaguchi, H. and Kaneda, Y., 2006, A possible giant earthquake off southwestern Japan reveled from seismic imaging and numerical simulation. J. Geophys. Res., 111, B09301, doi: 10.1029/2005JB004030.

小平秀一, 2009, 日本周辺沈み込み帯での海域地下構造探査―海溝域地震発生帯と海洋性島弧生成に関する最新の成果から. 地震, 印刷中.

Kondo, H., Kimura, G., Masago, H., Ikehara-Ohmori, K., Kitamura, Y., Ikesawa, E., Sakaguchi, A., Yamaguchi, A. and Okamoto, S., 2005, Deformation and fluid flow of a major out-of-sequence thrust located at seismogenic depth of in an accretionary complex: Nobeoka Thrust in the Shimanto Belt, Kyushu, Japan, Tectonics, 24, TC6008 10.1029/2004TC001655.

Konstantinovskaia, E. and Malavieille, J., 2005, Erosion and exhumation in accretionary orogens: Experimental and geological approaches. Geochem. Geophys. Geosyst., 6, Q02006, doi: 10.1029/2004GC000794.

Krantz, R. W., 1991, Measurement of friction coefficients and cohesion for faulting and fault reactivation in laboratory models using sand and sand mixtures. Tectonophys., 188, 203-207.

Kuhn, T. S., 1970, The Structure of Scientific Revolutions (2nd ed.), The University of Chicago Press, Chicago.（T. クーン, 中山　茂訳, 1971, 科学革命の構造, みすず書房）

Kulm, L. D., Suess, E., Moore, J. C., Carson, B., Lewis, B. T., Ritger, S. D., Kadko, D. C., Thornburg, T. M., Embley, R. W., Rugh, W. D., Massoth, G. J., Langseth, M. G., Cochrane, G. R. and Scamman, R. L., 1986, Oregon subduction zone: venting, fauna and carbonates. Science, 231, 561-566.

倉本真一, 2001, メタンガスのイベント放出の可能性. 月刊地球, 号外32, 130-135.

Kuramoto, S., Ashi, J., Greinert, J., Gulick, S., Ishimura, T., Morita, S., Nakamura, K., Okada, M., Okamoto, T., Rickert, D., Saito, S., Suess, E., Tsunogai, U. and Tomosugi, T., 2001, Surface observations of subduction related mud volcanoes and large thrust sheets in the Nankai subduction margin, Report on YK00-10 and YK01-04 cruises.

JAMSTEC J. Deep Sea Res., 19, 131-139.

Lachenbruch, A. H., 1980, Frictional heating, fluid pressure, and the resistance to fault motion. J. Geophys. Res., 85 (B11), 6097-6112.

Lalou, C., Fontugne, M., Lallemand, S. E. and Lauriat-Rage, A., 1992, Calyptogena-cemented rocks and concretions from the eastern part of Nankai accretionary prism: Age and geochemistry of uranium. Earth Planet. Sci. Lett., 109, 419-429.

Lay, T. and Kanamori, H., 1981, An asperity model of great earthquake sequences. In Simpson, D. W. and Richards, P. G., eds., Earthquake Prediction; An International Review, Maurice Ewing Series, 4, AGU, Washington, D.C., 579-592.

Lay, T., Kanamori, H. and Ruff, L., 1982, The asperity model and the nature of large subduction zone earthquakes. Earthquake Pred. Res., 1, 3-71.

Le Pichon, X., Iiyama, T., Chamley, H., Charvet, J., Faure, M., Fujimoto, H., Furuta, T., Ida, Y., Kagami, H., Lallemant, S., Legget, J., Murata, A., Okada, H., Rangin, C., Renard, V., Taira, A. and Tokuyama, H., 1987a, The eastern and western ends of Nankai Trough: results of Box 5 and Box 7 Kaiko survey. Earth Planet. Sci. Lett., 83, 199-228.

Le Pichon, X., Iiyama, T., Boulegue, J., Charvet, J., Faure, M., Kano, K., Lallemant, S., Okada, H., Rangin, C., Taira, A., Urabe, T. and Uyada, S., 1987b, Nankai Trough and Zenisu Ridge: a deep-sea submersible survey. Earth Planet. Sci. Lett., 83, 285-299.

Le Pichon, X., Kobayashi, K. and Kaiko-Nankai Scientific Crew, 1992, Fluid venting activity within the eastern Nankai Trough accretionary wedge: a summary of the 1989 Kaiko-Nankai results. Earth Planet. Sci. Lett., 109, 303-318.

Le Pichon, X., Lallemant, S., Tokuyama, H., Thoue, F., Huchon, P. and Henry, P., 1996, Structure and evolution of the backstop in the eastern Nankai Trough area (Japan): implications for the soon-to-come Tokai earthquake. Island Arc, 5, 440-454.

Lee, Y.-H., Wu, W.-Y., Shin, T.-S., Lu, S.-D., Hsieh, H.-L. and Chen, H.-C., 2000, Deformation characteristics of surface ruptures of the Chi-Chi earthquake, west of the Pifeng Bridge. Central Geological Survey, Spec. Pub., 12, 9-40.

Lee, Y.-H., Hsieh, M.-L., Lu, S.-D., Shin, T.-S., Wu, W.-Y., Sugiyama, Y., Azuma, T. and Kariya, Y., 2003, Slip vectors of the surface rupture of the 1999 Chi-Chi earthquake, western Taiwan. J. Struct. Geol., 25, 1917-1931.

Lewis, S. D., Begrmann, J. H., Musgrave, R. J. and Cande, S. C., eds., 1995, Proc. ODP, Sci. Results, 141, College Station TX (Ocean Drilling Program), 480 pp.

Lin, W., Yeh, E.-C., Ito, H., Hung, J.-H., Hirono, T., Soh, W., Ma, K.-F., Kinoshita, M., Wang, C.-Y. and Song, S.-R., 2007, Current stress and principal stress rotations in the vicinity of the Chelingpu fault induced by the 1999 Chi-Chi, Taiwan, Earthquake. Geophys. Res. Lett., 34, L16307, doi: 10.1029/2007GL030515.

Lohrmann, J., Kukowski, N., Adam, J. and Oncken, O., 2003, The impact of analogue material properties on the geometry, kinematics, and dynamics of convergent sand wedges. J. Struct. Geol., 25, 1691-1711.

Ma, K. F., Song, T.-R., Lee, S.-J. and Wu, H.-I., 2000, Spatial slip distribution of the September 20, 1999, Chi-Chi, Taiwan, Earthquake (M_w7.6) Inverted from teleseismic data. Geophys. Res. Lett., 27, 3417-3420.

Ma, K. F., Mori, J., Lee, S. J. and Wu, H. I., 2001, Spatial and temporal distribution of slip for the 1999 Chi-Chi, Taiwan, earthquake. Bull. Seism. Soc. Amer., 91, 1069-1087.

Ma, K. F., Brodsky, E. E., Mori, J., Ji, C., Song, T.-R. and Kanamori, H., 2003, Evidence for fault lubrication during the 1999 Chi-Chi, Taiwan, earthquake (M_w7.6). Geophys. Res. Lett., 30(5), 1244, doi: 10.1029/2002GL015380.

Ma, K. F., Tanaka, H., Song, S., Wang, C., Hung, J., Song, Y., Yeh, E., Soh, W., Sone, H., Kuo, L. and Wu, H., 2006, Slip zone and energetics of a large earthquake from the Taiwan Chelungpu-fault Drilling Project. Nature, 444, 473-476.

Maekawa, H., Shozui, S., Ishii, T., Saboda, K. L. and Ogawa, Y., 1992, Metamorphic rocks from the serpentinite seamounts in the Mariana and Izu-Ogasawara forarc. Proc. ODP. Sci. Result, 125, College Station TX (Ocean Drilling Program), 415-430.

Mascle, A., Moore, J. C., et al., 1988, Proc. ODP, Init. Repts., 110, College Station TX (Ocean Drilling Program), doi: 10.2973/odp.proc.ir.110.1988.

Mase, C. W. and Smith, L., 1987, Effect of frictional heating on the thermal hydrologic, and mechanical response of a fault. J. Geophys. Res., 92(B7), 6249-6272.

Matsuda, T. and Isozaki, Y., 1991, Well-documented travel history of Mesozoic Pelagic chert in Japan: from remote ocean to subduction zone. Tectonics, 10, 475-499.

Matsumura, M., Hashimoto, Y., Kimura, G., Ohmori-Ikehara, K., Enjoji, M. and Ikesawa, E., 2003, Depth of oceanic-crust underplating in a subduction zone: Inferences from fluid-inclusion analyses of crack-seal veins. Geology, 31, 1005-1008.

Mazzotti, S., Le Pichon, X. and Lallemant, S., 1996, Tectonics of the eastern Nankai accretionary prism, *in situ* study of the Kodaiba Fault central scarp. JAMSTEC J. Deep Sea Res., 12, 167-173.

Mazzotti, S., Lallemant, S. J., Henry, P., Le Pichon, X., Tokuyama, H. and Takahashi, N., 2002, Intraplate shortening and underthrusting of a large basement ridge in the eastern Nankai subduction zone. Marine Geol., 187, 63-68.

Mikada, H., Becker, K., Moore, J. C., Klaus, A., et al., 2002, Proc. ODP, Init. Repts., 196, College Station TX (Ocean Drilling Program), doi: 10.2973/odp.proc.ir.196.2002.

Mikada, H., Moore, G. F., Taira, A., Becker, K., Moore, J. C., and Klaus, A. (eds.), 2005, Proc. ODP, Sci. Results, 190/196, College Station TX (Ocean Drilling Program), doi: 10.2973/odp.proc.sr.190196.2005.

Mishima, T., Hirono, T., Soh, W. and Song, S., 2006, Thermal history estimation of the Taiwan Chelungpu Fault using rock-magnetic methods. Geophys. Res. Lett., 33, L23311, doi: 10.1029/2006GL028088.

Miyashiro, A., 1961, Evolution of metamorphic belts. J. Petrol., 2, 277-311.

茂木昭夫, 1975, フィリピン海北縁部の海底地形— Outer Ridge について. 海洋科学, 7, 531-536.

Montagner, J. P., et al., 1994, The French pilot experiment OFM-SISMOBS: first scientific results on noise level and event detection. Phys. Earth Planet. Inter., 84, 321-336.

Moore, G. F., Taira, A., Klaus, A. et al., 2001a, New insights into deformation and fluid flow processes in the Nankai Trough accretionary prism: Results of Ocean Drilling Program Leg 190. Geochem. Geophys. Geosyst., 2 (10), 1058, doi: 10.1029/2001GC000166.

Moore, G. F., Taira, A., Klaus, A., et al., 2001b, Proc. ODP, Init. Repts., 190, College Station TX (Ocean Drilling Program), doi: 10.2973/odp.proc.ir.190.2001.

Moore, G. F., Bangs, N. L., Taira, A., Kuramoto, S., Pangborn, E. and Tobin, H., 2007, Three-dimensional splay fault geometry and implications for Tsunami generation. Science, 318, 1128-1131.

Moore, J. C. and Byrne, T., 1987, Thickening of fault zones: A mechanism of mélange formation in accreting sediments. Geology, 15, 1040-1043.

Moore, J. C. and Tobin, H. J., 1997, Estimated fluid pressures of the Barbados accretionary prism and adjacent sediments. Proc. ODP, Sci. Results, 156, 229-238.

Moore, J. C., Klaus, A., *et al.*, 1998, Proc. ODP, Init. Repts., 171A, College Station TX (Ocean Drilling Program), doi: 10.2973/odp.proc.ir.171a.1998.

Moore, J. C., Mascle, A., *et al.*, 1990a, Proc. ODP, Sci. Results, 110, College Station TX (Ocean Drilling Program).

Moore, J. C., Orange, D., and Kulm, L. V., 1990b, Interrelationship of fluid venting and structural evolution: Alvin observations from the frontal accretionary prism, Oregon. J. Geophys. Res., 95, 8795-8808.

Moore, J. C. and Saffer, D., 2001, Updip limit of the seismogenic zone beneath the accretionary prism of southwest Japan: An effect of diagenetic to low-grade metamorphic processes and increasing effective stress. Geology, 29, 183-186.

Mori, K. and Taguchi, K., 1988, Examination of the low-grade metamorphism in the Shimanto Belt by vitrinite reflectance. Modern Geol., 12, 325-339.

Morris, J. D., Villinger, H. W., Klaus, A., *et al.*, 2003, Proc. ODP, Init. Repts., 205, College Station TX (Ocean Drilling Program), doi: 10.2973/odp.proc.ir.205.2003

Morris, J. D. and Villinger, H. W., 2006, Leg 205 synthesis: subduction fluxes and fluid flow across the Costa Rica convergent margin. Proc. ODP, Sci. Results, 205, College Station TX (Ocean Drilling Program), 1-54.

Mulugeta, G. and Koyi, H., 1992, Episodic accretion and strain partitioning in a model sand wedge. Tectonophysics, 202, 319-333.

村岡　諭・小川勇二郎，2008，房総半島南部千倉層群は付加体か地すべりか．日本地球惑星科学連合 2008 年大会予稿集，J248-P006.

村内必典，1972，人工地震探査による日本海の地殻構造．科学，42，367-375.

Nagahashi, T. and Miyashita, S., 2002, Petrology of the greenstones of the Lower Sorachi Group in the Sorachi-Yezo Belt, central Hokkaido, Japan, with special reference to discrimination between oceanic plateau basalt and mid-oceanic ridge basalts. Island Arc, 11, 122-141.

中村光一，1985，熊野灘—地質．日本全国沿岸海洋誌，日本海洋学会沿岸海洋研究部会編，東海大学出版会，561-571.

Nakanishi, A., Kodaira, S., Park, J.-O. and Kaneda, Y., 2002, Deformable backstop as seaward end of coseismic slip in the Nankai Trough seismogenic zone. Earth Planet. Sci. Lett., 203, 255-263.

Obara, K., 2002, Nonvolcanic deep tremor associated with subduction in southwest Japan. Science, 296, 1679-1681.

Obara, K., Hirose, H., Yamamizu, F. and Kasahara, K., 2004, Episodic slow slip events accompanied by non-volcanic tremors in southwest Japan subduction zone. Geophys. Res. Lett., 31, doi: 10.1029/2004GL020848.

小川勇二郎・久田健一郎，2005，フィールドジオロジー 5 付加体地質学．共立出版，160p.

Ohmori, K., Taira, A., Tokuyama, H., Sakaguchi, A., Okamura, M. and Aihara, A., 1997, Paleothermal structure of the Shimanto accretronary prism, Shikoku, Japan; Role of an out-of-sequence thrust. Geology, 25, 327-330.

Okamoto, S., Kimura, G., Takizawa, S. and Yamaguchi, H., 2006, Earthquake fault rock indicating a coupled lubrication mechanism. e-Earth, 1, 23-28.

Okamoto, S., Kimura, G., Yamaguchi, A., Yamaguchi, H. and Kusaba, Y., 2007, Generation depth of the pseudotachylyte from an out-of-sequence thrust in accretionary prism Geothermobarometric evidence. Scientific Drilling, Special Issue, 1, 47-50.

Okamura, K., Hatanaka, H., Kimoto, H., Suzuki, M., Sohrin, Y., Nakayama, E., Gamo, T. and Ishibalshi, J., 2004, Development of an in situ manganese analyzer using micro-diaphragm pumps and its application to time series observation in a hydrothermal field at Suiyo seamount. Geochem. J., 38, 635-642.

Okino, K., Ohara, Y., Kasuga, S. and Kato, Y., 1999, The Philippine Sea: New survey results reveal the structure and the history of the marginal basins. Geophys. Res. Lett., 26, 2287-2290.

Oleskevich, D. A., Hyndman, R. D. and Wang, K., 1999, The updip and downdip limits to great subduction earthquakes; Thermal and structural models of Cascadia, south Alaska, SW Japan and Chile. J. Gephys. Res., 104, 14965-14991.

Onishi, T. C., Kimura, G., Hashimoto, Y., Ikehara-Ohmori, K. and Watanabe, T., 2001, Deformation history of tectonic melange and its relationship to the underplating process and relative plate motion: An example from the deeply buried Shimanto Belt, SW Japan. Tectonics, 20, 376-393.

Otsuki, K., Monzawa, N. and Nagase, T., 2005, Fluidization and melting of fault gouge during seismic slip; Identification in the Nojima fault zone and Implications for focal earthquake mechanisms. J. Geophys. Res., 108(B4), 2192-2208.

Otsuki, K., Hirono, T., Omori, M., Sakaguchi, M., Tanikawa, W., Lin, W., Soh, W. and Song, R., 2009, Analyses of pseudotachilyte from Hole-B of Taiwan Chelungpu Fault Drilling Project (TCDP); their implications for seismic slip behaviors during 1999 Chi-Chi earthquake. Tectonophys., 469, 13-24.

Ozawa, S., Murakami, M., Kaidzu, M., Tada, T., Sagiya, T., Hatanaka, Y., Yari, H. and Nishimura, T., 2002, Detection and monitoring of ongoing aseismic slip in the Tokai region, central Japan. Science, 298, 1009-1012.

Pacheco, J. F., Sykes, L. R. and Scholz, C. H., 1993, Nature of seismic coupling along simple plate boundaries of the subduction type. J. Gephys. Res., 98, 14133-14159.

Park, J.-O., Tsuru, T., Kodaira, S., Cummins, P. R. and Kaneda, Y., 2002a, Splay fault branching along the Nankai subduction zone. Science, 297, 1157-1160.

Park, J.-O., Tsuru, T., Takahashi, N., Hori, T., Kodaira, S., Nakanishi, A., Miura, S. and Kaneda, Y., 2002b, A deep strong reflector of the Nankai accretionary wedge from multichannel seismic data: implications for underplating and interseismic shear stress release. J. Geophys. Res., 107, 3-16.

Park, J.-O., Moore, G., Tsuru, T., Kodaira, S. and Kaneda, Y., 2003, A subducted oceanic ridge influencing the Nankai megathrust earthquake rupture. Earth Planet. Sci. Lett., 217, 77-84.

Paterson, M. S., 1978, Experimental Rock Deformation, Springer, New York, 254p.

Raymond, L. A., 1984, Classification of melanges. In Raymond, L. A. (ed.), Mélanges: Their nature, Origin, and Significance, Geol. Soc. Amer., Spec. Pap., 198, 7-20.

Ruff, L. J. and Kanamori, H., 1983, Seismic coupling and uncoupling at subduction zones. Tectonophys., 99, 99-117.

Ruff, L. J., 1989, Do trench sediments affect great earthquake occurrence in subduction zones?. Pure Appl. Geophys., 129, 263-282.

Sacks, I. S., Suyehiro, S., Evertson, D. W. and Yamagishi, Y., 1971, Sacks-Evertson strainmeter: its installation in Japan and some preliminary results concerning strainsteps. Pap. Meteorol. Geophys., 22, 195-208.

Sacks, I. S., Suyehiro, K., Acton, G. D., et al., 2000, Proc. ODP, Init. Repts., 186, College Station TX (Ocean Drilling Program).

Saegusa, S., Tsunogai, U., Nakagawa, F. and Kancko, S., 2006, Development of a multi-bottle gas-tight fluid sampler WHATS II for Japanese submersibles/ROVs. Geofluids, 6, 234-240.

Saffer, D. M. and Bekins, A., 2002, Hydrologic controls on the morphology and mechanics of accretionary wedges. Geology, 30, 271-274.

Saffer, D. and Marone, C., 2003, Comparison of smectite- and illite-rich gouge frictional properties: application to the updip limit of the seismogenic zone along subduction megathrusts. Earth Planet. Sci. Lett., 215, 219-235.

Saffer, D. M. and Bekins, B. A., 2006, An evaluation of factors influencing pore pressure in accretionary complexes: Implications for taper angle and wedge mechanics. J. Geophys. Res., 111, B04101, doi: 10.1029/2005JB003990.

Sagiya T., 1999, Interplate coupling in the Tokai district, central Japan, deduced from continuous GPS data. Geophys. Res. Lett., 26, 2315-2318.

Sagiya, T. and Thatcher, W., 1999, Coseismic slip resolution along a plate boundary megathrust: The Nankai Trough, southwest Japan. J. Geophys. Res., 104, 1111-1129.

Saito, S. and Goldberg, D., 2001, Compaction and dewatering processes of the oceanic sediments in the Costa Rica and Barbados subduction zones: estimates from in situ physical property measurements. Earth Planet. Sci. Lett., 191, 283-293.

Sakaguchi, A., 1999, Thermal maturity in the Shimanto accretionary prism, southwest Japan, with the thermal change of the subducting slab: fluid inclusion and vitrinite reflectance study. Earth Planet. Sci. Lett., 173, 61-74.

Sakaguchi, A., 2001, High paleogeothermal gradient with ridge subduction beneath the Cretaceous Shimanto accretionary prism, southwest Japan. Geology, 24, 795-798.

Sakai, H., Gamo, T., Ogawa, Y. and Boulegue, J., 1992, Stable isotopic ratios and origins of the carbonate crust collected from the subduction-induced cold seepage at the eastern Nankai Trough. Earth Planet. Sci. Lett., 109, 391-404.

Salisbury, M. H., Shinohara, M., Richter, C., et al., 2002, Proc. ODP, Init. Repts., 195, College Station TX (Ocean Drilling Program).

寒川　旭, 1998, 古遺跡あとにみる地震と液状化の歴史. 科学, 68, 20-24.

Satake, K., Shimazaki, K., Tsuji, Y. and Ueda, K., 1996, Time and size of a giant earthquake in Cascadia inferred from Japanese tsunami records of January 1700. Nature, 379, 246-249.

Schellart, W. P., 2000, Shear test results for cohesion and friction coefficients for different granular materials; scaling implications for their usage in analogue modelling. Tectonophysics, 324, 1-16.

Scholz, C. H. and Small, C., 1997, The effect of seamount subduction on seismic coupling. Geology, 25, 487-490.

Scholz, C. H., 2002, The Mechanics of Earthquakes and Faulting, Cambridge University

Press, New York, 471 pp.
Seely, D. R., Vail, P. R. and Walton, G. C., 1974, Trench slope model. In Burk, C. A. and Drake, C. L., eds., The Geology of Continetal Margins, Springer-Verlag, New York, 249-260.
Seno, T., 2003, Fractal asperities, invasion of barriers, and interplate earthquakes. Earth Planets Space, 55, 649-665.
Shelly, D. R., Beroza, G. C., Ide, S. and Nakamula, S., 2006, Low-frequency earthquakes in Shikoku, Japan, and their relationship to episodic tremor and slip. Nature, 442, doi: 10.1038/nature04931.
Shibata, T., Orihashi, Y., Kimura, G. and Hashimoto, Y., 2008, Underplating of mélange evidenced by the depositional ages: U-Pb dating of zircons from the Shimanto accretionary complex, SW Japan. Island Arc, 17, 376-393.
Shin, T.-C. and Teng, T.-L., 2001, An overview of the 1999 Chi-Chi, Taiwan, Earthquake. Bull. Seism. Soc. Amer., 91, 895-913.
Shinohara, M. and 22 authors, 2003, Long-term monitoring using deep seafloor boreholes penetrating the seismogenic zone. Bull. Earthq. Res. Inst., Univ. Tokyo, 78, 205-218.
Shinohara, M., Araki, E., Kanazawa, T., Suyehiro, K., Mochizuki, M., Yamada, T., Nakahigashi, K., Kaiho, Y. and Fukao, Y., 2006, Deep-sea borehole seismological observatories in the Western Pacific: temporal variation of seismic noise level and event detection. Annals of Geophysics, 49, 625-641.
Shipboard Scientific Party, 2001, Leg 190 summary. Proc. ODP, Init. Repts., 190, College Station TX (Ocean Drilling Program), 1-87.
Shipboard Scientific Party, 2002a, Borehole instrument pacage. Proc. ODP, Init. Repts., 195, College Station TX (Ocean Drilling Program).
Shipboard Scientific Party, 2002b, Site 1201. Proc. ODP, Init. Repts., 195, College Station TX (Ocean Drilling Program), 1-233.
Shipley, T. H., Moore, G. F., Bangs, N. L., Moore, J. C. and Stoffa, P. L., 1994, Seismically inferred dilatancy distribution, northern Barbados Ridge décollement: implications for fluid migration and fault strength. Geology, 22, 411-414.
Shipley, T. H., Ogawa, Y., Blum, P., et al., 1995, Proc. ODP, Init. Repts., 156, College Station TX (Ocean Drilling Program), doi: 10.2973/odp.proc.ir.156.1995.
Sibson, R. H., 1986, Brecciation processes in fault zones inferences from earthquake rupturing. Pure Appl. Geophys., 124, 159-175.
Sibson, R. H., Robert, F. and Poulsen, K. H., 1988, High-angle reverse faults, fluid-pressure cycling, and mesothermal gold-quartz deposit. Geology, 16, 551-555.
Sibson, R. H., 1992, Implications of fault-valve behavior for rupture nucleation and recurrence. Tectonophys., 211, 283-293.
Sibson, R. H., 2003, Thickness of the seismic slip zone. Bull. Seism. Soc. Amer., 93, 1169-1178.
Soh, W. and Tokuyama, H., 2002, Rejuvenation of submarine canyon associated with ridge subduction, Tenryu Canyon, off Tokai, central Japan. Marine Geol., 187, 203-220.
Stephen, R. A., Spiess, F. N., Collins, J. A., Hildebrand, J. A., Orcutt, J. A., Peal, K. R., Vernon, F. L. and Wooding, F. B., 2003, Ocean seismic network pilot experiment. Geochem. Geophys. Geosyst., 4, doi: 10.1029/2002GC000485.
Suess, E., von Huene, R., et al., 1988, Proc. ODP, Init. Repts., 112, College Station TX

(Ocean Drilling Program), 1012 pp.
Suess, E., von Huene, R., et al., 1990, Proc. ODP, Sci. Result, 112, College Station TX (Ocean Drilling Program), 738 pp.
Sugiyama, Y., 1996, Neotectonics of Southwest Japan due to the right-oblique subduction of the Philippine Sea plate. Geofisica Internacional, 33, 53-76.
Suyehiro, K., Kanazawa, T., Hirata, N., Shinohara, M. and Kinoshita, H., 1992, Broadband downhole digital seismometer experiment at Site 794: A technical paper. Proc. ODP, Sci. Results, 127/128, Part 2, 1061-1073.
Suyehiro, K., Montagner, J.-P., Stephen, R., Araki, E., Kanazawa, T., Orcott, J., Romanowicz, B., Sacks, S. and Shinohara, M., 2006, Ocean seismic observatories. Oceanography, 19, 144-149.
Tagami, T. and Hasebe, N., 1999, Cordilleran-type orogeny and episodic growth of continents: insights from circum-Pacific continental margins. Island Arc, 8, 206-217.
平　朝彦・岡村　真・甲藤次郎・田代正之・斎藤靖二・小玉一人・橋本光男・千葉とき子・青木隆弘, 1980a, 高知県四万十帯北帯（白亜系）における"メランジェ"の岩相と時代. 四万十帯の地質学と古生物学—甲藤次郎教授還暦記念論文集, 林野弘済会高知支部, 179-214.
平　朝彦・田代正之・岡村　真・甲藤次郎, 1980b, 高知県四万十帯の地質とその起源. 四万十帯の地質学と古生物学—甲藤次郎教授還暦記念論文集, 林野弘済会高知支部, 319-389.
Taira, A., 1981, The Shimanto Belt of southwest Japan and arc-trench sedimentary tectonics. Recent Progress of Natural Sci. in Japan, 6, 147-162.
Taira, A. and Niitsuma, N., 1986, Turbidite sedimentation in the Nankai Trough as interpreted from magnetic fabric, grain size, and detrital modal analyses. Init. Repts. DSDP, 87, Washington (U. S. Gov. Printing Office), 611-632.
Taira, A., Katto, J., Tashiro, M., Okamura, M. and Kodama, K., 1988, The Shimanto Belt in Shikoku, Japan-evolution of Cretaceous to Miocene accretionary prism. Modern Geol., 12, 5-46.
Taira, A., Tokuyama, H. and Soh, W., 1989, Accretion tectonics and evolution of Japan. In Ben-Avraham, Z., ed., The Evolution of the Pacific Ocean Margins, Oxford University Press, 100-123.
Taira, A., Hill, I., Firth, J. V., et al., 1991, Proc. ODP, Init. Repts., 131, College Station TX (Ocean Drilling Program), doi: 10.2973/odp.proc.ir.131.1991.
Takahashi, M., 1981, Space-time distribution of Late Mesozoic to Early Cenozoic magmatism in East Asia and its tectonic implications. In Hashimoto, M. and Uyeda, S., eds., Accretion Tectonics in the Circum-Pacific Regions, TerraPub, Tokyo, 69-88.
Tanaka, H., Wang, C. Y., Chen, W. M., Sakaguchi, A., Ujiie, K., Ito, H. and Ando, M., 2002, Initial science report of shallow drilling penetrating into the Chelungpu fault zone, Taiwan. Terr. Atmos. Ocean. Sci., 13, 227-252.
Tanaka, H., Chen, W.-M., Kawabata, K. and Urata, N., 2007, Thermal properties across the Chelunpu fault zone and evaluations of positive anomaly on the slip zones: Are these residual of the heat from faulting?. Geophys. Res. Lett., 34, L01309, doi: 10.1029/2006GL028153.
Tanikawa, W., Mishima, T., Hirono, T., Lin, W., Shimamoto, T., Soh, W. and Song, S., 2007, High magnetic susceptibility reproduced in frictional tests on core samples from

the Chelungpu fault in Taiwan. Geophys. Res. Lett., 34, L15304, doi: 10.1029/2007 GL030783.

Tanikawa, W. and Shimamoto, T., 2009, Frictional and transport properties of the Chelungpu fault from shallow borehole data and their correlation with seismic behavior during the 1999 Chi-Chi earthquake. J. Geophys. Res., doi: 10.1029/2008JB 005750.

Tanioka, F., Ruff, L. and Satake, K., 1997, What controls the lateral variation of large earthquake occurrence along Japan Trench. Island Arc, 6, 261-266.

Tanioka, Y. and Satake, K., 2001a, Detailed coseismic slip distribution of the 1944 Tonankai earthquake estimated from tsunami waveforms. Geophys. Res., Lett., 28, 1075-1078.

Tanioka, Y. and Satake, K., 2001b, Coseismic slip distribution of the 1946 Nankai earthquake and aseismic slips caused by the earthquake. Earth Planets Space, 53, 235-241.

東海沖海底活断層研究会, 1999, 東海沖の海底活断層, 東京大学出版会, 174 pp.

土岐知弘・蒲生俊敬・山中寿朗・石橋純一郎・角皆　潤・松林　修, 2001, 南海トラフ付加体内部から表層堆積物へのメタン供給. 地調月報, 52, 1-8.

Toki, T., Tsunogai, U., Gamo, T., Kuramoto, S. and Ashi, J., 2004, Detection of low-chloride fluids beneath a cold seep field on the Nankai accretionary wedge off Kumano, south of Japan. Earth Planet. Sci. Lett., 228, 37-47.

土岐知弘・角皆　潤・蒲生俊敬, 2005, 時系列採水装置による南海トラフ付加体の地球化学的観測. 月刊地球, 号外51, 204-212.

徳永朋祥, 2006, 準静的多孔質弾性論に基づく地盤・岩盤と間隙水の相互作用と地球科学的意義. 地学雑誌, 115, 262-278.

徳山英一・芦　寿一郎, 2001, メタンハイドレートからみた間隙流体移動と湧水活動. 月刊地球, 23, 823-827.

Toriumi, M. and Teruya, J., 1988, Tectono-metamorphism of the Shimanto Belt. Modern Geol., 12, 303-324.

Tsunogai, U. and Wakita, H., 1995, Precursory chemical changes in ground water: Kobe earthquake, Japan. Science, 269, 61-63.

Tsunogai, U., Yoshida, N. and Gamo, T., 2002, Carbon isotopic evidence for methane using sulfate reduction in sediment beneath seafloor cold seep vents at Nankai Trough. Marine Geol., 187, 145-160.

Tsuru, T., Miura, S., Park, J.-O., Ito, A., Fujie, G., Kaneda, Y., No, T., Katayama, T. and Kasahara, J., 2005, Variation of physical properties beneath a fault observed by a two-ship seismic survey off southwest Japan. J. Geophys. Res., 110, Art. No. B05405.

Tsutsumi, A. and Shimamoto, T., 1997, High-velocity frictional properties of gabbro. Geophys. Res. Lett., 24, 699-702.

Ujiie, K., Hisamitsu, T. and Taira, A., 2003, Deformation and fluid pressure variation during initiation and evolution of the plate boundary décollement zone in the Nankai accretionary prism. J. Geophys. Res., 108, doi: 10.1029/2002JB2314.

Ujiie, K., Yamaguchi, A., Kimura, G. and Toh, S., 2007a, Fluidization of granular material in a subduction thrust at seismogenic depths. Earth Planet. Sci. Lett., 259, 307-318.

Ujiie, K., Yamaguchi, H., Sakaguchi, A. and Toh, S., 2007b, Pseudotachylytes in an ancient accretionary complex and implications for melt lubrication during subduction

zone earthquakes. J. Struct. Geol., 29, 599-613.
Ujiie, K., Yamaguchi, A. and Taguchi, S., 2008, Stretching of fluid inclusions in calcite as an indicator of frictional heating on faults. Geology, 36, 111-114.
氏家由利香・芦　寿一郎・平　朝彦・徳山英一，2001，琉球海溝・南海トラフ域におけるマッドダイアピルの活動．月刊地球，号外32，206-213．
浦越拓野・細谷真一・徳永朋祥，2006，周期的な間隙水圧変動を利用した水理特性評価技術の適用深度の検討．地学雑誌，115，279-294．
Uyeda, S. and Kanamori, H., 1979, Back-arc opening and the mode of subduction. J. Geophys. Res., 84, 1049-1061.
Uyeda, S., 1981, Subduction zones: An introduction to comparative subductology. Tectonophys., 81, 133-159.
von Huene, R. and Lallemand, S. E., 1990, Tectonic erosion along the Japan and Peru convergent margins. Geol. Soc. Amer. Bull., 102, 704-720.
von Huene, R. and Scholl, D. W., 1991, Observations at convergent margins concerning sediment subduction, erosion, and the growth of continental crust. Rev. Geophys., 29, 279-316.
Vrolijk, P., 1987, Tectonically driven fluid flow in the Kodiak accretionary complex, Alaska. Geology, 15, 466-469.
Vrolijk, P., Myers, G. and Moore, J. C., 1988, Warm fluid migration along tectonic melanges in the Kodiak Accretionary Complex, Alaska. J. Geophys. Res., 93, 10313-10324.
Wang, C., Chang, C. and Yen, H., 2002, Mapping the northern portion of the Chelungpu fault, Taiwan based on the thin-skinned thrust model. Terr. Atmos. Ocean. Sci., 11, 603-630.
Wang, H. F., 2000, Theory of Linear Poroelasticity with Application to Geomechanics and Hydrogeology, Princeton University Press, 287 pp.
Wang, K., Hyndman, R. D. and Yamano, M., 1995, Thermal regime of the Southwest Japan subduction zone: effects of age history of the subducting plate. Tectonophys., 248, 53-69.
Wang, K. and Davis, E. E., 1996, Theory for the propagation of tidally induced pore pressure variations in layered subseafloor formations. J. Geophys. Res., 101, 11483-11495.
Wang, K. and He, J., 1999, Mechanics of low-stress forearcs: Nankai and Cascadia. J. Geophys. Res., 104(B7), 15191-15205.
Wang, K. and Hu, Y., 2006, Accretionary prisms in subduction earthquake cycles: The theory of dynamic Coulomb wedge. J. Geophys. Res., 111, B06410, doi: 10.1029/2005JB004094.
Watkins, J. S., Moore, J. C., et al., 1981, Init. Repts. DSDP, 66, Washington (U. S. Gov. Printing Office), 864pp.
Wu, H., Ma, K.-H, Zoback, M., Bones, N., Ito, H., Hung, J. and Hickman, S., 2007, Stress orientations of Taiwan Chelungpu-Fault Drilling Project (TCDP) hole-A as observed from geophysical logs. Geophys. Res., Lett., 34, L01303, doi: 10.1029/2006GL028050.
Xiao, H. B., Dahlen, F. A. and Suppe, J. 1991, Mechanics of extensional wedges. J. Geophys. Res., 96, 10301-10318.
Yamaguchi, S., Kobayashi, Y., Oshiman, N., Tanimoto, K., Murakami, H., Shiozaki, I.,

Uyeshima, M., Utada, H. and Sumitomo, N., 1999, Preliminary report on regional resistivity variation inferred from the Network MT investigation in the Shikoku district, southwestern Japan. Earth Planets Space, 51, 193-203.

Yamamoto, Y and Kawakami, S., 2005, Rapid tectonics of the Late Miocene Boso accretionary prism related to the Izu-Bonin arc collision. Island Arc, 14, 178-198.

山中桂子，2006，再考――1944年東南海地震．日本地震学会講演予稿集，12．

Yamano, M., Uyeda, S., Aoki, Y. and Shipley, T., 1982, Estimates of heat flow derived from gas hydrates. Geology, 10, 339-343.

山野　誠・木下正高・松林　修・中野幸彦，2000，南海トラフ付加体の温度構造と間隙流体による熱輸送．地学雑誌，109，540-553．

Yamano, M., Kinoshita, M., Goto, S. and Matsubayashi, O., 2003, Extremely high heat flow anomaly in the middle part of the Nankai Trough. Phys. Chem. Earth, 28, 487-497.

山野　誠・濱元栄起，2005，南海トラフ沈み込み帯の熱流量分布と温度構造．月刊地球，号外51，74-80．

Yamazaki, T. and Okamura, Y., 1989, Subduction seamounts and deformation of overriding forearc wedge around Japan. Tectonophys., 160, 207-229.

You, C.-F., Castillo, P. R., Giskes, J. M., Chan, L. H. and Apivack, A. J., 1996, Trace element behavior in hydrothermal experiments: implication for fluid processes at shallow depth in subduction zones. Earth Planet. Sci. Lett., 140, 41-52.

Yu, S. B., Kuo, L. C., Hsu, Y. J., Su, H. H., Liu, C. C., Hou, C. S., Lee, J. F., Lao, T. C., Liu, C. C., Liu, C. L., Tseng, T. F., Tsai, C. S. and Shin, T. C., 2001, Preseismic deformation and co-seismic displacement associated with the 1999 Chi-Chi, Taiwan, earthquake. Bull. Seism. Soc. Amer., 91, 995-1012.

Yue, L.-F., Suppe, J. and Hung, J.-H., 2005, Structural geology of a classic thrust belt earthquake: the 1999 Chi-Chi earthquake Taiwan (M_w=7.6). J. Struct. Geol., 27, 2058-2083.

Zhang, J., Wong, T.-f., and Davis, D. M., 1987, Failure mode as a function of porosity and effective pressure in porous sandstones. Geol. Soc. Amer. Abs. w. Prog., 19, 904.

Zhang, W., Iwata, T. and Irikura, K., et al., 2003, Heterogeneous distribution of the dynamic source parameters of the 1999 Chi-Chi, Taiwan, earthquake. J. Geophys. Res., 108, 2232, doi: 10.1029JB001889.

Zhao, W. L., Davis, D. M., Dahlen, F. A. and Suppe, J., 1986, Origin of convex accretionary wedges: Evidence from Barbados. J. Geophys. Res., 91, 10246-10258.

Zoback, M. D. and Townend, J., 2001, Implications of hydrostatic pore pressures and high crustal strength for the deformation of intraplate lithosphere. Tectonophys., 336, 19-30.

図0-1-4，図0-2-6，図2-3-2　Reproduced from Island Arc, with permission from Wiley-Blackwell.

図1-2-3　Reproduced from Phys. Earth Planet. Inter., with permission from Elsevier.

図1-2-2,9，図2-2-6，図2-5-4,6，表3-1-2，図3-4-1，図5-1-12,15　Reproduced from Earth Planet. Sci. Lett., with permission from Elsevier.

図1-2-5下，図3-2-2，図3-3-2，写真3-5-1,2　Reproduced from Tectonophys., with permission from Elsevier.

図4-1-5,6,8　Reproduced from J. Struct. Geol., with permission from Elsevier.

図1-2-4,5上,7,10，図1-3-1,2,3,5,6　From Science, reprinted with permission from AAAS.

■索引

ア行

安芸構造線　140
足摺海底谷　69
足摺岬　68
アスペリティー　5, 9, 13, 23, 139, 167, 237
圧力溶解　147
アナログ実験　193
アラスカ　5, 16, 17
アリューシャン　204
安定状態　205
安定すべり　14, 57, 237
一軸圧縮強度　95
インヴァージョン解析　29
ウエッジ　11, 186
潮岬　28, 68
　　──海底谷　69, 73, 97
ウルトラカタクレーサイト　161, 176
遠州トラフ　68
応力　113, 157, 172, 187, 205, 210, 249
　　──場　119, 189, 206, 210, 248
興津メランジュ　151, 153
オズモサンプラー　229
親潮古陸　18
オリストストローム　136, 144
温度構造　8, 103, 119
　　──モデル　108

カ行

外ウエッジ　162, 210
外縁隆起帯　68
「かいこう」　90, 119, 231
海溝　1, 11
　　──斜面　11
　　──充填堆積物　11, 65

海山　10, 43, 67, 167
崖錐堆積物　73, 79
海水電池　232
海底擬似反射面（BSR）　85, 105
海底谷　69, 72
海底電位差磁力計　54
海底熱流量　103
海洋プレート層序　142
「かいれい」　37
海嶺　46
化学合成生物群集　73, 76, 78, 82, 107
角閃岩層　167
過剰間隙水圧　112, 224
河床の拡張　73
カスカディア　6, 16, 17, 22, 204, 217
カタクレーサイト　151, 154, 163
活断層　78, 164
カップリング不均質　52
下部四国海盆層　124
間隙水圧　8, 53, 111, 132, 156, 201, 205, 217, 242
　　──比　143, 187, 192
間隙率　77, 95, 125, 132
間隙流体　77, 87, 110, 148
観測ステーション　88
気候　139
輝炭反射率　140, 143
紀南海山列　43, 67, 125
境界断層　152
巨大地震　3, 6, 23, 26, 139, 205
グアテマラ沖　5, 19
掘削時検層（LWD）　21, 123, 126, 225, 245
屈折法・広角反射法地震探査　38, 42
熊野トラフ　68, 74, 108, 164, 245, 248
繰り返し周期　27

277

黒潮　246
グローマーチャレンジャー号　15
クーロンウエッジ臨界尖形理論　195
クーロンの破壊基準　188
クーロン物質　194
傾斜計　230, 236, 241
形成深度　136, 142
ケーシング　117, 218
結合度　8
高間隙層　13
広帯域地震計　231
孔内長期圧力観測装置（ACORK）　21, 117, 124, 217, 225
孔内長期温度・圧力観測装置（CORK）　215, 216
孔壁崩落帯　128
黒色ガウジ　176
コスタリカ　6, 22, 130, 226
固着　47, 103, 237
コヒレント層　140, 152

サ行

載荷効率　115
砂岩　193
サブイベント　33
四国海盆　67
四国タービダイト　124
地震性すべり　8
地震断層　71, 150, 162
地震波形　32
地震発生サイクル　205, 210
　──シミュレーション　48, 53
地震発生帯　8, 26, 103, 129, 144, 148, 162, 165, 208
地震発生断層　149, 151
沈み込み帯　1
沈み込みパラメター　4
自然ガンマ線　127
四万十帯　4, 65, 134, 137
斜面堆積盆　68
シュードタキライト　149, 151, 153
順序外断層（OOST）　9, 71, 140, 153, 162, 164, 198
条件付不安定すべり域　57, 60
衝突帯　1

上部四国海盆層　124
ジョグ　154
シロウリガイ　73, 78, 85
　──コロニー　82, 86
「しんかい6500」　79, 89, 90, 111, 119
深海掘削　1, 16
浸食作用　139, 201
浸透率　112, 115
深部強反射面（DSR）　44
深部低周波地震　59
水頭拡散率　115
水理学モデル　200
スクリーン　222, 225
スケンプトン定数　114, 241
スティックスリップ　199, 237
ステップダウン　129, 163, 166
砂　191, 193
スーパープルーム　139
すべり欠損モデル　238
すべり速度強化　210, 212
すべり速度弱化　149, 211, 212
すべり量分布　29, 41
スマトラ　6
スロースリップ　58, 167
静岩圧　111, 143, 157
静水圧　111, 143
セグメント化　50
石灰質セメンテーション　100
石灰質ナノ化石年代　93, 95
銭洲海嶺　67, 78, 90
遷移帯　162
前縁スラスト　70, 90, 116, 128, 163, 247
尖形角（度）　11, 162, 186, 202, 204
前弧ウエッジ　14
前弧海盆　68, 196
剪断帯　147
浅部低周波地震　62
造構性浸食作用　4, 11, 19, 166
造構性メランジュ　142, 144, 151, 165
造山運動論　2
続成作用　8, 125, 165
速度弱化メカニズム　149
底づけ作用　74
底づけ付加　166

タ行

ダイアピル 81
　——メランジュ 144
帯磁率強度 178
堆積作用 139
堆積性メランジュ 144
台湾 168, 192
　——チェルンプ断層掘削計画 173
　——集集地震 168
多孔質媒体 113
脱水 77, 87, 157
　——率 132
　——量 132
ダルシー則 112
ダルシー速度 112, 120
短期的スロースリップ 58
炭酸塩クラスト 80, 84
弾性歪エネルギー 7
弾性率 114
断層岩 137, 148
断層弱化メカニズム 155
断層破砕帯 173
断層バルブモデル 155
断層摩擦熔融説 172, 181
チェルンプ／三義断層 170
チェルンプ断層 168
地殻変動 34, 230
地下構造探査 37
「ちきゅう」 23, 84, 244
千倉層群 101
中米海溝 19, 22, 226
チューブワーム 73, 78
潮汐変動 114, 117
超低周波地震 118, 238
チリ型 1, 3, 140
チリ三重会合点 22
津波地震 28
津波波形 29
低周波地震 162, 167, 238
低周波微動 56, 167
定常すべり 238
デクレピテーション 157
デコルマ 13, 20, 69, 123, 125, 129, 163, 164, 186, 221

デュープレックス 101
電磁気学的構造 53
天竜海底谷 69, 73, 90
東海沖 37, 67, 80, 119
東海スラスト 80, 96
統合国際深海掘削計画（IODP） 23, 245
島弧地殻 6
透水係数 184
透水性 81, 201
透水層 81
東南海地震（1944 年） 26, 29, 35
等比容積線 158
土佐海盆 68
ドーム状構造物 52
泥火山 74, 81
泥ダイアピリズム 74

ナ行

内ウエッジ 162, 210
内爆発角礫 154, 157
内部重力波 235
内部摩擦 11
　——係数 188, 194
南海地震（1946 年） 26, 29, 35, 71
南海トラフ 1, 5, 17, 21, 23, 26, 65, 123, 130, 203, 210, 225
　——地震発生帯掘削研究（NanTroSEIZE） 23, 237, 245
南海付加体 65, 123, 162
日仏 KAIKO 計画 46, 77, 90, 119
日本海溝 13, 18
熱圧化 155, 157, 161, 172, 183
熱拡散率 106
熱伝導率 104, 106
熱分解起源メタン 82
熱流量 8, 103, 119
　——測定 104, 119
　——プローブ 104, 120
粘性率 183
粘性流潤滑化説 172, 181
延岡構造線 140
延岡衝上断層 140, 153, 159

ハ行

背弧海盆 3

排水型付加体　203
排水経路　202
排水状態　113, 221
破壊域分布　27, 29
剥ぎ取り（付加）作用　71, 90, 97
白亜紀後期　134, 139
バクテリアマット　78, 85
パッカー　225, 244
バックストップ　6, 186
パーフォレーション　218, 244
バリアー　9
バルバドス　6, 19, 20, 75, 130, 203, 221
反射極性　20, 44, 225
反射法地震探査　38, 42
比較沈み込み学　2
引き剥がし付加作用　5
歪計　119, 230, 236, 241
微生物起源メタン　82
比抵抗画像　128
比抵抗構造　53
比抵抗値　128
非排水型付加体　203
非排水状態　113
非破壊試験　177
日向海盆　68
不安定すべり　9, 57, 237
付加ウエッジ　186
付加作用　4, 10, 19
付加体　3, 10, 65, 116, 123, 134, 186
複合面構造　147, 151
不整合面　81
フランシスカン層群　135
ブレイクアウト　128, 249
プレート境界　11, 20, 41, 164, 209
ブロックインマトリックス　135
プロトデコルマ　117, 126
分岐断層　49, 62, 68, 71, 140, 163, 166, 201, 247
ペルー沖　22
変形岩石化作用　165
変形フロント　67, 69
放散虫化石　93, 97, 134
放射性発熱　110
飽和曲線　159
北部チェルンプ断層　170

マ行

摩擦強度　156, 172, 180, 186
摩擦係数　156, 180, 189
摩擦発熱　110, 161
摩擦熔融　149
マッドリッジ　76
マリアナ海溝　18
マリアナ型　1, 3, 18
三浦層群　101
牟岐メランジュ　142, 152, 161
室戸トラフ　68
室戸岬　68
メキシコ沖　19, 204
メタン　81, 158
　──ハイドレート　85, 105, 248
　──フラックス　84
メランジュ　135, 140, 144, 151

ヤ行

有効応力　8, 188, 194
有効摩擦係数　110, 189
ユキエリッジ　93, 95
ゆっくり地震　21, 56
横ずれ　51, 72, 87

ラ行

ライザー　24, 244, 248
乱泥流　67
リッジアンドトラフ構造　68, 71
硫化水素　81
流体移動　22, 76, 121, 218
流体包有物　143, 147, 158
竜洋海底谷　85
緑色片岩層　167
臨界状態　205
臨界尖形モデル　186
臨界尖形理論　186, 201
レイノルズ数　182
冷湧水　74, 77, 81, 119

ワ行

ワイヤーライン CORK　217
ワイヤーライン検層　126

アルファベット

ACORK　21, 117, 217, 225
BSR　85, 105
CORK　215, 216
CORK-II　217, 226
DSDP　16, 123
DSR　44
IODP　23, 245
IPOD　17
LWD　21, 123, 126, 225, 245
NanTroSEIZE　23, 237, 245
NEREID　230
ODP　20, 123, 215
OOST　9, 140
OSN-1　235
Paleo Zenisu north ridge　46, 95
Paleo Zenisu south ridge　46, 95
VLF　118

■ 執筆者所属・執筆分担一覧 (五十音順)

芦　寿一郎　　東京大学大学院新領域創成科学研究科　2-1, 2-2, 2-4(共著)
東　　垣　　(独)海洋研究開発機構地球深部探査センター　3-5
川村喜一郎　　(財)深田地質研究所　2-3
木下　正高　　(独)海洋研究開発機構地球内部ダイナミクス領域　2-4(共著), 2-5, 5章
木村　　学　　東京大学大学院理学系研究科　序章(共著), 3-2〜3-4(共著), 4-1(共著)
小平　秀一　　(独)海洋研究開発機構地球内部ダイナミクス領域　1章
斎藤　実篤　　(独)海洋研究開発機構地球内部ダイナミクス領域　3-1, 4-1(共著), 4-2
堀　　高峰　　(独)海洋研究開発機構地球内部ダイナミクス領域　4-3
山口　飛鳥　　高知大学海洋コア総合研究センター　序章(共著), 3-2〜3-4(共著)

編者略歴

木村　学（きむら・がく）
　1950年　北海道夕張市に生まれる
　1981年　北海道大学大学院理学研究科博士課程修了
　　　　香川大学教育学部講師・助教授，大阪府立大学総合科学部
　　　　教授を経て
　現　在　東京大学大学院理学系研究科教授，（独）海洋研究開発
　　　　機構地球内部ダイナミクス領域上席招聘研究員（兼），
　　　　（社）日本地球惑星科学連合会長，理学博士

木下正高（きのした・まさたか）
　1961年　長野県長野市に生まれる
　1990年　東京大学大学院理学系研究科博士課程修了
　　　　東海大学海洋学部助手・講師・助教授を経て
　現　在　（独）海洋研究開発機構地球内部ダイナミクス領域技術
　　　　研究主幹，理学博士

付加体と巨大地震発生帯——南海地震の解明に向けて

2009年8月26日　初　版

［検印廃止］

編　者　木村　学・木下正高
発行所　財団法人　東京大学出版会
代表者　長谷川寿一
　　　　113-8654　東京都文京区本郷 7-3-1 東大構内
　　　　電話 03-3811-8814　FAX 03-3812-6958
　　　　振替 00160-6-59964
印刷所　株式会社平文社
製本所　矢嶋製本株式会社

Ⓒ 2009 Gaku Kimura, Masataka Kinoshita *et al.*
ISBN 978-4-13-066709-8 Printed in Japan

Ⓡ〈日本複写権センター委託出版物〉
本書の全部または一部を無断で複写複製（コピー）することは，
著作権法上での例外を除き，禁じられています．本書からの複写
を希望される場合は，日本複写権センター（03-3401-2382）にご
連絡ください．

木村　学
プレート収束帯のテクトニクス学　　　A5判・288頁／3800円

金田義行・佐藤哲也・巽　好幸・鳥海光弘
先端巨大科学で探る地球　　　4/6判・168頁／2400円

笠原順三・鳥海光弘・河村雄行編
地震発生と水　地球と水のダイナミクス　　　A5判・412頁／4800円

泊　次郎
プレートテクトニクスの拒絶と受容　　　A5判・268頁／3800円
　戦後日本の地球科学史

日本地震学会地震予知検討委員会編
地震予知の科学　　　4/6判・256頁／2000円

山中浩明編著／武村・岩田・香川・佐藤
地震の揺れを科学する　みえてきた強震動の姿　　　4/6判・200頁／2200円

東海沖海底活断層研究会編
東海沖の海底活断層　　　B4判・174頁／28000円

ここに表示された価格は本体価格です．ご購入の
際には消費税が加算されますのでご諒承ください．